黑龙江省精品出版工程培育项目
深蓝装备理论与创新技术丛书

U0645218

极地工程与航运

白 勇 刘大辉 乔红东 编著

哈尔滨工程大学出版社
Harbin Engineering University Press

内 容 简 介

本书主要介绍了极地的特殊环境条件,以及在极地海域开展海洋油气勘探开发和航运工程等可能会遇到的挑战和可行的解决方法。具体内容包括极地工程及航运的研究意义和现状、面临的挑战,极地海冰的物理学及力学特性,极地海洋工程装备的研发设计流程及创新优化设计方法,极地管道输送技术,极地航运的机遇及挑战、风险评估及管理等。

本书可以作为高等院校船舶及海洋工程、油气工程、环境工程、航运工程等专业学生的辅导教材或自学参考用书,也可以作为相关专业工程师的参考用书。

图书在版编目(CIP)数据

极地工程与航运/白勇,刘大辉,乔红东编著.—哈尔滨:哈尔滨工程大学出版社,2023.6
ISBN 978-7-5661-3108-9

Ⅰ.①极… Ⅱ.①白… ②刘… ③乔… Ⅲ.①极地-钻井工程 ②极地-航运-技术发展 Ⅳ.①TE2 ②F551

中国国家版本馆 CIP 数据核字(2023)第 105177 号

极地工程与航运
JIDI GONGCHENG YU HANGYUN

选题策划	雷　霞
责任编辑	关　鑫
特约编辑	赵宝祥　杨文英　周海锋
封面设计	李海波

出　　版	哈尔滨工程大学出版社
社　　址	哈尔滨市南岗区南通大街 145 号
邮政编码	150001
发行电话	0451-82519328
传　　真	0451-82519699
经　　销	新华书店
印　　刷	哈尔滨午阳印刷有限公司
开　　本	787 mm×1 092 mm　1/16
印　　张	18.5
字　　数	340 千字
版　　次	2023 年 6 月第 1 版
印　　次	2023 年 6 月第 1 次印刷
书　　号	ISBN 978-7-5661-3108-9
定　　价	98.00 元

http://www.hrbeupress.com
E-mail:heupress@ hrbeu.edu.cn

前　言

北极地区作为全球重要的油气资源储备基地之一，具有特殊的战略地位，近年来越来越受到世界各国的关注。常规海上钻井平台是海上油气勘探、开发必不可少的装备，然而其在参与北极海上油气资源勘探开发的过程中要面临极地的低温、海冰、积冰等特殊环境因素的巨大挑战，因此迫切需要对一些关键技术进行深入细致的研究，并对相关海洋工程装备进行特殊设计，只有这样才能保障其在北极严寒海域的作业安全、高效、经济和环保。这些挑战及关键技术包括但不限于以下 5 项：

第一，极地冰区海洋环境的统计数据较少，对该海域的海况、冰情等情况缺乏足够的认知，较难形成准确的设计海况等基础条件。

第二，对北极作业的大型海洋平台的冰荷载的研究较少，尚未建立有效的冰荷载预测模型。

第三，严寒多冰的海洋环境对钻井平台的定位能力、结构强度、钻井系统等关键系统的抗冰耐寒、可靠运行和应急处理等能力提出了很高的要求。

第四，北极稀缺的陆地支援设施，使得海上作业的补给和救援都非常困难。

第五，北极脆弱的生态环境使得北极作业的风险标准要求更为严苛。

此外，随着全球气候变暖，北极地区相关管理体系逐渐改善，卫星导航系统的覆盖等，使得北极地区的航行条件日益改善。未来，随着世界贸易的迅猛发展和极地导航及其配套技术的不断完善，北冰洋航线将逐渐繁忙起来。总体来说，北极地区与运输有关的事故很少，但仍有一些问题需要解决，例如，航运的安全性、经济性、风险评估及管理、面临的机遇与挑战等。

本书针对北极海洋油气工程装备与极地航运技术遇到的机遇和挑战，进行了较为系统的阐述，涵盖了典型极地海域介绍、冰荷载、极地平台、定位系统、立管系统的力学性能及优化设计、立管抗冰设计探究、极地管道、北极航运面临的机遇与挑战以及极地航运风险评估等重要内容。本书既可以作为高等院校船舶

及海洋工程、油气工程、环境工程、航运工程等专业的辅导教材或自学参考书目，也可以作为相关专业工程师的参考用书。

本书由白勇、刘大辉、乔红东撰写完成，其中，第1~8章由刘大辉撰写，第9~11章由白勇撰写，第12~14章由乔红东撰写。全书由白勇、刘大辉、乔红东统稿。此外，刘自强、廉润泽、王智等在本书撰写过程中提供了大力帮助，特此感谢。

作　者

2023 年 3 月

目　　录

第1章

绪论

1.1 本书的研究背景及意义

在过去的很长一段时间里,人们对海洋油气资源的勘探开发主要集中在波斯湾、墨西哥湾、挪威及英国的北海、西非几内亚湾、巴西的深水区域和中国南海等海域。人类对油气需求总量的逐年增长、传统油气田产量的稳定或逐年下滑等因素,促使北极周边国家及一些油气巨头公司相继启用了油气资源丰富的北极开发路线图。据俄罗斯和挪威等国的估算,北极地区的原油储量大概为 2 500 亿桶(1 桶≈0.137 t),相当于目前被确认的世界原油储量的 1/4;北极地区天然气的储量估计为 80 万亿 m^3,相当于世界天然气储量的 45%。对北极油田的开发有可能从根本上改变世界的原油供需结构。不过北极的严寒、海冰、缺少基础设施等因素,给对北极的勘探开发带来了很大的挑战,所以业内专家普遍认为利用专门设计的装备开展安全、高效、经济的极地作业是开发北极资源的关键。

对北极资源的开发和利用所面临的主要问题是:北极海洋环境数据的积累较少,人们对该海域的环境条件缺乏足够的认识;北极的低温、浮冰、冰山等对海洋建筑物结构及其关键系统和工作人员的作业能力及安全提出了很大的挑战;北极稀缺的陆地支援设施,使得海上作业的补给救援等非常困难;北极脆弱的生态环境,使得北极作业风险标准要求更为苛刻,且一旦出现事故,对救援及灾害后处理等工作提出了更高的要求;在北极进行海洋油气资源的勘探开发是一项投资大、难度高、风险大且技术非常复杂的系统工程。

据统计,目前已经参与北极海上油气资源勘探开发的海洋工程装备类型主要包括固定式平台或人工岛、自升式钻井平台、钻井船、柱稳半潜式钻井平台、圆

筒形半潜式钻井平台以及极地运输保障船等,也有一些海洋工程装备经过改造后被投入到对北极的勘探开发活动中。大多数装备在对北极的勘探开发活动中需要利用窗口期来开展工作。如果窗口期较短或作业效率较低,则无法完成预期目标。部分海洋工程装备因为设计上或操作上的缺陷还出现过事故。如何根据已有的勘探开发经验和数据,突破关键技术并研发设计出更安全、更科学、更高效、更经济的北极海上勘探开发装备及模式是未来研究的重点。

从全球格局来看,目前美国、加拿大等国家均暂停了北极的海上油气开发进程,俄罗斯还在积极开展北极的海上油气开发工作。我国应根据自身的产业基础优势,尽早做好布局,力争获得较好的技术储备和积累,为未来的市场增量做好技术和团队储备。

笔者认为,在技术方面,从基础研究着手,并基于我国是制造大国的优势,突破关键技术,研发出适合于北极开发的安全、可靠、高效的专用装备将会是我们努力的一个主要方向。极地装备开发的前提是要有专用的优化船型设计及综合评估方法,这与设计基础数据特别是环境数据、优化手段、关键系统分析评估方法,以及装备上的配套设备、建造安装工艺、项目管理等都息息相关。在战略方面,考虑到北极主权因素的影响,与俄罗斯和北欧一些国家进行合作开发,发挥各自的优势,也是一种可行的推进方式。

本书基于极地冰区海洋油气资源勘探开发的迫切需要,借鉴了目前国际上在实施或在研究的北极油气资源勘探开发装备及作业模式,深入研究了定位系统抗冰性能、立管系统抗冰优化设计等极地冰区关键技术问题。对这些关键问题的研究可以为北极高寒有冰海域油气资源的高效、安全开发提供一定的帮助,相关研究成果可以推广应用到极地冰区其他海洋工程装备的研究中,同时也可以提升我国在北极和平开发利用中的国际话语权。

1.2 北极钻探装备综合比较分析

本书调研汇总了目前已参与北极海上油气资源开发的装备及工作模式,部分相关装备缩略图如图1-1所示。

(a)固定式生产平台(人工岛)　　　　　　　(b)自升式钻井平台

(c)钻井船　　　　　(d)柱稳半潜式钻井平台　　　(e)抗冰型浮式生产储卸
油装置(FPSO)

(f)破冰型液化天然气　　　　(g)水下生产系统　　　　(h)破冰船
(LNG)运输船　　　　　　　(水下工厂)

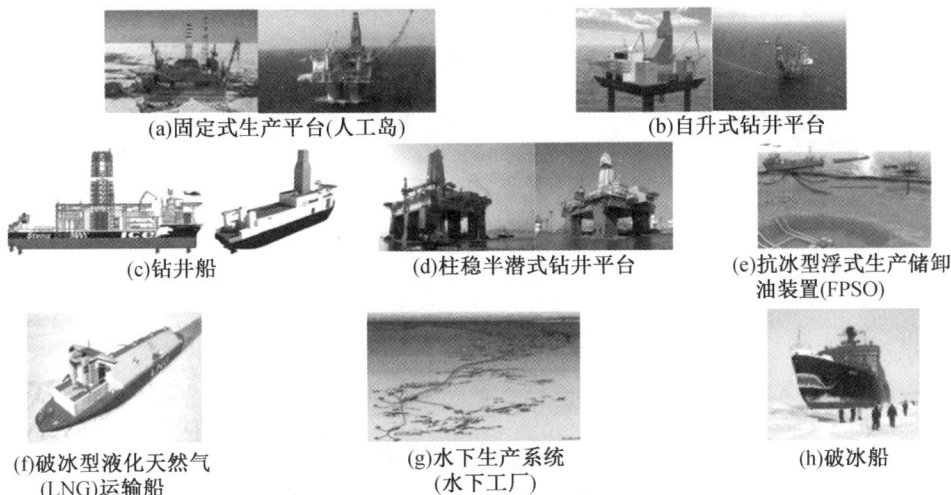

图 1-1　北极海上油气资源开发装备缩略图

这些装备可以按不同的方式进行分类。

(1)按照是否可移动来分类,可以分为固定式平台或人工岛、可移动式平台。

(2)按照建造的主要材料来分类,可以分为钢筋混凝土结构物、钢结构物。

(3)按照功能来分类,可以分为勘探装备、钻井装备、生产装备、运输装备。

(4)按照装备所处的空间来分类,可以分为水面装备、水下系统。

下面着重介绍可移动式的极地钻井装备。

1.2.1　自升式钻井平台

自升式钻井平台(图 1-2)主要由平台结构、桩腿及升降机构组成,主船体部分是水密结构,用以承载机械,实现钻井采油功能。当其浮于海面上时,主船体部分产生的浮力用以平衡桩腿、机械、结构等所受的重力。目前,在北极海况条件较好的海域和夏季无冰期的海域,或在冰情较轻的情况下,可采用自升式钻井平台开展极地冰区油气资源的开采作业。

1.2.2　钻井船

钻井船(图 1-3)是浮船式钻井平台,通常是在机动船或驳船上布置钻井设

备。平台依靠锚泊或动力定位系统定位。浮船式钻井装置的船身浮于海面,易受波浪影响。钻井船的排水量从几千吨到几万吨不等,既有普通船舶的船型和自航能力,又可漂浮在海面上进行石油钻井。钻井船在钻井时漂浮于水上,适于深、浅水作业。

图1-2 "奋进"号自升式钻井平台

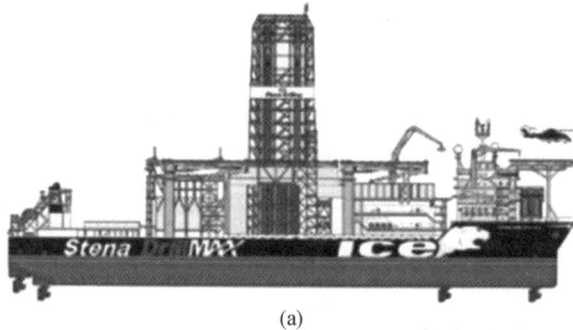

(a)

(b)

(c)

图1-3 "Stena DrillMAX ICE Ⅳ"号极地钻井船

1.2.3 柱稳半潜式钻井平台

柱稳半潜式钻井平台,通称半潜式钻井平台(图 1-4、图 1-5、图 1-6),是一种大部分浮体没入水下的小水线面可移动式钻井平台。最新式的柱稳半潜式钻井平台主要由承载钻井设备等大多数功能模块的上部平台(deckbox)、下部浮体[提供浮力的浮筒(pontoon)]以及连接浮筒和上部甲板的中间立柱(column)组成。由于其作业和自存等工况水线面位于立柱,水线面小,因此在恶劣海况下具有良好的运动性能。

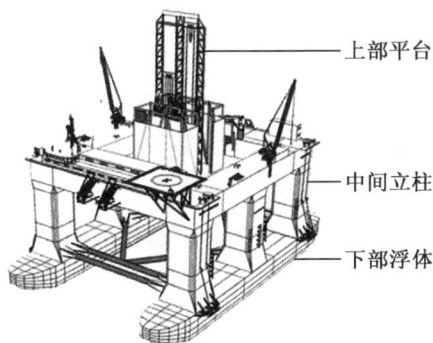

上部平台

中间立柱

下部浮体

图 1-4 柱稳半潜式钻井平台示意图

(a)"北极星"号

(b)"北极光"号

图 1-5 "北极星"号和"北极光"号半潜式钻井平台

(a) "维京龙"号

(b) "仙境烟台"号

图 1-6 "维京龙"号和"仙境烟台"号半潜式钻井平台

1.2.4 圆筒形半潜式钻井平台

圆筒形半潜式钻井平台如图 1-7、图 1-8 所示,其船体是一个圆筒形的结构,最早由挪威 Sevan Marine 公司提出相关概念,之后又有公司在其基础上提出了稍有差别的类似的概念。因为其圆筒形的船体具有非常大的储存能力而作为浮式生产储卸油平台(FPSO),世界上第一座圆筒形半潜式钻井平台是由我国烟台中集来福士海洋工程有限公司建造的。其主甲板以上承载功能模块,船体结构可以承载储存和压载舱等。现在很多公司提出将圆筒形的水线面结构做成斜面来抵御冰荷载,但是由于圆筒形船体的直径太大,因此无法将斜面做得很大。另外,其水线面面积较大,会引起更大的总体冰荷载和水动力响应。

(a)

(b)

图 1-7 Sevan Marine 公司的圆筒形半潜式钻井平台

(c)

图 1-7(续)

图 1-8 壳牌(Shell)公司的"Kulluk"号半潜式钻井平台

1.2.5 分析总结

对上述可移动式极地钻井平台进行比较分析,综合考虑作业水深、可变荷载、钻井深度、可移动性、抗冰能力、冬化(winterization)能力、作业能力、对恶劣环境的适应能力及过往北极项目的作业表现等因素,发现柱稳半潜式钻井平台具有更小的水线面积、更高的气隙、更好的抗冰定位能力,成为极地有冰海域钻井作业的首选装备之一。在北极作业的可移动式钻井平台在运营的过程中因设计缺陷而出现过恶劣事故,为了提升半潜式钻井平台在极地有冰海域的作业能力和安全性,仍需深入研究平台的立柱结构、钻井系统和定位系统的抗冰能力及水动力性能等综合性能评估方法。典型的北极浮式钻井平台见表1-1。

表1-1 典型的北极浮式钻井平台

平台名称	平台类型	所属公司	特点
Stena DrillMAX ICE Ⅳ	钻井船	Stena	双井架、双顶驱;极地海域最大作业水深3 048 m;是最贵的极地浮式钻井平台(11.5亿美元)
XDS3600	钻井船	Ulstein	最大作业水深3 600 m;X形船首;冰区自航能力强
Bully-1	钻井船	Frontier Drilling	具备薄冰区自航能力;抗小块浮冰
"北极星"号、"北极光"号	半潜式钻井平台	俄罗斯天然气工业股份公司(Gazprom)	全封闭式井架;结构设计温度为-30 ℃;作业水深70~500 m;采用8点锚泊系统;甲板荷载6 000 t;抗0.3~0.7 m厚当年冰
"仙境烟台"号	半潜式钻井平台	Ocean Challenger	半封闭式井架;结构设计温度为-25 ℃;作业水深100~500 m;钻井深度8 000 m;具备拖航水线区域冰区加强(ICE-T)、防寒(Winterization)、环保(Clean)等符号;配备8点锚泊和动力定位(DP3)系统;入籍挪威船级社
Kulluk	圆筒形半潜式钻井平台	Shell	圆筒形平台;可有效避免浮冰影响。2013年1月1号,该平台在拖航中遭遇风暴,船体和设备受到损坏
JBF Arctic	圆筒形半潜式钻井平台	Huisman	全封闭式结构,双井架;作业水深60~1 500 m;锚泊定位;抗1.5~2.0 m厚冰和夏季风浪冲击,便于在近北极地区全年全天候作业。该平台可在两种吃水深度下作业:在无冰水域,可像普通半潜式钻井平台一样进行作业或拖航;在覆冰水域,通过压载舱(部分进水)增加吃水深度,以保护隔水管免受冰的破坏

1.3 抗冰优化设计关键技术研究现状

半潜式钻井平台抗冰优化设计的核心问题是如何准确综合评估浮冰对水面附近结构、定位系统和钻井系统的不利影响，以及如何优化设计并提升这些关键系统的抗冰能力，同时还要保证平台具备良好的运动性能、承载能力、稳性和经济性等，是一个多维参数综合优化及评估的问题。综合国内外的相关研究发现，研究的重点主要集中在：北极恶劣环境的长周期观测数据及由这些数据分析出来的温度、风况、波浪、海流和海冰等水文气象设计基础参数；海上钻井装备如何创新设计其结构形式、定位方式、钻井系统等来保证其在有冰海域高效、安全作业，并延长作业窗口期、降低钻井成本。

近年来，随着极区科学考察、北极油气资源开发以及北极夏季通航活动的开展，北极海域钻井浮式结构的工程需求更加强烈。国外方面，人们在积极研究新型浮式抗冰钻探装备。Huisman 公司提出一种圆柱形极区钻井平台 JBF Arctic，可系泊于结冰厚度达 1.5~2.0 m 的区域。此设备工作时会根据冰情严重程度调整压载来增加吃水，以保护隔水管，使其免于固冰、碎石以及冰脊的破坏；甲板结构的抗冰锥角设计和冰区加强设计，使其能在吃水线进行偏转或破冰。Gusto MSC 公司自 2006 年起便开启极区钻井装备的研究计划，其研究的 NanuQ 系列冰区钻井船具有 PC2 冰级，可在 4 m 厚的多年冰中作业。此外，Lise 介绍了北极的特殊海况及参与北极资源开发的海洋工程装备和渔船所遇到的挑战及应对措施。

国内方面，孙琦等系统地介绍了极地钻井装备的现状及未来发展趋势；刘大辉等就北极冰区海上钻井平台的发展趋势进行了研究，并探讨了北极恶劣环境的挑战；王建宁总结了北极海域钻井平台优选时需要考虑的因素并讨论了平台优化的方向；孙宝江介绍了北极深水钻井的关键技术装备的发展情况及极地钻探技术的发展方向；党学博等介绍了北极油气开发的关键技术装备及其组合而成的不同的北极海洋油气工程的开发模式；朱明亚等系统分析了北极的战略重要性及其油气资源分布情况，并对我国参与北极开发给出了战略建议。

基于目前全球正在建设或研发的项目情况，并结合已经在北极海域开展勘

探开发的海洋工程装备的运营经验,可知极地海上油气资源勘探开发的未来发展趋势如下:

(1)钻井装备的甲板露天操作区域趋向于采用全封闭设计,以保障装备的运行效率和作业人员的安全。

(2)采用船体、隔水管、定位系统等,其具备较强的抗暴风雪和抗冰荷载能力,可最大限度地降低北极海域恶劣环境给钻井装备带来的风险。

(3)采用轻质耐低温新材料和自动化安全控制系统,可实现模块化装备运输及高效安装。

(4)采用抗冰能力更强的钻井平台,增加冰期的活动能力,延长作业窗口期。

(5)采用智能冰负荷监测系统,可以安全高效地管理装备。

(6)采用浮式钻井或生产装备,其具备快速解脱和再连接的能力,可应对冰山等恶劣情况。

(7)运用水下钻井/生产系统,其可提高钻井和生产的效率及安全性,降低恶劣环境的影响。

参考文献

[1] 余鑫. 俄罗斯的北极战略及其影响分析[J]. 俄罗斯中亚东欧市场,2010(7):15-18.

[2] 孙琦,纪国栋,汪海阁,等. 极地钻井装备现状及发展趋势浅析[J]. 石油钻探技术,2012,40(6):43-46.

[3] 赵毅,王博涵,王翊翔,等. 极地钻井过程的关键问题与发展趋势[J]. 中国科技期刊数据库:工业 A,2016(7):6.

[4] 刘大辉,GUDMESTAD O T,白勇,等. 极地冰区海上钻井平台发展趋势研究[J]. 水利科学与寒区工程,2019,2(1):66-73.

[5] 刘学,王雪梅,凌晓良,等. 北极油气勘探开发技术最新进展研究[J]. 海洋开发与管理,2014,31(1):37-41.

[6] HANSEN E H, LØSET S. Modelling floating offshore units moored in broken ice:Comparing simulations with ice tank tests[J]. Cold Regions Science and

Technology,1999,29(2):107-119.

[7] SOARES C G,FONSECA N,PASCOAL R. Experimental and numerical study of the motions of a turret moored FPSO in waves [J]. Journal of Offshore Mechanics and Arctic Engineering,2005,127(3):197-204.

[8] WOLD L E. A study of the changes in freeboard,stability and motion response of ships and semi-submersible platforms due to vessel icing[D]. Stavanger:University of Stavanger,2014.

[9] 王建宁. 萨哈林亚极地海域自升式钻井平台的优选[J]. 海洋石油,2015,35(4):67-71.

[10] 孙宝江. 北极深水钻井关键装备及发展展望[J]. 石油钻探技术,2013,41(3):7-12.

[11] 党学博,李怀印. 北极海洋工程模式及关键技术装备进展[J]. 石油工程建设,2016,42(4):1-6.

[12] 朱明亚,平瑛,贺书锋. 北极油气资源开发对世界能源格局和中国的潜在影响[J]. 海洋开发与管理,2015,32(4):1-7.

第2章
冰物理学与力学

2.1 冰的微观结构

2.1.1 水分子

水分子可大致被看作一个球形的物体,由位于中心的氧核和与其相距约 0.096 nm、相对角约为 104.5° 的 2 个氢原子核及电子组成。当氧原子形成 2 个共价键时,它被 4 个电子对、2 个成键电子对和 2 个孤对包围,大致呈四面体排列。当氢原子失去唯一的电子而进入化学键后,它只由原子核组成且每个原子核中只有一个质子。

嵌入这些原子核的电子云不是球对称的,而是具有 4 个能量稍高一些的区域。其中,2 个带正电荷的区域与质子的位置相吻合,另外 2 个带负电荷的区域位于两个氢氧键形成的夹角平分的平面上。因此,整个水分子除氧核外有 4 个电荷中心。如果我们想象一个以氧核为中心的正四面体结构,那么 4 个电荷中心分别位于该四面体的 4 个顶点处。

在正常的大气条件下,温度为 -80~0 ℃ 时,液态水的水分子会按有序重复的位置排列,形成呈六边形对称的结晶固体,称为六方冰(ice Ⅰh);温度低于 -80 ℃ 时,会出现立方冰(ice Ⅰc)。自然界中存在至少 8 种高压结晶形式的水物质(ice Ⅱ~ice Ⅸ)。本书中,我们只考虑 ice Ⅰh。

2.1.2 ice Ⅰh 原子结构

冰是一种由水分子的晶体排列组成的固体。利用 X 射线衍射实验结果可推导出 ice Ⅰh 中的每个氧原子都近似位于相邻氧原子的重心处。氧原子的四面体配位产生了具有六边形对称性的晶体结构。许多冰晶所呈现的六边形形状与分子排列的六边形对称性有关。

在冰中,每个带有部分电荷的氢原子都被称为氢键的弱离子吸引力吸引到相邻分子的氧上的孤对电子对中。ice Ⅰh 和液态水的红外光谱与水蒸气的红外光谱基本相同,这一事实表明:水分子的结构在水的 3 个相中都是相似的。在 ice Ⅰh 结构中,氢原子位于连接每对氧原子的线上,且与一个氧原子的距离约为 0.1 nm,而与另一个氧原子的距离约为 0.176 nm。因此,氧原子和氧原子之间的距离为 0.276 nm。

冰的晶格相对开放,如果水分子打破晶格并以液体的方式更随机地聚集在一起,那么它们可以靠得更近。这就是冰的密度比液态水小,并且可以浮在海面上的原因。

当冰融化时,其内所有的氢键不会立刻瓦解并使晶格零碎分解,数百个水分子以类似于冰的方式以氢键结合在一起。随着温度的升高,冰状区域的分裂越来越多,相同质量的水占据的空间越来越小,同时溶液的体积随着温度的升高而增大。水在 4 ℃时有最小的体积和最大的密度。

2.1.3 冰的晶体缺陷

符合 Bernal-Fowler 定律的冰晶被称为理想晶体。在这种理想的冰晶中,所有的键都在 H、O 单位上形成,这是非常困难的。冰的晶体中有几种结构可能会偏离这种理想结构,可以根据下列方式来判断冰的晶体缺陷形式(表 2-1):除一个水分子外,其他所有地方都是完美的(点缺陷);除一条水分子线外,其他所有地方都是完美的(线缺陷);除一个水分子平面外,其他所有地方都是完美的(平面缺陷)。

表 2-1 冰的晶体缺陷形式

缺陷	形式	描述
点缺陷	空缺	水分子偏离原有位置
	结构混乱	水分子不在结构位置
	H_3O^+	水分子带有额外的质子
	OH^-	水分子中质子减少
	D-缺陷	O—O 键上附着有两个质子
	L-缺陷	O—O 键上没有质子
	电子激发	电子从其基态的地方被激发
	杂质分子	有 H、O 以外的分子在 H、O 应该在的位置上
线缺陷	错位	晶体的一部分相对于另一部分发生位移，两部分之间有一条边界线(水分子线)
面缺陷	错层	存在堆叠顺序与应有结构顺序不符的平面(水分子平面)

2.2 冰的结构性质

冰是一种结晶物质,其性质取决于晶体的大小、方向、温度、盐度、密度和杂质。当海水结冰时,盐会从形成的第一块冰板中排出,形成新的平板片晶。随着冰块的生长,这些片晶相互混合并相互结合,形成一种柔顺的、高盐度的冰沙,称为油脂冰。在持续的低温下,片晶变厚并生长在一起。在海冰的生长过程中,大部分海水会被转移,但在纯冰的片晶缝隙之间,小部分海水浓缩物被困住,这导致海冰是咸的。

起初厚度小于 0.5 mm 的冰片晶的生长方向是随机的,但随着时间的推移,它们变得越来越有序,宽度增加并相互堆叠。限制晶粒生长的因素是晶粒尺寸的迅速增加。在冰原的垂直部分中,晶体方向发生快速变化的部分称为过渡区,过渡区本身相当薄(5~30 cm)。过渡区以下的部分称为柱状区,此处的冰即为柱状冰。这一部分的冰具有相当均匀的结构,主要的晶体具有水平的 c 轴,并明显地显示出与 c 轴方向平行的增长的热量流动。柱状区的晶粒尺寸随深度的变化不大且第一年海床的大部分是由这样的柱状冰组成的。

北冰洋大陆架上的大部分冰在水平面上显示出强烈的 c 轴排列。控制这些排列方向的明显因素是冰和海水交界面的水流方向。c 轴在水平面上定向的柱状冰称为 S3-ice,c 轴在水平面上随机定向的柱状冰称为 S2-ice。

除了海冰总的晶体的形状、大小和排列的变化外,其单个晶体的内部结构也有明显的变化。在柱状区内,每个单独的晶体被细分为许多冰片,这些冰片连接在一起形成准六边形网络。在任意晶体中,垂直片晶的数量和大小随冰晶生长速率的变化而变化,这与困在冰片晶之间的盐水的体积相似。子结构边界(片晶)之间的特征间距 d 是冰的生长速率 v 的函数,其关系的一般形式为

$$d_0\sqrt{v} = \text{const}(\text{常数})$$

由于在其他条件不变的情况下,较厚的冰生长得较慢,因此 d 通常在靠近冰盖底部的地方最大。

盐水淤积发生在被称为 SK 的骨架层的 10~50 mm 厚的糊状根部区域。这个生长区的单个冰片晶像手指一样延伸到海水中,通常厚度小于 0.25 mm,宽超过 10 mm。当树突状片晶在根部变厚时,它就会与相邻的树突状片晶冻结在一起。在这一阶段,生长速率较高时,片晶厚度小于 0.5 mm;但生长速率低时,片晶厚度会生长到 1.6 mm,晶体尺寸也相应增大。在晶体形成过程中,冰生长界面处的海水被过饱和的盐水取代,这减缓了海水的凝固速率。

一些盐水和气体被困在片晶缝隙之间。随着冰盖的继续生长和温度的下降,冰片晶之间的盐水的体积逐渐减小。沿着片晶边界,海冰中的盐以液体和固体包裹体的形式存在。这一阶段中分离出来的盐水包裹体称为盐水袋(brine pockets)。盐水沿着一条形似树干和树枝的流动路线被排出,这条路线称为排水管(drainage tube and channels)。

2.3 冰力学

2.3.1 冰力学概述

冰是一种多晶材料,其性质与金属类似,具有韧性和脆性。但是对冰的处理方法比对普通金属的处理更复杂,原因是冰的颗粒较大且温度较低。此外,由于

海冰是一种由纯冰、盐水、空气和固体盐组成的多相物质,因此,海冰的完整的力学模型需包括弹性、黏弹性、黏塑性和断裂的线性和非线性方面。本节概述了弹性、黏弹性、黏塑性模型的一般框架,考虑了短期行为和破坏模型,并提出了一些冰的材料特性数值。

2.3.2　冰的基本力学特性

1. 蠕变

本构方程、材料或流变方程被用来描述材料的力学行为。在应用这些方程时,需要建立荷载(应力和力)或荷载率与位移和/或速率之间的关系。让我们先区分两种类型的行为——固体行为和流体行为。在第一种情况下(固体),荷载是位移的函数,在本构方程中没有时间依赖性。在第二种情况下(流体),荷载主要取决于速率,因此它是与时间相关的。在蠕变实验中,将荷载突然施加到一块材料上($t = t_0$),使荷载恒定一段时间,然后突然释放($t = t_1$),同时实时测量响应(位移或应变)。总应变 ε^t 通常可分解为

$$\varepsilon^t = \varepsilon^e + \varepsilon^{ve} + \varepsilon^{vp}$$

式中,ε^e 为直接弹性应变;ε^{ve} 为黏弹性(或延迟弹性)应变;ε^{vp} 为黏塑性(蠕变、黏性或永久)应变。

2. 弹性行为

在弹性模型中,应力是应变的函数,而应变又是位移的函数。不考虑时间,在一维情况下,应力-应变关系可以用胡克定律表示:

$$\sigma = E \cdot \varepsilon$$

式中,σ 为应力;E 为弹性模量;ε 为应变。

一般来说,应力和应变是张量,可以表示为具有 6 个独立分量的矩阵(包括 3 个法向分量和 3 个剪切分量)。而 6 个应变分量可以用 3 个位移分量(u_x、u_y 和 u_z)表示。弹性模量可以表示为包含 36 个分量的矩阵(并非所有分量都是独立的)。各向同性材料只有两个独立的弹性性质,如 E 和 ν(泊松比)。

海冰一般是各向异性的,S3-ice 是正交各向异性的,其独立的弹性性质减少到 9 个,横向各向同性(水平面各向同性)的 S2-ice 的独立的弹性性质只有 5 个。

3. 黏塑性行为

当加载速率较慢时,冰会产生黏塑性应变并发生蠕变。如果材料在任何剪切应力下流动,则使用黏性术语;如果它的弹性行为低于一定的应力极限(屈服

极限），则使用黏塑性术语。

4. 黏弹性行为

黏弹性行为是一种时变弹性，即能量在去除荷载后逐渐恢复。描述这种行为的基本方程是应力（σ）、应变（ε）和应变速率（$\dot{\varepsilon}$）之间的关系式：

$$\sigma = E \cdot \varepsilon + \eta \cdot \dot{\varepsilon}$$

式中，E 和 η 均为材料特性，分别为弹性模量和黏度。

5. burger-冰模型

下面我们在弹簧和阻尼器的帮助下建立一个一般的响应方程。其中，弹簧代表直接弹性响应，阻尼器代表黏性或黏塑性响应，这里的材料特性（E 和 η）一般为非线性。

一般的响应方程可通过求解以下微分方程得到：

$$\sigma + \left(\frac{\eta_1}{E_1} + \frac{\eta_2}{E_2} + \frac{\eta_1}{E_2} \right) \cdot \dot{\sigma} + \frac{\eta_1 \eta_2}{E_1 E_2} \cdot \ddot{\sigma} = \eta_1 \cdot \dot{\varepsilon} + \frac{\eta_1 \eta_2}{E_2} \cdot \ddot{\varepsilon}$$

式中，η_1 和 η_2 分别为麦克斯韦单位的黏度和开尔文单位的黏度；E_1 和 E_2 分别为对应的弹性模量。这一响应方程相当复杂，特别是当材料特性为非线性时，通常我们忽略与时间相关的项，只考虑短期行为和失效模型。

2.3.3　短期加载下的材料性能

1. 弹塑性行为

在只考虑短期加载下的弹塑性行为时，当材料加载速率相对较快时，黏弹性和黏塑性应变几乎不随时间发展，这里假设它们可以忽略不计。材料在第一次屈服前表现出弹性，然后变硬，最后在达到荷载峰值后软化。

在一维实验中，我们可以将材料的容量、破坏应力或强度定义为在实验中获得的力的最大值除以单轴压缩实验中的样本截面面积，即

$$R = \frac{F_{max}}{A} \tag{2-1}$$

式中，R 为强度（单轴）；F_{max} 为实验期间测量的力的最大值；A 为截面面积。

然而，我们很少发现实际情况中加载对应一维的情况。当冰向多个方向加载时，式（2-1）中定义的强度概念就变得没有意义。现在给出的荷载为应力空间中不同方向的应力的组合，将强度定义为应力空间中的一个三维曲面。

2. 损伤模型

两个用于描述破坏应力或强度的简单损伤模型是 Tresca 和 von-Mises 模型，其中只需要一种材料特性。Tresca 准则认为，只要剪切应力低于某一极限，材料就具有弹性，这个剪切极限可以用材料容量或强度（R_s）表示，有

$$\tau \leqslant R_s$$

式中，τ 为剪应力；R_s 为材料容量或强度（分别为点、线、面，或是在一维、二维、三维的情况下）。模型中，假设材料在最大剪应力作用的平面上发生破坏，即与主应力（σ_1，σ_3）的倾角为 ±45°。这进一步表明拉伸强度与压缩强度相同。由于拉力和压力对许多物理材料如冰、土壤和岩石的影响是很大的，因此必须加以考虑。解释这一现象的最简单的模型是 Coulomb-Mohr 模型。在该模型中，材料将在平面上的剪应力和法向应力临界组合时被破坏，可表示为

$$\tau \leqslant C + \sigma \cdot \tan \phi$$

式中，τ 为平面剪切应力；σ 为法向应力；C 为黏聚力；ϕ 为内摩擦角。破坏发生在剪切应力和法向应力的临界组合平面上。

2.3.4　材料性能及参数

1. 材料性能

下面从状态变量和材料类型两方面来分析材料的力学行为影响。

状态变量包括应力、应变、加载速率、温度等参数。对于冰来说，温度和加载速率是两个最重要的参数。冰的类型是根据晶粒的大小、取向以及气孔的大小、形状来确定的。应该注意到，温度对海冰有两个重要影响：一是温度会影响海冰的孔隙率；二是温度会影响海冰的力学性能。

材料的性质不是一个常数，而是状态变量和材料类型的函数，必须进行测量。材料的性质与样本的大小无关，如果测量的某一参数随测试样本的大小而变化，那么它就不是一种材料的性质。

目前，人们在实验室内（即实验室测试）和室外现场（即原位测试）都可以进行冰上测试。实验室测试的两个主要优点是相对便宜且初始条件和边界条件易于控制，但这些测试更接近于理论概念。原位测试的成本较高，测量和对边界条件的控制较为困难，但是在自然状态下的冰结构的相互作用情况更真实。

设备对测量值也有影响，特别是测试设备的刚度可能会导致一些问题。例如，如果钻机的刚度不足，就会影响冰的力学性能测试结果。

2. 冰的主要参数

在简单地给出一些冰的参数的近似值之前,先总结一下影响冰的力学行为的主要参数,主要有温度(T)、孔隙率(p,即盐水体积与空气体积之和)、晶粒尺寸(d)和加载速率。

一般来说,随着 T、p 和 d 的增加,冰的强度和弹性模量降低。如前所述,温度及盐度决定了盐水的体积,从而决定了孔隙率。这样来看,温度对含盐冰产生了双重影响。冰的强度随应变率的增加而增加,直至出现脆性破坏,其强度逐渐降低。这种影响不仅与裂纹的发展有关,还与脆性到韧性的转变有关。后文中给出了一些冰的性质(参数)的数值和参考资料。

3. 弹性性质

冰的弹性很难测量,特别是在高温下,因为很难将直接弹性响应与黏弹性响应和黏塑性响应区分开来。表 2-2 给出了冰的弹性性质的数值以供参考。

表 2-2   冰的弹性性质

项目	纯冰	海冰	咸水冰
E/GPa	9	4~6	4~6
ν	0.3		

4. 单轴压缩

冰荷载的单轴抗压强度在著名的 Korzhavin 方程中经常被使用,且单轴压缩实验相对简单。由于柱状冰各向异性,其水平和垂直采样的样本的力学行为可能有很大的不同,垂直单轴抗压强度(R_C^V)与水平单轴抗压强度(R_C^H)之比在 1.2~5 之间变化。

柱状冰(S1-ice、S2-ice 或 S3-ice)有清晰的各向异性,但是粒状冰通常被认为是各向同性的。Timco 等分析二者的孔隙率范围为 0.01~0.15,测试发现 $R_C^H \approx -5$ MPa,$R_C^V \approx 15$ MPa,即 $R_C^V/R_C^H \approx 3$。柱状冰(S2-ice/S3-ice)和粒状冰的垂直样本、水平样本的单轴抗压强度的近似公式为

$$R_C^V = 160(\dot{\varepsilon})^{0.22}\left(1 - \sqrt{\frac{p}{0.2}}\right)$$

$$R_C^H = 37(\dot{\varepsilon})^{0.22}\left(1 - \sqrt{\frac{p}{0.27}}\right)$$

$$R_C = 49(\dot{\varepsilon})^{0.22}\left(1 - \sqrt{\frac{p}{0.28}}\right)$$

式中, $\dot{\varepsilon}$ 为名义应变率, s^{-1}; p 为孔隙率(0~1); 单轴抗压强度 R_C 的单位为 MPa。这些公式适用于孔隙率约为 0.2 的情况。Moslet 进行了一系列孔隙率高达 0.5 的原位单轴压缩实验, 其水平单轴抗压强度和垂直单轴抗压强度基本分别在 0.5~5 MPa 和 0.5~10 MPa 的范围内。名义应变率为 10^{-3} s^{-1}, 对于 S2-ice/S3-ice 海冰的水平样本和垂直样本的最大单轴抗压强度, 他提出了下列表达式:

$$R_C^H = 24\left(1 - \sqrt{\frac{p}{0.7}}\right)^2$$

$$R_C^V = 8\left(1 - \sqrt{\frac{p}{0.7}}\right)^2$$

式中, R_C^H、R_C^V 的单位为 MPa; p 为孔隙率(0~1)。

我们应该清楚: 上面的讨论和公式针对的是具有给定属性的一个样本的强度, 而不是冰盖的平均强度。如前所述, 不同厚度的冰盖的性质各不相同, 这会影响其施加在垂直结构上的平均压力。一方面, 因为浮冰内部的特殊的冰晶结构形式, 所以其在垂直方向上能够承受更高的压力; 另一方面, 冰盖下部的高温、冰盖的不均匀性以及可能存在的尺寸效应通常使其施加在垂直方向上的平均压力小于其单轴压缩强度。

5. 弯曲强度

材料在发生弯曲破坏的过程中, 由一般梁理论可推导出拉伸强度和弯曲强度应该相等。由于整个梁的条件不是均匀的, 特别是存在温度梯度和盐度梯度, 因此实测的抗弯强度通常是一个平均值, 而不是对破坏临界点应力的描述。

冰的抗拉强度取决于其孔隙率、温度、样本的取向等, 测量范围为 0.1~2 MPa, 且冰的抗拉强度对样本方向的影响小于抗压强度。

有学者对弯曲强度进行了研究, 他们认为弯曲强度可以很好地拟合为下列形式:

$$R_f = 1.76e^{-5.88\sqrt{\eta_b}}$$

式中, R_f 为弯曲强度, MPa; η_b 为卤水体积分数。

2.4 冰断裂力学

2.4.1 基本概念

1.连续体假设

连续体假设是指物质在它所占据的空间中是连续分布的,无论它的体积被分成多少份,每一份都包含着物质。材料可以有有限数量的不连续面,如断裂面,但材料曲线不切割这些不连续面且在介质运动中保持连续。所有的物质都包含不连续的部分,如原子和分子,以及更大尺度的晶界,但只要这些不连续的部分在一个有代表性的体积内均匀分布,我们就可以认为物质是连续的并可应用连续体假设。不同材料最小代表体积的典型尺寸见表2-3。

表2-3 不同材料最小代表体积的典型尺寸

材料	不连续体	最小代表体积
金属和合金	晶体尺寸为 1 μm~0.1 mm	0.5 mm×0.5 mm×0.5 mm
聚合物	分子尺寸为 10 μm~0.05 mm	1 mm×1 mm×1 mm
木材	纤维长度为 0.1~1 mm	1 cm×1 cm×1 cm
冰	冰晶长度为 1~10 mm	10 倍粒度
混凝土	颗粒尺寸约为 1 cm	10 cm×10 cm×10 cm

2.裂纹成核

物质含有微裂纹的原因有以下几种:自然形成、生长方式引起、外部荷载引入。裂纹成核是一个非常重要的过程,典型的影响因素包括临界水平的应力、应变或应变率,其他因素如温度和循环荷载等。一个微裂纹或几个微裂纹组合可能会形成一个宏观裂纹。宏观裂纹也称为裂缝。一旦材料中出现裂缝,人们关注的问题就变成裂缝在什么条件下会继续生长或扩展。裂缝扩展的判据是断裂力学的基本问题。

区分成核控制断裂和扩展控制断裂十分重要。如果荷载恒定,微裂纹形成

后持续扩展并最终导致破坏,那么就称其为成核控制断裂。如果微裂纹是稳定的,并且需要额外的荷载来生成和扩展,那么就称其为扩展控制断裂。我们将成核控制断裂称为脆性断裂,它在一定条件下出现于玻璃和冰中。人们对于从多个微裂纹过渡到一个主导裂纹的机理还不清楚。

下面进一步区分成核控制断裂和扩展控制断裂。

一是塑性行为和脆性行为之间的关系。当冰变脆时,断口不稳定,成核受到控制。塑性行为并不意味着材料中不存在裂纹,而是说如果存在裂纹,它将以稳定的方式传播,并在裂纹尖端周围形成一个大的塑性区。

二是连续行为与断裂行为之间的关系。如果材料中不存在主要裂纹,则冰表现为连续行为,反之表现为断裂行为。

3. 线弹性断裂力学(LEFM)

如前所述,假设存在一个主要裂纹,关键变量是应力强度因子(K),这完全表征了裂纹尖端周围的条件,包括施加的荷载和裂纹大小。样本失效的标准为

$$K = K_C$$

式中,K_C 为断裂韧性或临界应力强度因子。这是一个材料参数,与样本量无关。

板的 I 型裂纹(裂纹尺寸 ≪ 板的尺寸)的应力强度因子的定义为

$$K_I = \sigma \sqrt{\pi a}$$

式中,σ 为施加应力;a 为裂纹长度的一半。K_I 的单位是 MPa·m$^{1/2}$。

2.4.2 冰的破裂

1. 冰中裂纹的成核和扩展

冰在加载过程中可能会出现微裂纹。成核的物理过程与错位堆积导致的晶界处应力集中的释放有关。微裂纹的大小与晶粒直径的量级相同。在拉伸实验中,裂纹主要沿晶界生长。

研究冰的破裂需要面对的一个重要问题是:第一个微裂纹在什么条件下出现?对此人们仍在进行讨论,但它似乎与临界应变水平有关。Sinha 尝试采用延迟弹性(黏弹性)应变进行实验,结果与低应变率和中等应变率下的实验结果很吻合。这可以用延迟弹性应变需要一段时间发展的事实来解释,在高应变率下,延迟应变很少。

Schulson 等在冰上进行了高应变率的张力实验。结果表明:晶粒尺寸是区分成核控制断裂和扩展控制断裂的关键因素。这意味着在这种应变速率和温度

23

下,晶粒尺寸大于 1.5 mm 的冰表现为脆性材料(成核控制断裂),而晶粒尺寸小于 1.5 mm 的冰表现为韧性材料。

2.断裂阶段的转变

冰的行为通过过渡阶段从几乎纯粹的延性行为转变为脆性行为。

假设成核控制的破坏意味着脆性行为和传播控制的延性,那么转变(对于给定的温度)是由应变速率 $\dot{\varepsilon}$(材料状态)和晶粒尺寸 d(材料类型)组合控制的。对来自第一年水平冰的垂直样本进行原位单轴压缩实验,结果表明:相对空气体积对材料的延性-脆性转变至关重要,只有 $\eta_a < 0.07$ 的样本表现为脆性。

稳定裂纹前面的材料比不稳定裂纹前面的材料硬得多。假设有一个给定的压力分别作用于小晶粒的冰和大晶粒的冰,微裂纹尖端周围的外部荷载是相同的,那么小晶粒的冰应该比大晶粒的冰更坚硬,从而阻碍裂纹的进一步生长。假设有一个微应力作用于裂纹并使裂纹尺寸增大,那么我们有理由相信,大晶粒的冰的微裂纹的前面存在较大的应力集中,这可能表示裂纹在大晶粒的情况下更容易扩展。

2.4.3 线弹性断裂力学的实验与应用

1.线弹性断裂力学实验的有效性

人们对冰的延性行为已较为了解,但对其脆性行为和断裂却了解得较为有限。到目前为止,只有线弹性断裂力学被用来描述冰的断裂。然而,有研究对线弹性断裂力学实验的有效性提出了质疑,主要针对两个与样本大小有关的问题:一是裂纹尖端周围塑性区的尺寸与样本和裂纹尺寸相比是否足够小(可以假定小范围屈服);二是与样本尺寸相比,晶粒度是否足够小,以确保样本在规定体积内的多晶性,如果颗粒过大则违背了连续体假设。

2.冰的断裂韧性

临界应力强度因子 K_C 是裂纹扩展的判据,它的大小取决于冰的类型和状态。假设线弹性断裂力学的条件在许多实验中严格不满足,并且样本尺寸太小,就可以解释这一点。但同时也应注意样本大小的统计效应可能很重要。与较小样本相比,较大样本包含更多的不均匀性,从而可能导致破坏。从这个角度来看,较大样本应该比较小样本更弱。然而,实际的统计尺寸效应比线弹性断裂力学实验预测的要弱。由于实际测量存在不确定性,因此将测量的结果称为 K_Q,即表观断裂韧性。

研究人员发现同一冰芯(S1-ice)的不同裂纹的几何形状的表观断裂韧性有很大的离散性,这可能是冰的各向异性造成的。

可以用以下方法来测算孔隙率(p)的影响:

$$K_C(p) = K_C(0)\sqrt{\frac{1-p}{1+7p}}$$

冰的断裂韧性取决于加载条件。临界应力强度因子随着应力强度因子的变化率的增大而减小。对于海冰,这种影响似乎有一个明显的极限,$K_C < 10^{-2}$ kPa·m$^{1/2}$,但似乎对 K_C 没有影响。

3. 裂纹成核

在 Sanderson 的高应变率实验中,成核控制断裂的极限强度可以表示为

$$\sigma^N = \sigma_0 + \frac{k_1}{\sqrt{d}}$$

式中,σ_0 和 k_1 为常数;d 为晶粒尺寸。这意味着对于给定的应变率,单轴拉伸样本中微裂纹成核的标准是临界应力水平。我们可以看到,成核应力的大小取决于晶粒尺寸的大小,对应如下弹性应变:

$$\varepsilon^N = \infty\frac{\sigma^N}{E} = \varepsilon^0 + \frac{k_2}{\sqrt{d}} \tag{2-2}$$

由式(2-2)可知有弹性模块 E 的存在。当温度接近 0 ℃时,E 随温度的升高而显著下降。这说明温度对成核的判据很重要。

4. 裂纹扩展

临界应力强度因子 K_C 的测量范围为 50~150 kPa·m$^{1/2}$。在高应变率和低温下,该因子约为 115 kPa·m$^{1/2}$,表示传播的虚线对应一个等式:

$$\sigma = \frac{K_p}{\sqrt{d}}$$

式中,K_p 是一个经验常数,其近似值为 44 kPa·m$^{1/2}$。这比已经观察到的裂缝尺寸要大,并表明理论预测的裂缝比实际存在的裂缝更长,这可能是由于在失效发展过程中微裂纹之间存在相互作用。

5. 微孔聚结

在含有某种夹杂物或不均匀性的材料中,裂纹的扩展可以用微孔聚结现象来解释,具体如下:

(1)在第二相粒子周围形成自由表面。

(2)颗粒周围空隙生长。

（3）不断增长的空隙与裂纹尖端结合。

Kämäräinen 认为这是在含有空气或盐水的冰的拉伸实验中出现裂纹扩展的一种可能机制。

2.4.4　压缩断裂

在分析拉伸实验时，压缩过程中断裂的发展比明显的 I 型情况要复杂一些。假设样本有足够的长度来避免末端效应，Hallam 认为在临界应变水平下，压缩断裂也以 I 型的形式发生，但由于应变分量 $\varepsilon_{22} = -\nu\varepsilon_{11}$，因此他认为裂纹会在下列情况下成核：

$$\varepsilon_{22}(=-\nu\varepsilon_{11}) = \varepsilon^0 + \frac{k_2}{\sqrt{d}}$$

这导致出现了下列压缩中裂纹成核的标准：

$$\sigma_{yy}^N = \frac{1}{\nu}\left(\sigma^0 + \frac{k_1}{\sqrt{d}}\right)$$

这预示着与拉伸实验相比，样本在压缩实验中的应力更高，以使裂纹成核。

关于压缩过程中的裂纹扩展，有两方面很重要：一是裂纹在压缩中的扩展通常是一个稳定的过程，而在拉伸中的扩展通常是不稳定的；二是这种破坏是许多裂纹相互作用的结果，而不是单个裂纹的扩展。

当微裂纹在压缩过程中成核时，其将在各种方向上生成。Cole 通过实验得出以下结论：

（1）微裂纹长度 $2a$ 约为 $0.65d$，a 为微裂纹半径。

（2）材料中微裂纹的密度与晶粒尺寸成正比。

（3）裂纹沿加载轴方向生成，垂直于加载轴方向无裂纹产生。

考虑一条裂纹，可以想到剪应力可能会在其端部使其张开并形成翼形裂纹。这些翼形裂纹将朝向荷载轴并最终与之平行。Ashby 和 Hallam 对 35°~45°的角 ψ 进行了研究与分析，得到的结论为

$$K_C = \frac{\sigma_{11}\sqrt{\pi a}}{(1+L)^{3/2}}\left[1-\lambda-\mu(1+\lambda)-\frac{\sqrt{3}\lambda L}{\beta}\right]\left[\frac{\beta L}{\sqrt{3}} + \frac{1}{\sqrt{3}(1+L)^{1/2}}\right]$$

式中，a 是裂纹长度；$L = l/a$，l 是机翼裂纹的长度；$\lambda = \sigma_{33}/\sigma_{11}$，为压应力与压应力之比；$\beta$ 是系数（约为 0.4）；μ 是穿过裂纹的摩擦系数。

| 2.5 摩擦 |

2.5.1 摩擦力

摩擦力在估计冰的作用时很重要。海冰的破裂更容易由弯曲引起,而不是由压缩引起。因此,斜面结构(平面、圆锥体或小平面)通常被认为比垂直面结构更有效。在斜面结构(平面、圆锥体或小平面)上,浮冰可以滑动(冰-结构摩擦)或相互滑动(冰-冰摩擦),这两种滑动产生的摩擦力都会对斜面结构产生平面内(水平)作用。对于垂直面结构,冰-冰摩擦力和冰-结构摩擦力在结构面处发生挤压破坏时都起作用,这意味着在各种条件下,海冰和建筑材料之间的摩擦系数对冰都具有很重要的作用。

经典的摩擦定律是:摩擦力与荷载成正比;摩擦系数与表观接触面积无关,静摩擦系数大于动摩擦系数;摩擦系数与滑动速率无关。

经典的摩擦定律是经过几十年的实验而形成的,并发展了相关理论来解释人们观察到的现象。对于干摩擦,通常有以下理论解释。

1. 机械联锁

Amontons 和 de La Hire 在 1699 年提出:金属摩擦可归因于表面粗糙元素的机械联锁。这种机制解释了静摩擦系数的存在,也解释了动摩擦力是使上表面粗糙度超过下表面粗糙度所需的力。

2. 分子引力

Tomlinson 于 1929 年和 Hardy 于 1936 年分别将摩擦力归因于一种材料的原子被拉出其配对表面上对应物的吸引力范围时的能量耗散。在后面的工作中,他们将黏合摩擦归因于分子动力学的键断裂过程,在该过程中,能量因表面和亚表面分子的拉伸、断裂及松弛循环而被耗散。

3. 静电力

摩擦金属表面之间的黏滑运动现象可以用电子净流的启动来解释,在金属界面上产生极性相反的电荷簇,这些电荷簇被假定通过电子引力将表面结合在一起。

4. 焊接、剪切和切削

Bowden 在 1950 年提出了这一理论,并被广泛用于金属摩擦。在个别接触点形成的高压导致局部焊接,因此形成的接点随后被表面的相对滑动剪切。粗糙度较大的表面通过较软材料的基体进行切削会导致变形分量摩擦。

上述理论解释有很大的缺陷。其中,机械连锁理论并不适用于实际情况,因为在滑动操作中,相对于另一个表面的粗糙度来说,一个表面的粗糙度的升高和降低不涉及能量耗散,而摩擦肯定是一种耗散机制。同样,静电力理论意味着电子在长时间间隔内从界面泄漏,这将降低摩擦系数,但在实际中人们并没有观察到这一点。在这些理论解释中,焊接、剪切和切削理论在宏观层面上为金属摩擦提供了最令人满意的物理解释。

在基本力学中,将两个物体之间的摩擦系数 μ 定义为界面上的切向力(即摩擦力)与法向力(即荷载)之比,库仑利用实验数据构建了经验式,即

$$F = \mu N$$

式中,F 为界面上的切向力(即摩擦力);N 为界面上的法向力(即荷载)。他发现 μ 不仅与 N 无关,而且与滑动速度也无关。正如我们看到的那样,20 世纪的研究表明,这些假设的有效性有限。

当今,理论上普遍认为,归根结底,观察到的摩擦力的宏观现象是由电子和原子核之间的电磁力引起的。因此,在对两个固体之间相互作用进行精确处理时应考虑所有电子和原子核之间的耦合。摩擦的概念是这种微观方法的替代品。摩擦产生于集体平动能转化为近乎随机的热运动的过程中。

2.5.2 干燥表面上的摩擦

Bowden 和 Labor 将摩擦力解释为剪切固体之间形成的冷焊点所需的力。宏观物体的表面总是粗糙的,至少在微观层面上是这样的。

如果让两种固体材料相接触,则它们表面上的某些区域会靠得很近,以至于一种材料表面的原子会"接触"另一种材料表面的原子;而另一些区域的表面原子之间有很大的距离(如 1 μm)。接触的区域称为接点,所有接点的总和称为实际接触面积(A)。其余表观面积通常比实际接触面积大得多,但在决定滑动摩擦方面基本没有作用,特别是范德瓦耳斯相互作用,其对摩擦力的贡献可以忽略不计。

在大多数实际情况下,实际接触面积可以通过假设每个连接处都发生塑性

变形,并且所有连接处都处于初始塑性流动状态来准确估计,计算式为

$$\Delta A = \frac{N}{\sigma_c}$$

式中,N 是荷载;σ_c 是穿透硬度,是材料在没有塑性屈服的情况下所能承受的最大压缩应力。

剪切总面积为 ΔA 的接头所需的力为

$$F = \tau_c \Delta A$$

式中,τ_c 是剪切过程中的屈服应力。由于 $\Delta A = \frac{N}{\sigma_c}$,因此可以得到以下结果:

$$F = \left(\frac{\tau_c}{\sigma_c} \right) N$$

由此可得,摩擦系数 $\mu = \frac{\tau_c}{\sigma_c}$,这一推导式不仅解释了为什么摩擦力与荷载成正比,而且也解释了为什么它与实际接触面积 A 无关。此外,这一推导式还解释了为什么通常将 $\mu \approx 1$ 用于清洁表面的滑动,这是由 τ_c 和 σ_c 的大小相似这一事实得出的。

2.5.3　黏滑表面上的摩擦

Persson 研究表明,原则上有许多方法可用于研究两个表面之间的摩擦。假设一个物块在平面基板上滑动,一个刚度为 k 的弹簧以恒定速率 v 拉动它。两个表面之间的摩擦既可以是稳态运动也可以是黏滑运动,物块在黏滑运动和滑动之间交替。在稳态运动中,只有达到大于动摩擦力的临界值时,动摩擦力才恒定。当接触面发生非相干的局部快速滑移事件时,滑移速度越快,其受到的摩擦力就会越接近平均。

实验表明,如果弹簧的刚度足够大,或者滑动速率足够高,黏滑现象就会消失。在黏滑运动中,弹簧力的振荡并不总是周期性的,也可能表现为非周期性的(即混乱的)。即使质心的运动是稳定的,局部黏滑运动通常也发生在物块与基板之间的界面上。

1. 大波纹

在低弹簧速率下会出现高黏滑峰值。随着弹簧速率的增加,系统在达到临界应力(初始滑动所必需的力)之前处于固定状态的时间会减少,从而导致较少的相互扩散和较小的静摩擦力。因此,黏滑尖峰的幅度预计会随速率的增加而

减小。

2. 小波纹

小波纹体系的吸附-底物相互作用势很弱。在此情况下,人们可能会认为从黏着到滑移涉及一个动态相变,其中,薄的润滑层从固态(将表面"钉"在一起)转变为流体状态,表面相对于彼此滑动。启停实验表明,系统在停止过程中需要一定的时间才能达到固定状态。

只有当温度(T)低于某一临界值(T_c)时,体系的黏滞状态才是稳定的。如果 $T>T_c$,则润滑层处于流体状态,这意味着不会发生黏滑。

2.5.4 结论

在 Evans 等的实验中,滑动界面由一层薄薄的水润滑,这是界面摩擦所耗散的功产生热量的结果。这些热量提高了界面的温度,并通过冰和滑块从该表面传导出去。只有一小部分热量用来融化冰。最终液膜达到平衡厚度。如果液膜太薄,则摩擦就会增加,产生的热量也就会增加;如果液膜太厚,则摩擦就会减少。

如前所述,界面处的热量通过冰和滑块从该表面传导出去。与滑块的热导率相比,冰的热导率较低[$\kappa=2.2$ W/(m·K)]。铜的热导率约为冰的 200 倍,并且也比其他材料高得多。

总体来说,能量的耗散源于:
(1)摩擦加热导致界面融化。
(2)润滑剂中的黏度阻力。
(3)在黏合点上进行剪切,并在粗糙处犁入较软的材料。

参考文献

[1] LEMAÎTRE J,CHABOCHE J L. Mechanics of solid materials[M]. New York:Cambridge University Press,1990.

[2] TIMCO G W,FREDERKING R M W. Compressive strength of sea ice sheets[J]. Cold Regions Science and Technology,1990,17(3):227-240.

［3］ LAINEY L,TINAWI R. The mechanical properties of sea ice:a compilation of available data［J］. Canadian Journal of Civil Engineering,1984,11(4): 884-923.

［4］ TIMCO G W,O'BRIEN S. Flexural strength equation for sea ice［J］. Cold Regions Science and Technology,1994,22(3):285-298.

［5］ SCHULSON E M. The brittle failure of ice under compression［J］. The Journal of Physical Chemistry B,1997,101(32):6254-6258.

［6］ SINHA N K. Constant strain- and stress-rate compressive strength of columnar-grained ice［J］. Journal of Materials Science,1982,17(3):785-802.

［7］ DEMPSEY J P. Research trends in ice mechanics［J］. International Journal of Solids and Structures,2000,37(1/2):131-153.

［8］ SANDERSON T J O. Ice Mechanics and risks to offshore structures［M］.［S. l.:s. n.］,1988.

［9］ PERSSON B N J. Sliding friction:physical principles and applications［M］. 2nd ed. Berlin:Springer,2000.

［10］ MOORE D F. The friction and lubrication of elastomers［M］. Oxford,New York:Pergamon Press,1972.

［11］ TABOR D. Friction and wear—developments over the last fifty years［C］// Proceedings of the Institution of Mechanical Engineers International Conference on Tribology—Friction,Lubrication and Wear. London:Mechnical Engineering Publications,1987:157-172.

第3章
冰力学作用

3.1 本章概述

3.1.1 海冰运动作用

海冰运动作用有两类:整体海冰荷载和局部压力荷载。其中,整体海冰荷载是在某一时刻作用于整个海冰的作用力。当考虑海冰结构的稳定性、倾覆力矩或整体强度时,整体海冰荷载是很重要的。通常用名义接触面积来表征整体海冰荷载,这个面积称为实际(有效)接触面积。有效压力是在额定接触面积上与最大作用水平对应的某一时刻的平均压力。如果未指定接触面积,则考虑名义接触面积。局部压力荷载是施加在接触区有限部分(通常为 2 m²)上的压力。在评估海水结构局部强度时,这种局部压力是一个重要因素。局部压力的水平取决于所考虑的面积,面积越小意味着局部压力越大。

在疲劳分析中,整体海冰荷载和局部压力荷载,以及极地工程建筑物结构对这些因素的响应,都是重要的考虑因素。如果采用最大作用法对极地工程建筑物结构的整体强度和稳定性进行评估,那么在建筑物使用寿命期间对结构及其构件施加的所有作用都应包括在疲劳分析中。因此,冰荷载与稳定性对极地工程建筑物的影响、结构的整体强度、局部强度和疲劳应是建筑物结构设计的主要考虑因素。

3.1.2 影响海冰荷载的主要因素

用于海冰活动预测的理论和实验方法都关注于导致平台建筑物附近海冰特

征失效的条件。目前主要的研究内容是:对于已明确的海冰结构、冰的性质和环境条件,有必要找出破坏海冰原有特征的原因。此时,应考虑所有可能的相互作用类型和失效模式,并假设导致冰破坏的最小估计作用发生在冰结构界面。

整体海冰荷载的大小取决于两个因素:实际接触面积和局部应力(或名义接触面积和有效压力)。这两个因素的大小又取决于许多其他因素,特别是海冰结构相互作用的情景、冰的性质、冰的特征类型、冰的几何形状等。

浮冰撞击建筑物所产生的作用力既取决于冰的质量、速率和性质,也取决于环境条件、建筑物的形状和大小。在分析时有以下四种情况:极限应力、极限动量、极限压力、冰体分裂。

冰体自身不能承受超过其承载能力的作用力。极限应力即应力(压缩、剪切、拉伸、弯曲、屈曲)达到某种极限的情况。这种情况是最普遍的,通常对海冰的影响最大。

当冰的动能不足以使工程建筑物结构穿透冰体时,极限动量占主导地位。这种情况下,冰将会停止运动,这种情况通常可以在冰的凸出部分作用于建筑物结构时发生。根据加拿大规范(CAN/CSA,1992),如果浮冰尺寸小于 5 km,则极限动量荷载通常小于加拿大环境条件下的极限应力。浮冰停止运动后的行为是非常重要的。如果冰的数量很少,体积又不是很大,那么浮冰可能会绕过障碍物。在这种情况下,与极限动量相对应的运动不会超过与极限应力相对应的运动。一旦冰的数量很多,其运动就会停止,不能绕着障碍物移动,那么就会出现极限压力的情况。由于海冰的运动速率可能非常低,因此其与障碍物的接触不会造成破坏。

如果一个体积很大的冰场在一个宽阔的建筑物前静止,并传递周围的其他冰体及风、波浪和海流所施加的作用力,就会出现极限应力的情况。

来自周围的风和海流等的作用力在停止运动的浮冰的表面上积累,并传输到浮冰和建筑物结构上。如果这个作用力足够大,这个建筑物就会开始穿入浮冰。浮冰与建筑物结构相互作用的速率与初速率不同(浮冰静止后,其速率为零,但在作用力的作用下,被建筑物穿过的过程中,速率会缓慢增加),最大作用力的情况通常对应着非常低的冰速,这种情况可能更危险。

通常来说,当最大、最厚的冰遇到建筑物结构时,浮冰的运动就会停止。因此,若浮冰要进一步通过建筑物结构,就需要更大的力。如果该浮冰运动的范围比较狭小,且作用力不足以推动浮冰被建筑物结构穿过,那么工程建筑物结构后面的浮冰就会发生漂流、隆起和堵塞。

当一个中等大小的冰(但其尺寸大于作用的建筑物结构的尺寸)与其他工程建筑物结构(尺寸大于作用的建筑物结构的尺寸)发生撞击时就会发生冰体分裂。这种分裂一般发生在浮冰朝着建筑物结构的凸出部分运动时,但也可能发生在其与圆形结构相互作用时。

极地工程建筑物结构的几何形状是决定海冰运动的一个非常重要的因素,包括建筑物结构类型(多腿或单吊舱)、水线区域的平面外结构形式(垂直或倾斜)、截面形式和尺寸。对冰区设备支架的数量问题也需要进行调查。更多支架的支撑通常会增强海冰对工程建筑物结构的作用。在任何情况下,应避免将支撑腿等结构设置在冰运动的区域。

水线平面外的建筑物结构形式是影响海冰作用的关键因素之一。在水线附近,垂直平面的结构比倾斜平面的结构受到更大的作用力,其发生振动的概率也更高,但在某些情况下(如建筑物结构外部结冰,改变了水线区域的结构形式),垂直结构的应用范围更广泛。倾斜结构的制造更复杂,在实际操作过程中可能会产生其他问题,如船舶的系泊问题等。

极地工程建筑物结构的横截面形状不是很重要(建筑物结构的凸出部分在海冰的运动方向上的除外),对海冰的作用力的影响一般为 10%~15%。

极地工程建筑物结构尺寸的大小是影响海冰运动的关键因素之一。大量的实验和观测结果证明了尺度效应的存在,即窄结构的有效压力(总作用力除以名义接触面积)大于宽结构。Sanderson 在大尺度范围内得到的实验结果表明,有效压力与名义接触面积的平方根成反比(可以认为压力的大小取决于建筑物结构的尺寸)。

冰的失效模式是一个非常重要的因素,因为冰所能承受的最大压力决定了冰对建筑物结构的最大作用力,而这个最大压力的大小取决于冰的失效模式。发生的失效模式(屈服、压缩、拉伸、弯曲等)取决于冰的强度水平、应力分布、冰速和建筑物结构的形状。例如,由于冰对压缩的阻力明显高于弯曲,因此冰会因弯曲而发生破坏,而不是弯曲。

在实验室的实验中,观察到的主要失效模式有蠕变、径向开裂、屈曲、剥落、弯曲和破碎。

1. 蠕变

当冰屈服时,压痕以极低的速率发展且变形持续发展,不形成裂缝。冰与建筑物结构之间的接触是理想的,冰覆盖了整个靠近水线的建筑物结构正面。因此,有时蠕变过程中的动作接近最大值。冰的作用力逐渐增大,达到最大值后逐

渐减小,在峰值水平的50%~60%处达到稳定值。Sodhi 提出,蠕变只与狭窄的结构有关。对于较宽的结构和较薄的冰,特别是当冰的厚度小于0.5 m时,在有效压力比在平面内产生压痕所需的压力低得多的情况下,碰撞不会导致蠕变压痕的发展。这种蠕变发生在冰与非常宽的建筑物结构相互作用期间,或是较厚的冰与建筑物结构之间的作用期间。实验观测结果表明,蠕变形成的可能性受冰运动的速率、纵横比和冰的性质的影响。

2. 径向开裂

径向开裂与拉伸破坏有关。径向开裂的裂缝在一定压力的作用下产生,特别是在高纵横比的情况下。对于矩形建筑物结构而言,裂缝从结构的边角向外辐射。裂缝也可以在具有圆形截面的结构上形成,这种情况下形成的是中央裂缝和侧面裂缝。

3. 屈曲

屈曲是薄冰和宽建筑物结构独有的特征,通常与径向或周向裂缝的形成有关。周向裂缝可能是弹性屈曲的结果,或因由偏心作用条件(如在斜坡上)引起的平面外弯矩而产生。

平面外水平裂缝从接触区产生,将冰盖分成几层。它们的长度通常与冰盖的形成速率有关,形成速率在某些范围内越大,它们的长度越长。

4. 剥落

剥落效应的最后阶段是在冰的顶部和底部形成冰碎片。

脆性破碎是指在高速运动状态下,冰会以脆性的方式持续破碎。这会导致非同时的部分接触和非均匀的压力超过名义接触面积。破碎后的粉末状的物质以一定的速率逃逸(剥落)。破碎过程往往决定极地工程建筑物结构的设计。

5. 弯曲、破碎

在大多数情况下,弯曲与冰和斜坡的相互作用有关。通常情况下,径向裂缝和周向裂缝是由冰盖在上升过程中发生弯曲造成的。这些裂缝的类型取决于工程建筑物结构的宽度和冰的厚度。

交替蠕变和脆性破碎会同时产生。变形的结构和前进的冰盖之间的相互作用会产生交替的蠕变和脆性破碎,进而导致工程建筑物发生锯齿状的运动。在每一个间歇性破碎循环中,前进的冰盖使工程建筑物结构发生偏转,同时发生蠕变变形,二者间的相互作用增强。当冰层在一定的加载水平下失效时,冰盖中储存的能量被释放并回到原来的位置,这会导致建筑物结构脆性破坏。这种类型的相互作用通常会产生瞬态或稳态的振动。

| 3.2　浮冰对支架的作用 |

3.2.1　极限应力

如果局部正应力均匀地分布在整个名义接触面上,并且同时达到某个极限水平 R_0,则对名义接触面上的局部压力积分后,全局作用力的最大值的计算式为

$$F = AR_0 \tag{3-1}$$

式中,$A = Dh$,是名义接触面积,D 是浮冰作用区接触面积的宽度。

式(3-1)存在明显的不足:一是压力不会均匀分布在名义接触面上,不能在整个名义接触面上同时达到极限强度;二是除法向应力外,由于摩擦,一些切向应力均作用于建筑物结构表面;三是对于名义接触面上的不同点,参考应力 R_0 应不同(根据不同的约束条件进行选择);四是切向应力在某些接触点是压缩的,而在其他接触点可能是拉伸的;五是没有考虑其他影响因素(如水流的速率、建筑物结构截面的形状、水流的性质、冰原边缘的粗糙度)。通常只有部分接触区域可以同时产生荷载。Korzhavin 提出了一个更精确的公式,适用于不同的情况:

$$F = IKmR_C Dh$$

式中,I 为压痕系数,考虑了冰的晶体结构、性质、直径、厚度(横纵比)等影响因素,以及应力应变场对强度(约束)的影响。根据不同的因素(纵横比、应变速率)和浮冰的内部结构(粒状或柱状冰)可得,柱状冰的压痕系数 I 为 3~4.5,颗粒冰的压痕系数 I 为 1.2~2.97。K 为接触系数,考虑了冰盖和建筑物结构之间的不完全接触,可能为 0.3~1,推荐 K 为 0.45~0.55。m 为建筑物结构的平面形状系数,在 0.9 到 1.0 之间的狭窄范围内变化,其中,0.9 对应圆形,1.0 对应平面接触面。R_C 为冰的抗压强度。D 为建筑物结构的直径。

Korzhavin 方程是根据对桥墩进行的实验室实验推导出来的。将其应用于宽阔的近海平台结构,结果表明:与式(3-1)相比,该公式明显计算得更精确。K 的预测值的极大分散降低了 Korzhavin 方程的吸引力。Sanderson 将用 Korzhavin 方程推导出的动作水平与宽结构的全尺寸数据进行比较,发现接触系数必须非常低(为 0.02~0.13)才能产生可比的结果。

Timco 曾说,"这个公式的使用(感受)相当糟糕,因为需要大量的假设。根据系数的选择,(人们)可以使用这个方程得到几乎任何结果"。尽管如此,Korzhavin 方程在美国石油学会(API)中仍被广泛使用,同时也是俄罗斯规范[如 SNiP(苏联规范)]中的主要公式。

随着对冰荷载的进一步了解,我们清楚地认识到,影响冰作用的参数比上文提及的多得多,有时同一参数会同时影响压痕系数和接触系数。Korzhavin 方程存在的不足为:第一,没有考虑不同的可能失效模式;第二,没有考虑通常故障不可能在整个接触区域内绝对同时发生这一事实;第三,没有考虑规模效应的存在;第四,R_c 不能表征极地工程建筑物结构周围的整个应力场。

3.2.2 失效模式

根据冰/建筑物结构接触区附近的失效位置和失效与建筑物结构的距离的不同,可将失效模式分为两大类,前者包括剥落、破碎、开裂、蠕变,后者包括弯曲、屈曲。其中,与前者相关的失效通常会更大,但这种失效一般不会发生。

屈曲可能在早期冰季中发生,但在厚的冰层中不会发生。在抗压强度足够大的情况下,有人提出了以下计算建筑物结构宽度屈曲作用力(F_b)的公式:

$$F_b = \rho g l^3 \left[\frac{D}{L} + 3.32\left(1 + \frac{D}{4L}\right) \right]$$

$$l = \frac{El^3}{12\rho g(1-\nu^2)}$$

式中,l 为特征长度;E 为杨氏模量;ν 为泊松比。

不同的失效模式在冰和建筑物结构相互作用的过程中可以相互替换。例如,Kato 和 Sodhi 在同一实验室的实验中揭示了失效模式可以由连续破碎转变为屈曲。此外,他们在一个有一对支架的结构模型上的实验表明,在同一时刻,一个支架周围有时会发生不同类型的失效。这意味着混合形式失效的形成概率比单一形式失效的形成概率高。

3.2.3 极地工程建筑物结构的结冰情况

建筑物结构在某些条件下会结冰,除非采取一些特殊措施(如加热等),否则在没有任何明显浮冰运动的地区发生这种情况的可能性很高。如果该建筑物结

构位于有潮汐的海域,那么海的潮汐运动会导致建筑物结构附近的浮冰破裂,产生潮汐裂缝。由于这种裂缝出现在冰中并在整个冬季都不会消失,因此该建筑物结构很可能不会冻结。如果建筑物结构结冰,应特别考虑冰可能发生的垂直或水平运动。

工程建筑物结构结冰有几个重要因素。

1. 工程建筑物表面冰圈厚度

由于工程建筑物结构的热导率通常高于冰的热导率,因此冰覆盖在建筑物结构周围时会形成一个冰圈。在建筑物结构表面,冰圈的厚度可能比与建筑物结构有一定距离的冰的厚度大得多。因此,作用在建筑物结构上的压力分布在更大的区域中,整体作用将达到更高的水平。

一般情况下,因为冰原包含间隙和凸起,所以冰和建筑物结构之间的接触与相互作用不是理想的。但是,如果建筑物结构被冻结在冰中,则冰和建筑物结构之间的接触就是理想的,二者的实际接触面积要比其他情况下的接触面积大得多。

当建筑物结构与移动的浮冰相互作用时,作用力仅沿建筑物结构的正面分布;如果建筑物结构结冰并移动,那么其前面和后面都有作用力。虽然建筑物结构表面冰体的粘接强度低于抗压强度,但建筑物结构冻结成冰会导致荷载增加 $1.5 \sim 2$ 倍,实际结果取决于建筑物结构表面的粗糙度、纵横比、粘接强度等。现实中也可以通过改变建筑物结构的温度来影响冰中化学键的强度和建筑物结构表面的冰的厚度。

2. 冰边缘的粗糙度与实际接触面积

实际接触面积往往与名义接触面积($A = Dh$)不同,原因如下:

冰的边缘从来都不是平整的,通常包含一些凸起和间隙。因此,接触荷载不会分布在整个名义接触面积上。

Takeuchi 和 Saeki 以高于蠕变对应速率的初始冰的边缘的完美平面形状进行实验,结果表明:有效压力与局部冰压之间的相关性在第一个峰值处较好,在随后的峰值处较差;只有当蠕变缓慢发生时,冰与建筑物结构之间的接触才是理想的,此时所有的缝隙都被冰填满。

实际上冰与建筑物结构在接触的过程中,通常会发生局部失效,这是接触不理想的原因。如果冰速不是非常低或非常高,则失效模式有一个特定的类型,即在冰与建筑物结构相互作用的过程中,冰盖的自由表面附近会形成一些三角形的凸起,这些凸起先和建筑物结构发生接触,凸起的部分发生挤压,将形成很大

的应力集中(集中位置即为关键点)。

上述因素都会导致实际接触面积减小、冰的运动水平下降。Takeuchi 等通过实验证明了实际接触面积取决于冰速。该实验使用了带有多个传感器的面板,传感器被安装在 44×44 的网格中(间距为 5.4 mm),这些传感器使确定实际接触面积及其在冰与建筑物结构相互作用的过程中的变化成为可能。

3.2.4　尺寸效应

在完全塑性中,从相同的冰中提取的大小不同的样本的强度应该是相同的,这与不同尺度的建筑物结构上的有效压力类似。然而实验表明:冰样的强度和对建筑物结构的有效压力水平都取决于建筑物结构的尺寸。这种现象被称为尺寸效应。产生这一现象的原因有很多,人们对这一现象进行了深入的研究。

Mariotte 提出了一个重要的想法。他在大量实验中观察到"一根长绳和一根短绳(材质、粗细相同)所能承受的质量总是相同的,除非碰巧长绳上某个地方有缺陷,它才会比短绳更早断裂"的现象,并由此提出了"物质在一个地方的绝对阻力小于另一个地方"的原理。换句话说,建筑物结构的尺寸越大,在其中遇到低强度元素的概率就越大。这是尺寸效应统计理论的基本思想。

随着相关研究的不断深入,后来 Griffin 通过实验证明:当直径从 0.004 2 in (1 in = 25.4 mm)减小到 0.000 13 in 时,玻璃纤维的公称抗拉强度从 42 300 psi (1 psi = 6.895 kPa)提高到 491 000 psi。他由此得出结论:固体材料的宏观强度受材料不均匀或缺陷的影响。若能消除这些缺陷,材料的有效强度至少可以提高 10 到 20 倍。然而,在 Griffin 看来,导致失效的缺陷或裂缝只是微观的,它们的随机分布虽然决定了材料的宏观强度,但并没有否定强度的概念。因此,Griffin 只发现了 Mariotte 的统计思想的物理基础,但没有发现一种新的尺寸效应。

Weibull 在探索和实验的基础上得出结论:概率极小的低强度值的分布不能用任何已知的分布充分表示。

尺寸效应对冰作用的影响引起了人们的广泛讨论,因为在全尺寸条件下的测量结果显示:冰作用的水平明显低于预测水平。

是什么因素导致了尺寸效应?其中一些因素可能决定了样本和全尺寸的尺寸效应,而另一些因素则与冰和建筑物结构相互作用的过程相关,其中最重要的是:裂痕和裂痕层次、冰体不均匀性、断裂机制、结束条件。

迄今为止,裂痕一直被认为是在冰与建筑物结构的尺寸效应相互作用的过程中起关键作用的因素。正如 Bazant 曾描述的那样:关于尺寸效应的统计理论是由许多学者,特别是 Weibull、Freudenthal 等,一同发展起来的。该方法基于弱链的思想。弱链随机分布在材料的一定体积内,每条弱链都启动了自身周围的破坏过程,因此这条弱链周围的材料的某些部分无法抵抗荷载,而材料的其他部分应能对额外的压力做出反应。这导致了应力的增加和样本的破坏。

冰中裂纹的形成与颗粒状碎冰的单个颗粒、盐水环境、气泡和结冰的条件有关。应力集中常发生于裂纹尖端,这是发生破坏的起点。显然,裂纹和弱链的数量取决于材料的体积。这表明:如果弱链随机分布在材料的某些体积上,体积增加时,产生薄弱点的可能性也会增加。利用统计理论进行预测,得到以下相关性公式:

$$\frac{R_1}{R_2} = \left(\frac{v_2}{v_1}\right)^{\frac{1}{2}}$$

式中,R_1、R_2 分别为速率 v_1、v_2 下材料的平均强度。Lau 等在研究 Palmer 的思想和分析不同数据的基础上得出结论:海冰和淡水冰的抗弯强度应分别与其各自线性尺寸的 1/5.8 次幂和 1/4 次幂成反比。本书所说的概率分析并没有否认尺寸效应与弱链有关,而是提出了更复杂的关系,即弱链的存在并不是引起尺寸效应的唯一原因,另一个原因是小尺寸的样本和大尺寸的样本可能有不同的内部结构。

小尺寸的样本内部不会有很大的缺陷和裂缝,而带有明显裂纹的大尺寸的样本常常被从实验中剔除。但是,大尺寸的样本可能含有一些不可见的内部裂纹,降低了样本的强度。

大尺寸的冰中存在的很大的裂缝可以减小冰原的约束,从而削弱冰对建筑物结构的作用。整个冰原中存在的非常大的裂缝可以削弱冰对建筑物结构的作用。为了证明这一点,研究人员用淡水冰进行了一系列实验,结果表明:如果外推到全尺寸,冰表面上只要出现几个长裂纹,就可以导致冰对建筑物结构的作用显著变弱。

影响尺寸效应的一个非常重要的因素是裂缝层次。冰盖和其他一些构造(如岩石)包含不同规模的裂缝。研究结果表明:岩石中裂缝的分层形成了一个复杂的结构,即在宽裂痕之间分布着较小裂痕,而较小裂痕之间的材料被微小裂痕依次分隔开。

3.2.5 断裂原理

Kaplan 和 Bazant 提出,在断裂力学的基础上可以将尺寸效应和裂纹联系起来。断裂韧性是断裂力学中的关键参数,通过裂纹扩展临界应力强度因子 K_C 来衡量材料的失效倾向。如果考虑两种线性尺寸 $\left(\dfrac{D_{\max}}{D_{\min}}=\lambda\right)$ 不同的结构,实验中的冰断裂韧性与 $D_{\min}$ 符合几何相似定律,即当所有尺寸与整体尺寸成比例变化时,冰断裂韧性应减小 $\lambda^{3/2}$。但如果在两种情况下考虑相同的(天然)冰,其断裂韧性是相同的,因此对于较小的结构,冰断裂韧性超过了依据几何相似定律计算出的水平。由此可以得出,冰对建筑物结构的作用力与 $D^{-0.5}$ 成正比。我们可以举一个非常简单的物理例子来帮助理解。假设有两根几何相似大小不同的梁,每根梁上都有一个缺口,确定导致梁失效的极限力分别为 F_1、F_2。根据几何相似定律,两根梁上的缺口的绝对长度与梁的厚度之比应相同。这意味着较大的梁的缺口的绝对长度应该更大。根据应力再分配和断裂能量释放理论,裂纹(缺口)长度越大,裂纹扩展所需的力($F_1<F_2$)越小。

3.2.6 边界条件

除了上述直接引起尺寸效应的因素外,还有一些间接因素会引起尺寸效应,具体如下:

(1)边界层效应。冰样本边界层的性质可能与其内部材料的性质不同。在冰样本的核心和表面可能存在不同的应力/应变场。

(2)裂纹边缘与薄板边缘交点处的应力奇点。

(3)应力集中在样本末端或凸起上。这种现象是随机出现的。

(4)不同的影响因素(如扩散、热传输等)。

应该注意的是,与冰的作用有关的尺寸效应并没有得到学者们的普遍认可。对此,Blanchet 和 de Franco 的结论是:人们对冰破坏过程中的尺度效应没有很好地理解,没有系统地研究附加参数,如纵横比、约束、非同时破坏和速率,增加了问题的复杂性。

尽管众说纷纭,但大多数学者认为有效压力在更宽大的建筑物结构上比在窄小的建筑物结构上小,也有一些学者发现了浮冰与建筑物之间的作用力的测

量值低于他们的预测值。

3.2.7　冰的横向尺寸特征

在预测浮冰的作用效果时,通常要预料到浮冰的特征有无限的横向尺寸,但在实际中观察到它们的横向尺寸是有限的,这降低了行动的水平。Kulluk 探索船的经验证实了这一实际观察结果。

冰的横向尺寸与冰的厚度存在一定的相关性:冰的厚度越厚,冰的横向尺寸越小。例如,厚度超过 3 m 的冰原的宽度不会延伸到 80 m 以上。冰的横向尺寸对于设计与冰的特征宽度相当的建筑物结构尤为重要。

| 3.3　冰对斜面建筑物结构的作用 |

3.3.1　冰与斜面建筑物结构相互作用概述

1. 不同类型的斜面建筑物结构

在冰与斜面建筑物结构相互作用的过程中,冰的失效主要有两种类型——周向开裂和径向开裂。通常这些失效会接连出现,首先出现的失效类型可决定最严重的冰的作用结果。宽的建筑物结构会较早形成周向裂纹,窄的建筑物结构会较早形成径向裂纹。但有时即使是同样的建筑物结构,其失效类型也会随冰的厚度、冰的运动速率和其他条件的变化而变化。

宽的建筑物结构是指宽度约为 100 m 的建筑物结构,而窄的建筑物结构的宽度约为 10 m。研究人员对渤海湾的测量结果表明:根据水流锥直径与冰厚的比值,同一支架上可能会同时发生两种失效。

对建筑物结构进行分类的原则之一是建筑物面向冰表面的倾角和锥体的形式。通常,斜面建筑物结构在平面上的截面呈多边形,其前边界有一个斜坡。有时这种分类是任意的,因为浮冰对具有倾斜面的多边形建筑物结构及具有相同直径和倾角的锥体建筑物结构的作用力是非常接近的。

2. 相互作用过程

理论上,冰与斜面建筑物结构相互作用的过程包括以下几个阶段。

第一阶段:厚度为 h 的冰盖沿建筑物结构的表面滑动。

第二阶段:冰盖弯曲,并破裂成两部分,两部分彼此接触。

第三阶段:在后方冰盖的推动下,前缘破裂的冰块沿建筑物结构的表面继续滑动,在此过程中,冰块可能再次破裂成更小的冰块。此过程重复几次会导致越来越小的冰块沿建筑物结构的表面滑动和上升。

据调查,最小的冰块的长度为 $3h \sim 5h$(h 为冰厚)。

随着滑动的进行,一部分冰块落在冰盖上,对冰盖产生垂直力,但另一部分冰块仍留在建筑物结构的表面并形成碎冰。冰盖与碎冰的相互作用产生了纵向应力。

如果冰盖表面累积的冰块的质量达到一定水平,冰盖就会发生剪切,所有(或部分)冰块就会被海水淹没。该过程重复数次。

斜面建筑物结构对减小冰荷载非常有效。冰盖在向这样的建筑物结构移动时会发生弯曲,由于其弯曲强度小于抗压强度,因此其将在较小的负载下发生破坏。由此可见,冰对直立建筑物结构的作用力大于对斜面建筑物结构的作用力。

斜面建筑物结构在实际应用中非常受欢迎,因为其上的荷载一般低于直立建筑物结构。

通常情况下,斜面建筑物结构的荷载周期(相邻两个最大荷载的时间间隔)比直立建筑物结构的长,与建筑物结构的自然周期相比有很大差异。因此,斜面建筑物结构的使用场合更广。安装在结冰水域的大多数建筑物结构在水线处都有一个倾斜的设计。

3.3.2 冰荷载的计算方法

近年来,冰与宽的斜面建筑物结构的相互作用一直是人们研究的热点。平面边坡的二维荷载模型是基于弹性地基上半无限弹性梁分析的,它还考虑了将碎冰块推上斜坡所需的力。冰荷载的水平分量的计算方程为

$$F_{\mathrm{H}} = C_1 D R_{\mathrm{f}} \left(\frac{\rho_{\mathrm{w}} g h}{E} \right)^{1/4} + C_2 D h_{\mathrm{r}} h \rho_{\mathrm{i}} g$$

式中,C_1 为与倾角有关的系数;C_2 为建筑物结构表面与冰之间的动摩擦系数;E 为冰的杨氏模量;h_{r} 为建筑物结构倾斜面上碎冰块的高度;ρ_{w} 和 ρ_{i} 分别为水和

冰的密度;D 为建筑物结构的宽度;g 为重力加速度。方程中,第一项表示前进的冰盖的弯曲破坏所产生的作用力;第二项表示由碎冰堆积产生的作用力。系数 C_1 和 C_2 的计算式为

$$C_1 = 0.68\frac{\xi_1}{\xi_2}$$

$$C_2 = \xi_1\left(\frac{\xi_1}{\xi_2}+\cot\alpha\right)$$

式中

$$\xi_1 = \sin\alpha+\mu\cos\alpha$$
$$\xi_2 = \cos\alpha-\mu\sin\alpha$$

式中,α 为斜角。

这种全面的解决方案考虑了影响冰与斜面建筑物结构的相互作用过程中的许多因素。总冰荷载 F_H 的水平分量可表示为

$$F_H = F_B+F_P+F_R+F_L+F_T$$

式中,F_B 是弯曲破冰所需的力。

$$F_B = C_1 DR_f\left(\frac{\rho_w gh^5}{E}\right)^{1/4}\left(1+\frac{\pi^2}{4}\frac{l}{D}\right)$$

$$l = \left[\frac{Eh^3}{12\rho_w g(1-\nu^2)}\right]^{1/4}$$

式中,ν 为泊松比。

F_P 是推动冰盖穿过冰盖表面堆积的碎冰所需的力。

$$F_P = Dh_r^2\mu_i g(1-p)\left(1-\frac{\tan\theta}{\tan\alpha}\right)^2\frac{1}{2\tan\theta}$$

式中,μ_i 为冰摩擦系数;p 为冰碎石孔隙率。

在冰与斜面建筑物结构相互作用的过程中,冰会破裂成块,碎冰沿着倾斜表面滑动。F_R 是通过碎冰把冰块推上倾斜表面的力。

$$F_R = DP\left(\frac{1}{\cos\alpha-\mu_i\sin\alpha}\right)$$

式中

$$P = 0.5(\mu_i+\mu_s)\rho_i g(1-p)H_r^2\left[\mu_i\sin\alpha\left(\frac{1}{\tan\theta}-\frac{1}{\tan\alpha}\right)\left(1-\frac{\tan\theta}{\tan\alpha}\right)+\right.$$
$$\left.\cos\alpha\frac{1}{\tan\alpha}\left(1-\frac{\tan\theta}{\tan\alpha}\right)\right]+hh_r\rho_i g(1+\mu_s\cot\alpha)$$

F_L 是在倾斜表面上的碎冰块被推起、压弯、破坏之前,举高并剪切碎冰所需的附加力。

$$F_L = 0.5Dh_r^2\rho_i g(1-p)\xi\left[(\cot\theta-\cot\alpha)(1-\tan\theta\cot\alpha)+\tan\varphi(1-\tan\theta\cot\alpha)^2\right]+$$
$$\xi CDh_r(1-\tan\theta\cot\alpha)$$

式中,C 为黏性力;φ 为碎冰内部的摩擦角。

冰块在到达斜坡顶部时与斜面建筑物结构的颈部相互作用,并开始转动。F_T 是转动所需的力。

$$F_T = 1.5h^2\rho_i gD\left(\frac{\cos\theta}{\sin\theta-\mu_s\cos\theta}\right)$$

3.3.3 锥体建筑物结构的荷载的计算方法

最常见的锥体建筑物结构的荷载的计算方法是:在计算冰的作用力时应用 Ralston 的计算方法。该计算方法以塑性分析为基础,被应用于不同的规范中。Nevel 提出了另一种计算方法,并提出了冰盖裂缝的径向扩展和一系列截断会导致楔块的形成。将 Ralston 的计算方法与 Nevel 的计算方法相比较,发现二者具有良好的相关性。他们略微高估了作用力的水平部分,而略微低估了垂直部分。平均而言,二者间差异约为 14%。

根据 Ralston 的计算方法,水平冰作用力的水平分量 F_{xc} 和垂直分量 F_{zc} 的计算式分别为

$$F_{xc} = \left[A_1 R_f h_1^2 + A_2\gamma_w h_1 D^2 + A_3\gamma_w h_2(D^2-D_b^2)\right]A_4$$
$$F_{zc} = B_1 F_{xc} + B_2\gamma_w h_2(D^2-D_b^2)$$

式中,$A_i(i=1,2,3,4)$ 和 $B_n(n=1,2)$ 均为系数;h_1 和 h_2 分别为冰盖和碎冰块的厚度;$\gamma_w=\rho_w g$;D 为在水位以上高度处,碎冰堆积高度最大值(h_r)处锥体的直径;D_b 为锥顶直径。

全尺寸条件下,在冰原持续破裂的过程中,碎冰堆几乎是一定会产生的。以下是少数碎冰堆可能对冰荷载没有影响的情况。

(1)冰表面湿润且完全无雪。

(2)碎冰堆穿过支撑板并向下垮塌时。

(3)发生结冰,冰层变厚且发生明显的上升。

碎冰堆的高度几乎与冰的厚度成正比,最大高度可用 Brown 和 Määttänen 对不同地区观测后得出的公式近似表示。

$$h_r = 3 + 4h \tag{3-2}$$

在加拿大联邦大桥上,冰对北极近海和海岸线建筑物结构的碎冰堆高度为

$$h_r = 7.6h^{0.64} \tag{3-3}$$

对于大多数情况,式(3-2)和式(3-3)能提供相同的结果。

3.3.4 运动频率的影响

Lau 等声称,对于向上破碎的锥体,浮冰的运动速率只有超过 0.2 m/s 才会影响荷载。Matskevitch 在分析了大量的实验数据后提出,对于 60°的锥体建筑物结构,冰速 v 只有超过 0.5 m/s 时,其影响才重要。因此,他引入了速率因子 $\mu = \dfrac{F_v}{F_{0.5}}$。

$$\mu = \begin{cases} 1 & (v \leqslant 0.5 \text{ m/s}) \\ 1 + 0.5(v - 0.5) & (v > 0.5 \text{ m/s}) \end{cases}$$

式中,F_v 和 $F_{0.5}$ 分别为冰速为 v 和 0.5 m/s 时对应的荷载。

3.3.5 结论

斜面建筑物结构对削弱冰的作用是有效的,因为它们使冰在弯曲时失效(不是在碾压时失效)。确定斜面建筑物结构上冰的作用的方法有很多,但研究人员经常面临的问题是:哪种方法更好。因此,他们对一些实验室的全尺寸观测结果和不同理论的计算结果进行了比较,其中,Nevel 对其与 Ralston 的理论的计算结果和实验室观测结果进行了广泛比较,并得出结论:两种理论具有可接受的一致性。

Kvaerner 将灯塔的全尺寸观测结果与 Määttänen 和 Hoikanen、Nevel、Ralston 及 Croasdale 的理论的计算结果进行比较,发现这些方法给出的散点都差不多。

将相同的理论的计算结果和 Lau 等的解决方案与联邦大桥支撑作用的测量值进行比较,结果表明:最小预测作用的分散性不大,而最大预测作用可能相差2 倍以上。

很难说哪种方法有更好的相关性,哪种方法高估或低估了冰的作用。比较 Croasdale 和 Ralston 的方法,结果表明:在某些条件下,Croasdale 的方法高估了冰的作用,而在其他条件下,Ralston 的方法高估了冰的作用。但严格来说,由于两

种方法参照的建筑物结构的形式不同,因此二者无法进行比较。

3.4 冰对多支撑腿建筑物结构的作用

冰对多支撑腿建筑物结构的影响主要包括干涉影响和最大形变。

3.4.1 干涉影响

如果建筑物结构支撑腿之间的距离不是很大,则支撑腿周围的应力场将相互影响,冰破坏开始的条件与尺寸相同的单支撑腿的情况不同。

在冰与多支撑腿建筑物结构相互作用的过程中,一条或多条支撑腿可以全部或部分进入其他支撑腿形成的轨迹。那些被保护的支撑腿将与破碎的冰相互作用,从而减小作用力。例如,在设计安装在库克海峡入口的四腿建筑物结构时,研究人员只考虑了施加在两条支撑腿上的作用力。用四腿、矩形平面模型进行实验室实验,结果表明:如果冰的运动方向与一对前腿平行,那么后腿受到的作用力不会超过前腿的 6%~7%。当冰向接近建筑物结构对角线的方向移动时,被保护的支撑腿的作用力约是前腿的 35%。

Määttänen、Saeki 等对多段建筑物结构(垂直和锥形)的遮蔽效应进行了非常详细的研究。研究结果表明:遮蔽效应取决于系数 $F = f(K, \theta)/F_m$,该系数考虑了支撑腿的数量、支撑腿直径与各支撑腿中心之间的距离的比(K)、冰体的侵入方向(连接前支撑腿中心的线与冰运动方向之间的角度 θ),以及整个建筑物结构的 $f(K, \theta)$ 与单腿上 F_m 之比。

对于四腿平台,只有 $K > 18$ 和 θ 为 15°~35° 时,才能观察到遮蔽效应的缺乏;如果 $K < 10$,则总作用力小于 $3.5F_m$;θ 约为 18° 和 35° 时对应于遮蔽效应的最小值;$K = 2$ 时,最大总作用力仅为 $2.5F_m$~$2.6F_m$。

3.4.2 最大形变

在全尺寸平台上,各支撑腿同时达到最大形变的情况有可能发生。Johnson 等分析了我国 JZ-20 平台一对支撑腿上的冰作用的测量结果,结果显示:

（1）一条支撑腿的动态既可能与相邻支撑腿的动态同步，也可能不同步。

（2）分析每条支撑腿的动作高斯分布函数和累积分布函数（考虑 50 s 间隔内 95% 的动作）。结果如下：一条支撑腿的测量动作为 156 kN，另一条支撑腿的测量动作为 133 kN，而实际的总最大形变为 120 kN。对于非同时失效对动作的影响的评价，最保守为 0.85~0.90。相关概率分析结果还表明：每条支撑腿的最大形变和总动作的发生概率不同。上述结果仅基于 50 s 数据采样。

3.4.3　结论

多腿平台的总作用力可由下式计算：

$$F_m = F_1 F_{(i)} K_{ns} K_j$$

式中，F_1 为同一条件下单腿的动作；$F_{(i)}$ 为遮挡因子；K_{ns} 为非同时失效因子（明显小于 0.85）；K_j 为干扰因子。目前只有一些关于 $F_{(i)}$ 的研究数据，关于 K_{ns} 和 K_j 的研究数据非常少。

| 3.5　冰脊的特性 |

3.5.1　冰脊的特性概述

目前，冰脊与建筑物结构相互作用的过程中还存在许多不确定的因素，因为虽然相互作用的场景较多，龙骨模型也较多，但相关实验数据不足。冰脊形成后，其龙骨可能会部分冻结。为方便计算，可将龙骨分为两部分，即厚度为 h_c 的胶结层和厚度为 h_k 的碎冰层。

大多数研究人员认为帆的作用可以忽略，即也许只有在考虑建筑物结构的间隙时，这部分脊才有一定的重要性。因此，本节讨论的冰脊的特性主要是指龙骨的特性。在关于龙骨的特性及其与建筑物结构相互作用的研究中，目前仍有许多问题未得到解决。人们虽然常提出用库仑-莫尔强度准则来描述龙骨的破坏，但对于该准则能否用于表征龙骨性能仍存有一些疑问，原因如下：

（1）库仑-莫尔强度准则常用于颗粒状或均质材料，而由相对较长且较窄的

块组成的介质(即龙骨材料)可否被视为颗粒状材料尚存疑问。

(2)在全尺寸条件下确定(1)中所述介质的性质的方法尚不确定。通常通过所谓的冲孔实验可以确定内聚力(假设内摩擦角为零)或内摩擦角(假设内聚力被忽略)。

(3)用于估算冰脊龙骨破坏力的计算方法的数据来源是不确定的。大多数计算方法是基于"在相互作用过程中,龙骨内部形成破坏面"这一思想的,作用力由破坏面面积与沿破坏面表面的平均应力的乘积决定。这些计算方法包含一些假设,因为即使可以将龙骨材料视为库仑–莫尔介质,破坏面在冰脊与建筑物结构相互作用的过程中也会逐步发展,无法预先表征。它的位置会随建筑物结构穿透冰脊而改变。

(4)应力沿破坏面分布不均匀。破坏面是逐步发展的,因此仅使用其中一个(最大)值会导致高估动作。

(5)脊的两部分在与建筑物结构相互作用时,彼此之间相互影响可能很重要。显而易见,龙骨有时会影响固结层的破坏(如在与斜面建筑物结构相互作用时),反之固结层也可能会影响嵌入其中的龙骨。

SNiP 等采用的是脊因子,这一因子被描述为对建筑物结构的脊作用力与周围水平冰作用力的比。SNiP 建议对于里海和有中度冰条件的海洋,采用的脊因子为 1.3;对于亚北极海域,采用的脊因子为 1.5 ~ 2.0。位于波弗特海的 Molikpaq 构造的直接测量结果表明:脊因子可能在显著超过 SNiP 建议的范围内变化。

这种方法只考虑了一个理想的情况,即脊较长且相对于建筑物结构呈线性,并向沿建筑物结构线性方向正常移动。

下面对冰脊与不同建筑物结构相互作用的特性进行讨论。

3.5.2　结构破裂

1. Molikpaq 实验

Timco 等详细分析了波弗特海冰脊与 Molikpaq 构造的相互作用,对脊状破坏模式的观察结果显示了脊状结构破坏的真实过程的复杂性,因为相互作用过程涉及不同类型的破坏的顺序和组合。母冰原的厚度和大小,冰脊的年龄、连续性和方向等因素都影响着波弗特海冰脊与 Molikpaq 构造的相互作用过程。波弗特海冰脊与 Molikpaq 构造相互作用时,脊破坏的类型有脊柱破裂、背后破裂、剪切

破裂、运动停止、混合破坏。

背后破裂往往发生在冰脊后的冰原上。这种类型的破坏行为在所有大小的冰脊和在宽厚度范围的冰盖上都可见到。背后破裂是最常见的破坏行为的代表。

一些脊上有一个或多个剪切或断裂相对较大的裂缝。这些剪切或裂缝垂直于沉箱表面并从表面向外延伸。在冰脊与 Molikpaq 构造接触伊始,冰脊没有以任何可被观察到的方式失效,似乎只是简单地停止了,直到冰脊所承受的压力水平高到足以引发后续破坏。

当不同类型的破坏同时发生时,就会出现混合破坏模式。最典型的是脊柱破裂、背后破裂和剪切破裂与鱼洞停止的组合失效。破坏类型取决于冰脊尺寸。小脊的破坏常发生在脊柱破裂的方式下,中等大小的冰脊以背后破裂的方式消失,而较大的冰脊则以停止的方式消失。

在 Molikpaq、Timco 等研究的基础上,人们推导了以下用于沿沉箱的总脊线性荷载估计长度的方程:

$$F_1 = 0.36h_s + 0.25 \tag{3-4}$$

式中,F_1 为线性荷载,MN/m;h_s 为脊帆高度。式(3-5)对 $h_s < 2.5$ m 是有效的。Timco 等的研究工作也确定了脊因子,这里将这个因子定义为冰脊作用力与冰脊前后母冰作用力的比。研究结果表明:脊因子的变化范围为 2.0~3.7。

Surkov 试图获得脊因子,他从不同的海域收集数据并提出:如果纵横比从 1 变化到 10,则脊因子从 1.5 变化到 3.5。

3.5.3 龙骨

虽然人们对固结层的作用已达成一定的共识,但对确定龙骨作用的方法却有很多的讨论。目前,人们将现有的龙骨模型分为两组,分别对应龙骨的局部破坏和全局破坏。

Kärnä 和 Nukanen 等提出了一种更为复杂的斜面动作三维解计算方案。先由莫尔-库仑破裂包络处的应力条件推导出作用在倾斜滑移面 $AEE'A'$ 和垂直滑移面 $AEHG$、$A'E'H'G'$ 上的力,然后由平衡方程确定反作用力 S,再考虑体积力和冰与建筑物结构接触处的摩擦力。用这种方法逐级重复计算动力学上可能存在的几个试探性滑移面。将 S 的水平分量定义为龙骨力 F_k,将从不同步骤中得到的 F_k 的最小值定义为实际龙骨力。显然,这种计算方案在交互作用的初始阶段

误差最小。

从广泛的数值实验分析中得到的最终结果可以写成以下形式：

$$F_k = \mu h_k D \left(\frac{h_k \mu r_e}{2} + 2c \right) \left(1 + \frac{h_k}{6D} \right)$$

式中，$\mu = \tan 45° + \dfrac{\varphi}{2}$，$\varphi$ 为龙骨材料内摩擦角；c 为表观黏聚力；D 为建筑物结构宽度；h_k 为龙骨深度；r_e 为有效浮力，有

$$r_e = (1-p)(\rho_w - \rho_i)g$$

式中，p 为龙骨孔隙率；g 为重力加速度；ρ_w 和 ρ_i 分别为水和冰的密度。

Croasdale、Prodanovic 以及 Croasdale 和 Cammaert 开发的模型从全局意义上处理冰脊的破坏，这是全局破坏荷载模型。这些模型假定龙骨破坏（剪切）发生在与龙骨运动方向平行的平面上。因此，考虑破坏，龙骨碎石保持在与建筑物结构宽度相等的条形空间中，而龙骨的其他部分则在移动。Croasdale 的公式可以写成如下形式：

$$F_c = \frac{2}{3} W h_k^3 r_e g \mu$$

式中，W 为龙骨宽度。

Timco 等对冰脊作用力的计算方法和全尺寸测量结果进行了比较，结果表明：综合考虑由加固层和龙骨局部破坏产生的作用力，总作用力比测量的作用力大。

Croasdale 介绍了一种结合了上述两种方法的方法。该方法考虑了最初龙骨宽度较大，龙骨厚度不高，会导致局部破坏发育的情况。但之后，随着建筑物结构侵彻度的增加，抗塞破坏阻力逐渐减小，在建筑物结构的某一位置处发生所需能量较低的整体破坏。

对于对称三角形龙骨的作用力，体现 Croasdale 思想的公式可由以下方式得到。

渗透时，局部破坏增加所对应的荷载 $X \left(0 < X < \dfrac{W}{2} \right)$ 可近似为

$$P_k = \frac{2F_k X}{W}$$

式中，F_k 为局部破坏模式对应的最大力。

全局破坏模式对应的动作可以描述为

$$P_c = F_c \left(1 - \frac{X}{W}\right)$$

式中，F_c 为对应全局破坏模式的最大力。

对应于这些依赖关系的交集并决定从一种破坏模式过渡到另一种破坏模式的渗透为

$$\frac{X_0}{W} = \frac{F_c}{2F_k + F_c}$$

因此，导致最大形变的力可以表示为

$$F_{max} = F_c \left(1 - \frac{X_0}{W}\right)$$

龙骨压力的上限可以用 Timco 等提供的值来估计。

3.5.4　结论

在总结方法和数据时，有一些重要的问题需要注意。例如，碎冰可以作为粒状材料处理吗？显然，由可以互相滚动的小块组成的材料和由形成碎冰的长块组成的介质的行为是完全不同的。因此，需要考虑一些其他龙骨模型。Shafrova等和 Liferov 试图定义由长块组成的连续体的行为，但他们只研究了这种介质变形的初始阶段。Kapustiansky 等提出了一个考虑龙骨孔隙率的模型，但该模型没有考虑块体的伸长。因此，评估龙骨在荷载作用下的行为的最佳模型仍有待开发。

与整体破坏模型相对应的作用可应用于未附着在固结层上的碎石层。但通常固结层和嵌在这一层的龙骨之间确实存在某种联系，因此应施加一个额外的力来破坏这个联系，这引起了人们关于"堵塞失效出现的可能性"的怀疑。Brown和 Lemee 报告了在联邦大桥的支撑上看到的冰脊作用对固结层（以及相应的龙骨）的堵塞失效，但它指的是脊与锥的相互作用。

| 3.6 速率的影响 |

3.6.1 速率的影响概述

1. 失效模式

速率对冰与建筑物结构相互作用的过程的影响已被研究人员广泛讨论,从中得出分析失效模式至少应考虑冰的四个速率(蠕动)变化范围:非常低、相对较低、中等、高速。

从一个速率范围到另一个速率范围的转变导致冰失效模式、冰/建筑物结构相互作用的类型和作用级别发生变化。

Sodhi、Chin 和 Sodhi 考虑了冰与其他由七个独立部分组成的压痕的相互作用,在每个部分都可以独立测量其他部分的压力。结果表明:在极低的速率下,各部分的压力级数几乎相同。各部分同时达到最大压力决定了全局作用力(或有效压力)的最大值。在较高的速率下,各部分所记录的压力序列都不同于其他部分。最大压力不同时发生在不同的面板上,整个压力的最大整体作用力和有效压力低于同时失效时的情况。在日本 JOIA 项目进行的实验中也看到了类似的效果。这些实验使用了一个非常复杂的装置,该装置包含带有 1 936 个传感器(5.4 mm×5.4 mm)的面板,提供了一种测量接触区域上细网格内压力分布的方法。

在考虑最大形变水平时,仅考虑同时失效和非同时失效是不够的。全尺寸数据表明:在整体非同时失效的过程中,压力峰值不时发生重叠,这决定了有效压力的最大值。

2. 动作水平随速率的变化

根据 Sodhi 进行的实验室实验,冰速从较低(5~10 mm/s)增加到中等(超过 100 mm/s)会导致显著的压力下降。Blanchet 在全尺寸观测的基础上,提出了更复杂的压力/速率依赖性:压力先逐渐增加,直到速率约为 100 mm/s 时,再以更高的速率下降。

Blenkarn 和 Peiton 的观察表明:建筑物结构的剧烈振荡是由移动非常缓慢的

冰引起的。这与冰的强度与加载速率有关。Neill 和 Blenkarn 参考 Peiton 的实验,提出假设:冰的强度随速率的增加而减小。

Cammaert 和 Muggeridge 报告了关于非保留人工岛屿 Netserk F-40 NRI 上的荷载的非常有趣的结果:" Sanderson 报告了一些与荷载事件相关的有趣现象。……两个测压传感器分别记录了最大压力(700 kPa 和 1 100 kPa),冰速在 8.3×10^{-4} m/s 到 4.1×10^{-3} m/s 之间。在记录到这些峰值压力后,实际冰速增加到 0.72 m/s,但压力分别下降到 100 kPa 和 500 kPa。"

Karna 等认为冰的荷载是由非常高的速率产生的。Karna 在实验中将直径为 0.4 m 的桩附着在船首上,在船舶运动过程中测量了冰对桩的作用力。Masterson 和 Frederking 的测量结果表明:随着冰速的增加,船首上的局部压力增加。在 0.3~1.5 m/s 范围内,直接作用力随冰速的增加而增大。实验表明:在不同的冰速范围内,速率影响荷载的大小。

3. 规范中速率对压力的影响

Korzhavin 是最早提出"速率对压力有影响"的人之一。根据他的研究,冰的作用力与 $v^{-1/3}$ 成正比(v 是冰速)。有研究表明,如果将小型实验中获得的蠕变压痕的压力函数除以 2.97(塑性分析中,压痕与屈服应力之比)和 $4D$(D 为建筑物结构的直径),则该函数与柱状冰无侧限抗压强度和应变率的曲线一致。因此,Michel、Toussiant 和 Ralston 在进一步研究后提出了用有效应变率 $\frac{v}{4D}$ 来表征冰速对冰与建筑物结构相互作用的影响。Ralston 认为,以 $\frac{v}{2D}$ 为有效应变率,结果的离散度更低。Palmer 认为这个参数为 $\frac{v}{D}$。相关规范建议采用上述方法来确定冰速对冰与建筑物结构相互作用的影响。但是这引起了研究人员的质疑。例如,Sanderson 指出,冰不是一种完美的材料,没有明确的依据表明屈服应力会影响应变率。上面采用的应变率完全是经验的,是由纵横比在 0.2 到 4.0 之间变化的实验得出的。很明显,宽的建筑物结构的典型特征具有显著的高纵横比,因此其在海上应用中具有很大的潜力。研究人员对于将建筑物结构直径作为参考线性参数也存有一些疑问,认为最小线性参数(D 或 h)决定了冰的失效现象和相应的作用。Bohon 和 Weingratten 的实验结果表明:有效应变率取决于纵横比,根据他们的数据可以推出

$$\varepsilon = \begin{cases} \dfrac{v}{4D} & \left(\dfrac{D}{h} < 0.5\right) \\[2mm] \dfrac{vD}{h^2} & \left(0.5 \leqslant \dfrac{D}{h} < 2.0\right) \\[2mm] \dfrac{2v}{h} & \left(\dfrac{D}{h} \geqslant 2.0\right) \end{cases}$$

3.6.2 速率是决定有效压力的主要因素

由于冰的作用力直接影响建筑物结构的强度,因此必须分别考虑冰对刚性建筑物结构和柔性建筑物结构的作用。

1.刚性建筑物结构

(1)应变速率对其抗压强度的影响

冰的抗压强度与其应变速率有关。研究表明,在应变速率为 $10^{-4}\ \mathrm{s}^{-1}$ 附近,抗压强度存在极大值。随着应变速率的增大,冰的抗压强度降低。

(2)荷载作用下的冰场行为

冰在极低和极高的应变速率下具有两种完全不同的材料反应。在极低的应变速率下,冰是一种韧性材料,表现为:可在荷载的作用下流动,填补接触区域中的所有缝隙,并主要在平面上变形等。在极高的应变速率下,冰是一种脆性材料。这与 Blenkarn 关于冰对建筑物结构的作用水平依赖于冰温的描述相似。此外,对于坚硬、低温的冰,其破坏过程伴随着大量的开裂和破碎。也可以说,冰的温度及其应变速率在某种意义上是正向相关的:温度较高或应变速率较低的冰是韧性的,而寒冷或应变速率较高的冰是脆性的。

(3)实际接触区域

Takeuchi 等发现,在非常低的应变速率下 $\left(\varepsilon = \dfrac{v}{h} < 10^{-3}\ \mathrm{s}^{-1}\right)$,冰与建筑物结构的实际接触面积非常接近名义接触面积。当 $\varepsilon = \dfrac{v}{h} > 10^{-3}\ \mathrm{s}^{-1}$ 时,该实际接触面积急剧减小。这种变化与低速和高速下的不同失效模式有关。

(4)摩擦系数

冰/建筑物结构的摩擦系数随冰速的倒数的变化而变化。Saeki 等提出冰/钢的摩擦系数可以用下式近似计算:

$$\mu = \begin{cases} 0.1 \ (v_y < 0.03 \ \text{cm/s}) \\ 0.066\ 8 - 0.021\ 8\log v_y (0.03 \ \text{cm/s} \leqslant v_y < 10.00 \ \text{cm/s}) \\ 0.045 \ (v_y \geqslant 10.00 \ \text{cm/s}) \end{cases}$$

式中，v_y 为冰速。

浮冰在相对于建筑物结构的速率非常低时，摩擦系数很高（静摩擦）；在某些速率范围内，摩擦系数降低；在高速时，摩擦系数与速率无关（动态摩擦）。Frederking、Barker 等研究人员也探究了摩擦系数和速率的关系，发现这种摩擦系数取决于冰速的特性导致在低速时产生更高约束力，并会引起黏滑现象。

（5）黏滑运动现象

当建筑物结构表面和冰原之间有一层薄薄的冰粉颗粒时，导致黏滑的原因是冰颗粒的平面外（垂直）速率在接触面积上的分布不均匀和速率对摩擦系数的影响。这是典型的非常缓慢的浮冰运动。

如果冰原是均匀且沿接触面无摩擦的，那么冰颗粒的垂直速率将在冰与建筑物结构的接触面上不均匀分布。在接触区域中，最大垂直速率分布可在冰盖的上、下两部分（在冰盖的自由表面）找到，而在冰盖的中心，速率为零。冰原不是均匀介质（其底部通常较弱），这影响了速率在纵轴上的对称性，但没有改变冰的物理性质。

由于冰颗粒与建筑物结构的相对速率较低，因此在接触区域中心产生了较高的摩擦系数，即产生了较大的摩擦力。钢板中心区域的局部剪应力不足以克服摩擦力。该区域内的冰颗粒不能沿建筑物结构的表面滑动，从而形成停滞区。在该区域内，移动的冰颗粒的动能转化为势能。随着冰原的持续移动，停滞区的冰的变形也在增加，这导致了能量的积累。反过来，这又会导致在接触区域中心产生很大的应力集中。接触区域的法向应力显著超过无侧限强度（约 3 倍）。但能量积累不会到很高的水平，有时接触区域中心点的局部剪应力会超过摩擦力。在能量被释放之后，靠近接触面的冰颗粒的垂直速率会迅速增加，然后对建筑物结构的作用力会减小。这种能量释放持续的时间很短，然后冰与建筑物结构再次恢复接触并形成停滞区。这个过程可能重复多次，因此压力的信号图呈锯齿状。

在冰与建筑物结构相互作用的过程中，冰原中的冰颗粒在不同时刻的速率不同。冰颗粒的速率的每一个峰值都对应着接触面积上剪应力超过摩擦力时的能量释放。研究表明：冰速越低，停滞区尺寸越大，相应的能量积累也越大。这导致接触区域中心周围的压力增加。

实验表明:当冰速较低时,建筑物结构经常发生振动。建筑物结构的低速振动可能看起来很奇怪。脆性冰在高速下的行为伴随着自身剥落:压力的减小和增加使压力信号图呈锯齿状,这可以引起建筑物结构的振动。但是研究人员认为,在缓慢而延展性强的冰的变形过程中,不应该发生较大的活动变化,而在相对速率较低的情况下,可以观察到有效压力和局部压力的动态振荡。Spencer等、辛格等、Jordaan 等和乔达安在压机板间压缩冰粉时也观察到类似的现象。当速率增加时,这种现象消失了。振荡的幅度(和压力)随压缩的增加而增加。Singh 等对这一现象做了详细的分析。他们考虑了粉碎材料在压片之间的压缩,提出振荡可能是由冰的状态变化引起的。冰在变形过程中沿板块发生摩擦。冰在高压下的融化和相应的摩擦系数的减小有关。Singh 等的结论似乎是合理的,因为冰在高压下可能会融化。Shkhinek 等和 Kärnä 等从数值上考虑了与停滞现象有关的振荡。他们研究了压机板间冰粉的压缩和挤压。当冰粉与板间的摩擦系数较低且与冰的应变速率无关,而压力较大时,在高速下,压力–时间轨迹是光滑的。这一结果与 Frederking 等的多年冰壁中大板穿透的全尺寸实验和实验室中看到的现象相似。Jordaan 等、Xiao 等、Singh 等研究发现黏滑现象在一定条件下可能引起建筑物结构振动。

Shkhinek 等的数值实验结果表明:在荷载缓慢增加期间,接触区域中心的法向应力和切向应力的集中可以显著超过冰的极限强度。法向应力和切向应力的高水平表明在这种情况下形成了所谓的"应力点"。这些应力会破坏冰。这就解释了为什么在低速实验中冰原中会出现长条形裂纹。在相对较低或非常高的速率下可以看到不同类型的相互作用。研究表明:冰与建筑物结构相互作用的过程通常包括两个不同的过程,即对应于冰与建筑物结构第一次接触的初始冲击和随后建筑物结构渗透到冰中。这些过程之间的关系取决于冰速。可通过三维数值模拟得到无量纲有效压力。

在冰与建筑物结构相互作用的过程中,作用力的第一个峰值与冰速成正比,而第二个峰值几乎与冰速无关。根据波在固体材料中传播的相关理论,线弹性材料中由冲击引起的压力可以用下式表示。

$$P = v\sqrt{\rho_i E}$$

式中,ρ_i 为冰的密度;E 为冰的杨氏模量。这种压力的影响在高速(超过 0.5 m/s)时占主导地位,在慢动作时可以忽略不计。如果建筑物结构是固定的,则形成实质结构影响区。该区域的冰的纵向速率在与地表接触处为零,在与建筑物结构有一定距离处缓慢增加。因此,初始冲击之后是建筑物结构在冰上缓慢穿透的

过程,这与冰的初始速率有一定的关系。冰在建筑物结构两侧移动,并在建筑物结构前面停止,导致应力集中在建筑物结构附近。

(6)应力集中在建筑物结构拐角处

建筑物结构拐角处的应力集中只略微取决于冰速。在建筑物结构穿透冰时,冰的纵向速率在建筑物结构表面为零,在与建筑物结构有一定距离处会增加到初速率 v。因此,冰盖的不同部分相对于建筑物结构以不同的速率移动,这决定了建筑物结构拐角处的应力集中。随着穿透量的增加,应力集中也增加,直到在冰中形成破坏。由于冰原的最大应力在建筑物结构拐角处,因此第一次破坏就发生在这个区域。根据冰的性质,应力集中可能达到无约束冰的强度的 2.0~2.5 倍。Takeuchi 等进行的实验也发现了同样水平的应力集中。

(7)作用周期

作用周期 T(单位:s)是两个最小压力之间的时间间隔。这个与冰速相关的参数决定了建筑物结构振动或共振的概率、任何冰原与建筑物结构相互作用中的压力循环次数等重要参数。在冰速较低和中等时,压力峰值周期与冰速成反比,而在冰速较高时,压力峰值周期与冰速无关。

基于实际现象可做出一些物理学推测:在冰速较低和中等情况下,作用周期取决于冰的厚度、速率、强度、变形模量和建筑物结构宽度,这种关系可以表示为

$$T \approx \frac{R_C^n D^m}{v^l E^s} h^r$$

式中,n、m、l、s、r 表示幂。

一些研究人员提出了不同的计算作用周期的公式。例如,Bekker 等将失效频率(f,单位:s^{-1})描述为

$$f = \frac{1}{T} = \frac{4aD}{h} \left(\frac{v}{4D}\right)^{5/4} \frac{1}{\tan\left(45° + \frac{\varphi}{2}\right)}$$

式中,$a = 7~10$;φ 为内部冰摩擦的移动角。Bolshev 和 Shkhinek 使用的公式为

$$T = \frac{6 \times 10^2 h^{0.2} D^{0.8}}{vE} R_C \tag{3-5}$$

式(3-5)是通过对大尺度计算数据和实验数据的分析得出的。上述公式都很相似,今后应加以改进。

在较高的冰速下,根据波在有限厚度的层中传播的理论,作用周期与冰的厚度成正比。薄板自由表面的压力反射会引起卸载(拉伸)波,这些波中的张力引起压应力减小和解理裂纹的上升,从而开始将薄板分成水平层。在 Shkhinek

等的附录中可以找到更详细的解释和有助于理解这一现象的数据。任何解理裂纹都可看作一个新的自由表面,它在薄板内部一定距离处诱发了一个新的拉应力并形成裂纹。因此,破坏从薄板内部的自由表面逐步发展,会产生许多裂纹。这一过程在较高冰速下的持续时间受到在冰原自由表面形成的破坏波到达冰原中部所需时间的限制。它可以近似地用 $T=h/C$ 来描述,其中 C 为失效传播速率,数值实验结果显示,C 在 300~400 m/s 之间变化。

(8)裂纹的增长

前文解释了冰速高度影响破坏过程的发展和破坏类型的原因,冰原边缘在与某个建筑物结构相互作用后的平面形态尤其证明了这一点。

对于极低冰速、低冰速、中等冰速、高冰速,失效模式有很大不同。在极低的冰速下,建筑物结构前方形成韧性变形区。较大的局部切向应力试图使薄板破裂,低冰速下会形成停滞区。中等冰速破坏的特征是在冰盖自由表面附近形成一些三角形冰块,每个三角形冰块的高度为 $0.2h \sim 0.3h$,与地平线的夹角为 $20° \sim 45°$。这些三角形冰块的逃脱速率与冰盖速率成正比。在较高的冰速下,破坏区深度很小,附近形成大量裂纹接触表面。

2.柔性建筑物结构

(1)建筑物结构的振动

Timco 等指出冰引起的振动可能会造成操作问题。引起振动的条件可能不同于对应于最大动作水平的条件。例如,非常薄的冰(厚 10 cm)移动到建筑物结构上引起了导致波的尼亚湾的 Kemi 灯塔失效的大振动。极低冰速、低冰速、中等冰速和高冰速下,建筑物结构的振动类型有很大的不同。Kärnä、Turunen 等通过比较压痕率和模型响应的方式来估计速率效应。他们揭示了建筑物结构响应的四种模式:韧性冰破坏响应、准静态响应后伴随瞬时振动、由持续的冰破碎引起稳态振动、由持续的冰破碎引起很小的响应。

研究人员在冰以非常缓慢的速率(小于 3 mm/s)移动的过程中没有记录到振动。冰速的增加会引起准静态振动。在这种情况下,建筑物结构的响应不会被动力放大。通常这种情况发生在加载周期明显超过建筑物结构的自然周期时。如果冰速增加,建筑物结构变形和前进的冰体之间的相互作用会导致冰体产生交替的蠕变和脆性破碎。在每一个间歇性挤压周期中,前进的冰体在发生蠕变时使建筑物结构发生偏转。冰体随着相互作用力的增加而被坏。当冰体破坏达到一定的力水平时,建筑物结构中储存的应变能被释放出来,使其恢复到原来的位置,从而相对于冰产生较高的速率,造成冰脆性破碎。当瞬态振荡衰减

时,循环重复。这种循环重复导致建筑物结构以不同的速率向冰中凹陷,并经历瞬时或稳态振动。

Jeffries 和 Wright 描述了 Molikpaq 平台与上述同样的振动机制。在稳态振动时,冰作用的影响被建筑物结构动力学放大。许多研究表明:稳态振动发生在比建筑物结构固有频率低 5%～15% 的破坏频率下。Kärnä 和 Turunen 的研究表明:稳态振动时,建筑物结构的响应可以用 $u_{ca}=\beta v$ 来描述,其中 u_{ca} 为建筑物结构的速率,v 为远场速率,$\beta=1.0～1.4$。注意:远场速率是建筑物结构实际上不影响冰场速率处的冰的速率。根据 Yue 等的说法,只有在冰速为 2～4 cm/s 时,渤海湾建筑物结构才会发生稳态振动。在其他一些调查中也有同样的结果。当冰移动得更快时,振动就会随机发生。应该提到的是:Yue 观测到的是相对狭窄的建筑物结构,应该谨慎地使用宽度和长径比较大的建筑物结构。

(2)冰对柔性建筑物结构的作用

由于动力学放大,在一定条件下,冰对柔性建筑物结构的作用可能超过其对刚性建筑物结构的作用,此时,冰的作用会增加建筑物结构的响应。有时,这种动力学放大被视为等效静荷载增加的例子。

有研究表明:建筑物结构的顺应性可以显著增加其响应,这一效应主要取决于冰速,冰的参数(厚度、强度和冰变形的弹性模量),建筑物结构的截面尺寸和刚度之间的相关性。Määttänen 在实验(速率小于 3 cm/s)中发现冰对不同刚度的建筑物结构的作用没有显著差异。Singn 等也报告了类似的结果。如果冰速足以引起破碎破坏,则这一效应主要取决于建筑物结构的顺应性。通常来说,这种效应被认为是冰速与冰厚之比(v/h,可视为有效应变率)的函数,或认为其与建筑物结构的固有频率 f_i 和冰破碎频率或峰值荷载频率 f_n 有关。有人提出,这些频率可以决定共振出现的可能性。Määttänen 提供了一个计算频率的公式:

$$f_i=\frac{f_n}{vF}$$

式中,F 是作用力。根据 Singh 等的研究,f_i 可以写为

$$f_i=\frac{C_1 v}{h}$$

根据 Sodhi 和 Morris 的研究,假设 $C=3～5$。这是一个粗略的近似值,因为 C 取决于冰体纵横比、冰的性质等。Bjerkas 于 2006 年发表了对 Norströmsgrund 灯塔振动的一些调查结果。他指出,只有在冰速极低(临界速率)时,该灯塔才会产生振动。与稳态振动形成相对应的间歇性冰破碎发生在 0.02～0.08 m/s 的冰速

61

范围内,而冰破碎和随机振动则出现在冰速为 0.1 m/s 以上时。

3.6.3 结论

冰速是影响冰的行为、失效模式以及局部和全局作用的一个非常重要的因素。不同的现象与不同的冰速范围有关。如果冰速非常低(小于 3 mm/s),则冰会发生蠕变。冰速的增加会导致冰与建筑物结构相互作用的过程发生改变。这一过程 $\left(\dfrac{v}{h}<3\times10^{-3}\ \mathrm{s}^{-1}\right)$ 可能具有以下特点:冰/建筑物结构的接触面积是理想的、最大局部压力几乎同时在冰/建筑物结构接触面上达到、冰/建筑物结构的摩擦系数最大。这些特点可能是造成冰在低应变率下强度相对较低但有效压力较高的原因。在冰速高达 10 cm/s 时会出现黏滑现象,进而可能会出现相对较高的整体压力和局部压力,以及柔性建筑物结构的显著振荡现象。如果冰速继续增加,那么由于冰强度增加,局部压力也有可能增加,但作用周期缩短。因此,局部压力在整个接触面上几乎同时达到最大的概率很低。所以低冰速下的最大局部压力可以相互叠加,但在高冰速下,压力不能相互叠加,这就导致了所谓的“非同时失效”。当冰速非常高(超过 0.75 m/s)时,局部压力显著增加,但其持续时间显著减少。如果建筑物结构很宽,那么接触区域中不同点上的压力最大值之间的时间间隔超过了压力的持续时间,因此冰对建筑物结构的整体作用减弱。

参考文献

[1] BROWN T G. Four years of ice force observations on the Confederation Bridge [C] // Proceedings of the 16th International Conference on Port and Ocean Engineering Under Arctic Conditions. [S. l. :s. n.],2001:285-298.

[2] SODHI D S,HAEHNEL R B. Crushing ice forces on structures[J]. Journal of Cold Regions Engineering,2003,17(4):153-170.

[3] WRIGHT B D. Evaluation of full-scale data for moored vessel station-keeping in pack ice: working report 26-200 for the program of energy, research and evelopment(PERD)[R]. Ottawa:National Research Council,1999.

［4］　TIMCO G W,CROASDALE K,WRIGHT B. An overview of first-year sea ice ridges:technical report HYD-TR-047［R］.［S. l. ］:CHC,2000.

［5］　CAMMAERT A B,MUGGERIDGE D B. Ice interaction with offshore structures ［M］.［S. l. :s. n. ］,1988.

［6］　JORDAAN I J,MATSKEVITCH D G,MEGLIS I L. Disintegration of ice under fast compressive loading［J］. International Journal of Fracture,1999,97（1）: 279-300.

［7］　TAKEUCHI T. Examination of factors affecting total ice load using medium scale field indentation tests data ［C］∥ Proceedings of the 17th ISOPE Conference:Vol. Ⅰ.［S. l. :s. n. ］,2000.

［8］　FREUDENTHAL A M. Statistical approach to the brittle fracture ［M］∥ LIEBOWITZ H. Fracture:Vol. 2. Pittsburgh:Academic Press,1968.

［9］　JORDAAN I J. Mechanics of ice-structure interaction［J］. Engineering Fracture Mechanics,2001,68（17/18）:1923-1960.

［10］　BAŽANT Z P. Size effect on structural strength:A review［J］. Archive of Applied Mechanics,1999,69（9/10）:703-725.

［11］　NEVEL D E. Ice forces on cones from floes［C］∥Proceedings of the IAHR Symposium on Ice.［S. l. :s. n. ］,1992.

［12］　NEVEL D E. Comparison between theory and measurements for ice sheet forces on conical structures［J］. Hydrotechnical Construction,1994,28（3）: 169-173.

［13］　BROWN T G. Confederation Bridge:the relation between model and reality ［C］∥Proceedings of the17th IAHR Symposium on Ice,St. Petersburg, Russia:Vol. 2. St. Petersburg:［s. n. ］,2004.

［14］　BROWN T G,MÄÄTTÄNEN M. Comparison of Kemi-Ⅰ and Confederation Bridge cone ice load measurement results［J］. Cold Regions Science and Technology,2009,55（1）:3-13.

［15］　LAU M,JONES S J,PHILLIPS R,et al. Influence of velocity on ice-cone interaction［C］∥DEMPSEY J P,SHEN H H. IUTAM Symposium on Scaling Laws in Ice Mechanics and Ice Dynamics. Dordrecht:Springer,2001.

［16］　MATSKEVITCH D G. Velocity effects on conical structure ice loads［C］∥21st International Conference on Offshore Mechanics and Arctic Engineering:Vol.

3. Oslo：ASMEDC，2002.

[17] KÄRNÄ T, NYKANEN E. An approach for ridge load determinationin probabilistic design[C]//Proceedings of the IAHR Conference：Vol. 2. [S. l. ：s. n.]，2004.

[18] KÄRNÄ T, TURUNEN R. Straightforward technique for analysis structural response to dynamical ice action[C]//Proceedings of the OMAE Conference：Vol. Ⅳ. [S. l. ：s. n.]，1990.

[19] MÄÄTTÄNEN M P. Numerical model for ice-induced vibration load lock-in and synchronization [C] // Proceedings of the 14th IAHR International Symposium on Ice. Potsdam：[s. n.]，1998.

第4章
典型极地海域设计基础研究

| 4.1　本章概述 |

喀拉海(Kara Sea)和巴伦支海(Barents Sea)是北极圈中油气储量较大的海域中的两个,也是目前北极圈海域油气资源勘探开发的热点区域。其中,喀拉海主要由俄罗斯的两大油气公司(Rosneft、Gazprom)开发,而巴伦支海主要由俄罗斯和挪威两个国家参与开发。由于巴伦支海的海况和冰情都稍微温和一些,因此开发程度更高。由于喀拉海的冰情更严重、温度更低,且风、波浪、海流条件较差,因此开发程度要稍低一些。但是有调查资料显示,喀拉海海域的油气资源更加丰富。

相关的油气公司都表示,需要对相关海域的海洋环境进行广泛深入的调研分析,形成设计基础,并根据这个设计基础开展北极有冰海域专用海洋工程装备的研发设计,这样可以大幅提升海上钻采作业的安全性和效率。

本章主要通过分析总结巴伦支海和喀拉海两个海域的长期现场观测数据及研究成果(主要包括海冰情况,风、波浪、海流情况,环境温度条件,水深情况等),运用概率统计法定义巴伦支海和喀拉海的海况、冰情及温度等,为后续极地冰区半潜式钻井平台系统的优化设计及性能评估奠定设计基础。

| 4.2　典型极地海域介绍 |

巴伦支海是一个边缘海,位于挪威和俄罗斯北部海岸,绝大部分属于俄罗斯领海。它是一个浅陆架海,平均深度222 m,最大水深600 m。新地岛是乌拉尔山

脉北部的延伸,将巴伦支海与喀拉海分隔开来。

喀拉海位于俄罗斯西伯利亚以北,是北冰洋的一部分,经海峡西连巴伦支海,东连拉普捷夫海;平均水深 111 m,最深处 600 m。喀拉海海面在一年中的大部分时间内都会结冰,每年冰期超过 8 个月,仅在 8—9 月可以航行。因为有大量俄罗斯河流(叶尼塞河、鄂毕河等)的淡水注入,喀拉海的海水温度比巴伦支海低得多。另外,喀拉海发生地震的次数极少,历史上曾经发生过 4 次震源深度为 10~25 km、震级高达里氏 5 级的地震,其中 2 次发生在十月革命岛上。

4.3 海冰情况

巴伦支海和喀拉海的冰情特点是年际变化很大。冰盖的变化与大西洋海水的流入量密切相关。海冰覆盖情况是影响海洋工程钻井平台选择的重要参数,其中,冰层厚度、大小、覆盖密度和速度是平台设计相关程度和限制性最大的因素。如图 4-1 所示,在巴伦支海,海冰的范围在 3 月和 4 月达到最大值(厚度达 1.5~4.5 m),在 7—9 月之间迅速融化,之后开始再次冻结。

喀拉海在 10 月到次年 8 月期间的大部分时间内都被冰层覆盖。在喀拉海,低温会使海面冻结成冰层。海冰与建筑物结构碰撞会产生较大的荷载,因此其是平台维护和其他操作中都需要考虑的一个复杂因素。

冰盖在多数情况下是初年冰、多年冰和冰山的组合。一般情况下,在整个巴伦支海地区形成的冰盖中,多年冰约占 10%,初年冰约占 15%。除此之外,喀拉海的冰盖还被冰山和冰脊占据。喀拉海海域中的所有冰的运动和密度情况都可以被实时跟踪观测,许多气象机构对此进行了研究。此外,所有特殊地点的冰雪图都可获得。

统计并分析观测数据,结果表明:巴伦支海的初年平整冰的冰厚为 0.7~1.6 m,漂流冰的冰厚为 0.3~1.0 m,海冰的移动速度为 0.4~0.8 m/s。喀拉海的初年平整冰的冰厚为 1.6~1.8 m,漂流冰的冰厚为 1.4~1.8 m,漂流冰的长度为 3 000~6 000 m,海冰的移动速度为 0.2~0.4 m/s。表 4-1 和表 4-2 分别为巴伦支海和喀拉海的海冰条件。

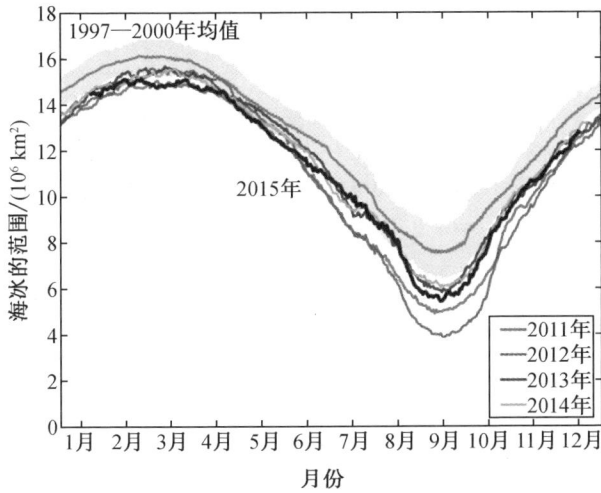

图 4-1　巴伦支海即时海冰范围曲线图

表 4-1　巴伦支海海冰条件

参数		西部海区		东北部海区		伯朝拉海区	
		年均值	年值范围	年均值	年值范围	年均值	年值范围
出现时间	首次	全年	全年	全年	全年	10 月	10—11 月
	最后	全年	全年	全年	全年	7 月	6—7 月
单层 （一年生）	冰厚[1]/m	1.4	1.3~1.5	1.5	1.4~1.6	1.0	0.9~1.1
	冰厚[2]/m	1.3	1.2~1.4	1.4	1.3~1.5	0.8	0.7~0.9
重叠冰	冰厚/m	0.4	0.3~0.5	0.4	0.3~0.5	0.4	0.8~1.0
冰脊 （一年生）	帆高/m	4.7	4.5~5.0	4.2	4.0~4.5	3.5	3.0~4.0
	龙骨/m	17.5	15.0~20.0	15.0	14.0~16.0	16.0	15.0~18.0
单层(两年生 及多年生)	冰厚[1]/m	2.5	2.2~2.8	2.5	2.2~2.8	ND[*]	ND[*]
	冰厚[2]/m	2.7	2.5~3.0	2.8	2.5~3.0	ND[*]	ND[*]
冰运动	速度[3]/ （m/s）	0.5	0.4~0.6	ND[*]	ND[*]	0.7	0.6~0.8
	速度[4]/ （m/s）	0.6	0.5~0.7	0.5	0.4~0.6	ND[*]	ND[*]

表 4-1(续)

参数		西部海区		东北部海区		伯朝拉海区	
		年均值	年值范围	年均值	年值范围	年均值	年值范围
冰山	质量/t	$6.0×10^6$	$0～10.0×10^6$	$4.0×10^6$	$0～5.0×10^6$	ND*	ND*
频率	月份	1—6月	1—6月	全年	全年	罕见	罕见
	年数量/次	10~40	10~40	ND*	ND*	ND*	ND*
	月数量/次	30	0~30	ND*	ND*	ND*	ND*

注:1. 表中上标 1 表示岸冰,上标 2 表示浮冰,上标 3 表示近岸速度,上标 4 表示离岸速度。

2. ND* 表示没有统计数据。

表 4-2 喀拉海海冰条件

参数		西南部海区		东北部海区	
		年平均价值	年值范围	年平均价值	年值范围
出现时间	首次	10月	ND*	9月	ND*
	末次	7—8月	ND*	9月	ND*
单层冰(一年生)	岸冰厚/m	1.6	ND*	1.8	ND*
	浮冰厚/m	1.4~1.8	ND*	1.6~1.8	ND*
	浮冰长/m	3 000~6 000	ND*	4 000~6 000	ND*
重叠冰	冰厚/m	0.4	ND*	0.4	ND*
冰脊(一年生)	帆高/m	1.3~1.5	ND*	1.5~1.8	ND*
	龙骨/m	ND*	ND*	ND*	ND*
单层冰 (两年生及多年生)	岸冰厚/m	ND*	ND*	1.8~2.0	ND*
	浮冰厚/m	ND*	ND*	1.8~2.2	ND*
冰运动	近岸速度/(m/s)	0.4	ND*	0.3	ND*
	离岸速度/(m/s)	0.3	ND*	0.2	ND*

注:ND* 表示没有统计数据。

由相关资料可知:大部分冰山都出现在喀拉海。从这点来分析,这片海域的开发更为艰难,需要配备更为有效的冰管理系统和应急解脱系统来应对危险情况。而在冰山出现频率较小的巴伦支海,有记录的冰山的最大质量为 1 000 万 t,每月出现冰山的频率为 0~30 次,每年出现冰山的频率为 10~40 次。

4.4　风、波浪、海流情况

4.4.1　风力统计数据

综合分析巴伦支海和喀拉海两个海域的长期现场观测数据,可以得到如下风速情况:巴伦支海水平面以上 10 m 处的 10 min 平均风速为 20~35 m/s。喀拉海水平面以上 10 m 处的最大风速为 34~40 m/s,水平面以上 10 m 处的 3 s 阵风风速为 44~62 m/s。

4.4.2　波浪统计数据

统计分析在巴伦支海不同海区观测的波浪数据并汇总成表 4-3,作为后续设计基础参数的数据源。

表 4-3　巴伦支海的波浪条件汇总

参数		西部海区		东北部海区		东南部海区 (含伯朝拉海区)	
		年均值	年幅值	年均值	年幅值	年均值	年幅值
100 m 水 深以内	有义波高/m	1.7	2.0~10.0	2.4~2.7	2.0~9.0	2.5	1.5~7.0
	跨零周期/s	11.0	10.0~13.0	11.0	10.0~13.0	9.0	8.0~10.0
超过 100 m 水深	有义波高/m	ND*	ND*	2.5	2.0~9.0	ND*	ND*
	跨零周期/s	ND*	ND*	9.5	8.0~10.0	ND*	ND*

注:ND* 表示没有统计数据。

统计分析在喀拉海不同海区观测的波浪数据并汇总成表 4-4,作为后续设计基础参数的数据源。

表 4-4　喀拉海的波浪条件汇总

参数		西南部海区		东北部海区	
		年均值	年幅值	年均值	年幅值
波浪条件	有义波高(50%)/m	0.9	0.5~1.0	0.7	0.5~0.9
	跨零周期/s	5.0	54.0~6.0	4.0	3.0~5.0
	最大波高(1%)/m	7.0	8.0~10.0	10.0	14.0~16.0
	跨零周期/s	7.0	ND*	9.0	ND*

注:ND*表示没有统计数据。

4.4.3　海流统计数据

巴伦支海的海流系统由三种不同的水体形成,分别为:来自大西洋的较为温暖且含盐量较高的海水;来自北极的较冷且含盐量较低的海水;沿海水域的较温暖且含盐量较低的海水。喀拉海的水流系统由北极盆地的循环水(环流)提供。该环流是西南部的气旋环流和南、中、北部地区的多向流。洋流的流速通常很小。喀拉海的潮汐清晰可见,但流速相对较小(0.5~0.8 m/s),在鄂毕湾,潮汐流速超过1 m/s,这是潮汐流速所能达到的峰值。在喀拉海的西南部海区和东北部海区,海流形成缓慢的逆时针循环。

统计分析巴伦支海和喀拉海两个海域的长期现场观测数据,得到如下海流情况:巴伦支海的近海面的最大流速为0.3~1.3 m/s;喀拉海的近海面的最大流速为0.8~1.2 m/s。

|4.5　环境温度条件|

4.5.1　空气温度

巴伦支海的气候比喀拉海温暖,这是由温暖的大西洋海流和沿岸海流引起的。1月的平均温度为−20~−2 ℃,7月的平均温度为−1~10 ℃。

表 4-5、表 4-6 分别统计了巴伦支海和喀拉海两个海域的空气温度年均值及年幅值等。

表 4-5　巴伦支海的环境温度条件汇总

空气温度	西部海区		东北部海区		东南部海区(含伯朝拉海区)	
	年均值	年幅值	年均值	年幅值	年均值	年幅值
最高温度/℃	4.4	2.0~7.0	0.9	0~9.0	8.8	8.0~10.0
最低温度/℃	-7.7	-9.0~-6.0	-24.0	-30.0~-20.0	-19.0	-20.0~-18.0

表 4-6　喀拉海的环境温度条件汇总*

空气温度	观测结果
每年月度最高温度/℃	0.5~6.9
绝对最高温度/℃	8.0~31.0
每年月度最低温度/℃	-26.0~-19.3
绝对最低温度/℃	-48.0~-44.0

注：＊表示表中综合考虑了喀拉海海域中几个观测点的综合数据。

4.5.2　海水温度

海水的温度决定了海冰的厚度和覆盖范围。夏季,巴伦支海的海水表面最高温度在 1.5~11 ℃之间,海水表面平均温度为 1.5~9.0 ℃;而喀拉海的海水表面最高温度在 2.5~5.5 ℃之间,海水表面平均温度为 0.5~3.5 ℃。

4.6　水深情况

巴伦支海超过 50% 的海域的水深为 200~500 m,平均水深约为 222 m。喀拉海最深处位于深度达 610 m 的圣安娜海槽,次深处位于深度达 450 m 的沃罗宁海槽,这两个海槽之间的喀拉海中心平原的水深不足 50 m,新地群岛周围的水深又超过 400 m,综合来看,喀拉海 64% 的海域的水深小于 100 m,2% 的海域的水深大

于 500 m,34%的海域的水深介于 100~500 m 之间。

参考文献

［1］ LEIFER I, YURGANOV L, MCCLIMANS T, et al. Peering at the top of the world：Satellite remote sensing of petroleum hydrocarbon reservoirs in the Barents and Kara seas ［C］// IGARSS 2019—2019 IEEE International Geoscience and Remote Sensing Symposium. Yokohama：IEEE,2019.

第5章
特殊结构冰荷载分析方法研究

| 5.1 本章概述 |

冰荷载是极地冰区海洋工程设计的控制荷载之一,其在设计中的关键之处是海冰设计参数的确认及冰荷载计算方法。目前,针对北极冰情和冰况的研究仍比较匮乏,对大尺度斜面建筑物结构及细长柔性建筑物结构的冰荷载的计算方法的研究仍不足。本章研究的半潜式平台的立柱结构属于宽大斜面建筑物结构,钻井立管结构属于细长柔性建筑物结构,在开展结构优化设计及性能评估研究之前需要先研究并提出准确的冰荷载分析方法。

冰荷载计算的准确性,既需要定义合理的极地海冰力学性能参数,也要明确冰在与建筑物结构等相互作用时的破碎机理,并基于现场实测数据开展冰荷载计算模型的研究;同时采用先进的数值模拟方法对建立的冰荷载计算模型及规范分析方法的结果进行对比验证。本章采用室内实验、理论分析及数值模拟相结合的方法,基于拟合分析给出设计所需的海冰物理力学参数,提出不同冰类型、冰失效模式及不同建筑物结构类型所适用的冰荷载计算方法,进而明确极地海冰与大尺度斜面建筑物结构、细长柔性建筑物结构等相互作用的荷载分析方法,推进对极地海洋工程冰荷载关键问题的研究,为我国参与北极开发提供有力的技术支持和保障。

| 5.2 海冰设计参数定义 |

由于我国本土地理位置远离北极冰区以及经费限制,国内没有对北极海域

海冰情况进行过长期统计观测,所以北极冰区的海冰参数研究主要通过调研和分析国外现有数据进行。对比分析我国"雪龙"号进行的极地科学考察研究成果及关于渤海海冰的物理研究成果,发现北极地区海冰的生消过程与渤海海冰相似,在扰动海面上最初生成的冰的结构是颗粒状晶体结构(即粒状冰),在相对平静条件下生成的冰的结构是柱状晶体结构(即柱状冰)。北极海域的单层平整冰可以看作柱状冰。

　　在研究极地冰荷载之前,先要明确典型海域的海冰类型、厚度、运动速度等冰情参数。因为半潜式钻井平台并不是全年作业的,而是通过冰管理系统及提升自身的抗冰能力等尽量延长作业窗口期。为了统一研究基础,基于第 4 章内容,本章研究主要采用的冰情参数是:初年平整冰,冰厚为 1 m,冰的速度范围为 $0.2\sim0.8$ m/s(取值 0.2 m/s),海冰温度为 $-10\sim-2$ ℃(取值 -10 ℃),初年冰盐度为 $0.4\%\sim0.6\%$(取值 0.4%),海冰密度为 $720\sim920$ kg/m³(取值 920 kg/m³),海冰弹性模量为 $2\sim6$ GPa(取值 2 GPa)。典型北极海域的海冰压缩强度均值为 2.0 MPa,弯曲强度均值为 1.0 MPa。为便于优化设计,本章研究中的各设计参数采用建议取值。

5.3　冰荷载计算方法研究

　　通过在海洋平台上对海冰与建筑物结构相互作用的多年观测研究,发现冰荷载不仅与海冰的性质及冰与建筑物结构作用的过程有关,还与建筑物结构的形式有关。本节研究了不同冰类型及失效模式下冰与大尺度直立建筑物结构、大尺度斜面建筑物结构等作用的冰荷载分析方法,并调研分析了适用于冰荷载分析的软件,以用于平台整体结构形式、定位系统和钻井立管系统等的设计优化。

5.3.1　海冰在建筑物结构前的失效模式

　　海冰在建筑物结构前的失效模式是研究建筑物结构冰荷载的理论基础,是连接海冰力学行为和建筑物结构冰荷载的桥梁。海冰的失效模式不仅直接决定了极值冰力(包含拉力、压力等)的大小,也决定了交变冰力中的主要参数(冰力

幅值和冰力周期等)。它既是冰荷载研究的主要内容,也是当前冰荷载研究的重要课题之一。从前人的研究成果看,海冰与直立建筑物结构相互作用时,会发生整体蠕变、弯曲失效、屈曲失效、局部挤压失效以及多种失效模式的混合或交替。海冰在斜面或锥体建筑物结构前也会产生多种失效模式,其中弯曲失效模式最为常见。

与渤海相比,极地海域的冰情更为严峻。相对于渤海导管架平台的桩腿来说,极地半潜式平台立柱的尺寸更大。渤海导管架平台属于直立窄结构,对其可采用相应的冰力公式进行冰荷载计算。由于海冰自身特性的复杂性,较厚的海冰在半潜式钻井平台立柱前产生的冰荷载不能直接套用渤海导管架平台的相关结论或方法进行计算,需要先明确海冰在立柱结构前的失效模式。

1. 冰与直立建筑物结构作用时的失效模式

平整冰在与直立建筑物结构相互作用时,产生一种典型的失效模式是挤压失效(图 5-1)。在环境力的推动下,接触位置的冰板不断发生破碎,各种小尺寸的冰块在冰板受到挤压时从冰板上剥落、断裂。这一过程是动态的,冰板的持续运动使得挤压失效一直发生。平整冰较薄且面积较小,与圆柱直立建筑物结构相接触时,在接触点出现裂纹。冰板顺着裂纹的方向受到拉力的作用而进一步断裂,形成贯穿裂缝,发生劈裂失效,如图 5-2 所示。若平整冰较厚或者面积很大,则难以出现劈裂失效。当发生劈裂失效时,冰板自身发生较大破坏,对建筑物结构的作用力较小,一般不予考虑。

海冰在与直立建筑物结构相互作用的过程中还会发生弯曲失效,Kärnä 在 Norströmsgrund 灯塔的直立圆柱结构上观察到海冰的弯曲失效如图 5-3 所示。较薄的平整冰在与直立建筑物结构相互作用时,还会发生屈曲失效,如图 5-4 所示。因为屈曲产生的冰力较小,所以在工程设计中不予考虑。

2. 冰与斜面或锥体建筑物结构作用时的失效模式

海冰与斜面或锥体建筑物结构作用的机理和其与直立建筑物结构作用有着明显区别,斜面或锥体建筑物结构使海冰的失效模式以弯曲失效为主。不同的失效模式对冰力幅值、频率有重大的影响。例如,加拿大北部的联邦大桥和芬兰北部的 Kemi-Ⅰ 灯塔水线处的建筑物结构都为锥体。联邦大桥桥墩水线处直径为 14 m,监测到该处冰速较快,平均冰速为 0.2 m/s;Kemi-Ⅰ 灯塔水线处直径为 10 m,该处冰速较慢。两个地区最大平整冰厚度均为 0.8 m。现场观测到海冰在锥体建筑物结构前会发生挤压失效、弯曲失效、剪切失效以及堆积现象,其中以弯曲失效为主,如图 5-5 和图 5-6 所示。

图 5-1　挤压失效

图 5-2　劈裂失效

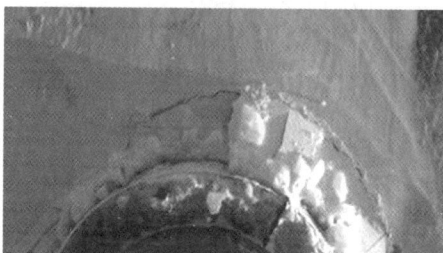

图 5-3　弯曲失效

图 5-4　屈曲失效

图 5-5　联邦大桥失效及堆积现象

图 5-6　Kemi- I 灯塔失效及堆积现象

3. 冰与大尺度建筑物结构作用时的失效模式

目前关于大尺度建筑物结构还没有统一的科学定义。董庆锋在其研究中较早提出了大尺度海洋建筑物结构的概念,但并没有对其进行定性或定量的定义。目前研究冰与大尺度建筑物结构作用时的主要实测数据来源有:加拿大波弗特海 Molikpaq 平台,如图 5-7 所示,其水线面结构尺度为 20 m×60 m,采用的是直立结构;美国的 Kulluk 平台,如图 5-8 所示,其水线面结构直径为 70 m,采用的是倒锥体结构;渤海 JZ9-3 海域的沉箱平台,如图 5-9 所示,其水线面结构直径

为 20 m 左右,采用的是正锥体结构。这三个结构均被业内认为是大尺度建筑物结构。基于上述判定,本节所讨论的半潜式钻井平台的立柱水线面结构尺度为 15~25 m,也将其定义为大尺度建筑物结构,本章重点研究大尺度建筑物结构的冰荷载分析方法。

图 5-7　Molikpaq 平台

图 5-8　Kulluk 平台

图 5-9　JZ9-3 海域的沉箱平台

　　为了明确海冰在与大尺度建筑物结构相互作用时的失效模式,国外学者对 Norströmsgrund 灯塔和 Molikpaq 平台进行了现场监测,通过现场视频记录观测海冰在与建筑物结构相接触时的破碎行为,分析海冰的失效模式。对 Molikpaq 平台现场监测的报告显示:海冰作用在沉箱结构上时会发生挤压失效、弯曲失效以及挤压和弯曲同时存在的混合失效;冰速在 0.05 m/s 以下时,三种失效模式都有可能发生,高于这个冰速时则不发生弯曲失效,而以挤压失效和混合失效为主;弯曲失效仅发生在薄冰情况下;由于建筑物结构很宽,冰块破碎后不易清除,会在建筑物结构前形成堆积。对 Norströmsgrund 灯塔的监测报告显示:海冰作用在灯塔上时也会发生挤压失效、弯曲失效以及混合失效,以挤压失效为主,单独发生弯曲失效的情况非常少;不同冰厚、冰速对失效模式会产生影响,薄冰情况下更容易发生弯曲失效,厚冰情况下以挤压失效为主,如图 5-10 所示。另外,

Molikpaq 平台以及 Norströmsgrund 灯塔的冰荷载监测结果都显示：弯曲失效时建筑物结构受到的冰力较小，挤压失效时建筑物结构受到的冰力最大，混合失效时建筑物结构受到的冰力介于两者之间。

图 5-10　Norströmsgrund 灯塔

　　我国研究人员对渤海 JZ9-3 海域的沉箱平台进行了观测，从 2017 年冬季的现场视频记录中可以发现：渤海的冰情相对于北极而言较轻，海冰较薄，海冰的失效模式以挤压失效为主，同时也观测到混合失效模式，如图 5-11 所示。冰板碰撞到未及时清除的碎冰后可能发生上爬，进而发生弯曲失效。在冰厚较薄的情况下，研究人员也观测到屈曲失效和弯曲失效的发生。岳前进通过分析现场原型测量得到的视频图像及冰力数据，发现海冰挤压同时失效的现象，且冰力高于许多规范中的预测值。

(a)以挤压失效为主　　　　　　　(b)混合失效模式

图 5-11　海冰与渤海 JZ9-3 海域的沉箱平台作用的失效模式

　　综合分析，笔者认为海冰与大尺度建筑物结构的挤压作用会发生非同时失

效,并且存在一定的同时失效的特征,因此关于低值冰力公式对宽体建筑物结构的适用性存在一定的疑问,之后将深入研究这一疑问。

5.3.2　大尺度直立建筑物结构的冰荷载研究

下面选取 Schwarz 低值冰力公式、ISO[①] 19906:2011 规范公式、苏联规范公式以及 Croasdale 塑性极限公式,采用 Molikpaq 平台现场实测数据,对比分析各公式对大尺度建筑物结构冰荷载计算的准确性。分析现有静冰力公式的构成和特点,通过对典型工况进行计算并对结果进行分析比较,提出更为合理的极值静冰力计算公式。

1. Schwarz 低值冰力公式

Schwarz 低值冰力公式由德国学者 Schwarz 根据实验数据回归得到,表达式为

$$F = 3.57D^{0.5}h^{1.1}\sigma_{c} \tag{5-1}$$

式中,F 为总冰力,kN;D 为建筑物结构的直径,cm;h 为冰厚,cm;σ_{c} 为冰的单轴压缩强度,kN/cm²。

由于该公式是完全根据实验数据拟合的结果,因此其等号右端表达式的量纲不协调,根据各参数量纲最终计算出的结果的单位并不是力的单位。同后续介绍的其他公式相比,Schwarz 公式计算出的冰力一般显著偏低,因此其属于低值冰力公式。

2. ISO 19906:2011 规范公式

基于对现场实测数据的研究,分析一年冰及多年冰与直立建筑物结构的相互作用,研究人员得到如下公式:

$$P_{G} = C_{R}\left(\frac{h}{h_{1}}\right)^{n}\left(\frac{w}{h}\right)^{m} \tag{5-2}$$

式中,P_{G} 为整体平均冰压强,MPa;w 为建筑物结构宽度,m;h 为冰盖厚度,m;h_{1} 为参考冰厚,取 1 m;m 为经验系数,取 -0.16;n 也为经验系数,当 $h < 1.0$ m 时 $n = (-0.5 + h)/5$,当 $h \geqslant 1$ m 时 $n = -0.3$;C_{R} 为冰强度系数,MPa。该公式适用于 $w/h > 2$ 的刚性固定建筑物结构。对于极端冰况,极区参考波弗特海,C_{R} 取 2.8;

---

① ISO 为国际标准化组织。

温带参考波罗的海,C_R 取 1.8。

3. 苏联规范公式

苏联规范公式是基于苏联学者 Korzhavin 的研究公式,表达式为

$$F = ImDh\sigma_c \qquad (5-3)$$

式中,I 为挤压系数,取值见表 5-1;D 为宽;h 为厚;σ_c 为冰的单轴压缩强度;m 为形状系数,对圆柱形建筑物结构取 0.9。

表 5-1 苏联规范公式中的挤压系数 I 和宽厚比 D/h 的变化

D/h	1	3	10	20	30	≥50
I	2.5	2.0	1.5	1.2	1.0	0.5

苏联规范公式是半经验半理论的。在理论方面,它认为挤压静冰力和接触面积 Dh 成正比,和冰的单轴压缩强度 σ_c 成正比,这一点直观上很容易理解。在经验方面,该公式认为挤压静冰力的大小还取决于冰和建筑物结构的接触情况,或者说取决于冰板受力的边界条件,表 5-1 所示的挤压系数 I 随宽厚比 D/h 的变化就反映了这一点,宽厚比越大,冰板就越接近平面二维应力状态,产生的冰力也越小。而表 5-1 中的挤压系数是基于实验数据给出的推荐值,因此该公式包含经验成分。

式(5-3)中的挤压系数 I 是宽厚比 D/h 的函数,随着宽厚比的增加而降低,但是苏联规范给出的挤压系数是离散的数值,为了方便计算任意给定宽厚比下的挤压系数,根据表 5-1 中给出的数据推导得到线性回归公式:

$$I = -0.036(D/h) + 2.134\ 2 \qquad (5-4)$$

线性回归结果如图 5-12 所示。式(5-4)等号两端量纲协调,各参数的物理意义明确,所以应用很广泛。基于该公式的形式,很多研究人员和设计规范发展了自己的静冰力计算公式。

4. Croasdale 塑性极限公式

前文提到的 Schwarz 低值冰力公式是完全基于实验数据的回归公式,而苏联规范采用的是半经验半理论公式。除此之外,有学者根据完全的理论模型推导出了挤压静冰力公式,比较典型的是 Croasdale 根据塑性极限分析理论得到的公式:

$$p = I\sigma_Y \qquad (5-5)$$

式中,p 为单位面积冰压力;σ_Y 为冰材料的屈服应力;I 为系数。对于理想平面应

变状态($D \ll h$)，I 取极限值 2.97；对于理想平面应力状态($D \gg h$)，I 取极限值 1.15。

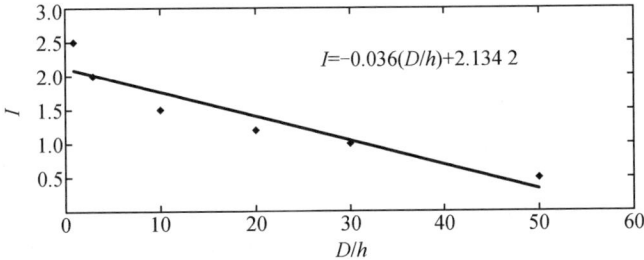

图 5-12　苏联规范公式中挤压系数的线性回归结果

考虑宽厚比 D/h 对挤压系数 I 的影响，本章采用下式计算。

$$p = \sigma_c \left(1.15 + \frac{0.37}{D/h} \right) \tag{5-6}$$

如图 5-13 所示，对比分析以上公式的计算结果随建筑物结构宽度增大的变化，分析各公式对半潜式钻井平台立柱建筑物结构冰荷载计算的适用性，计算了在 20 cm 厚冰板作用下的静冰力，建筑物结构宽度为 1~12 m，假设冰的单轴压缩强度度 $\sigma_c = 2$ MPa。

从图 5-13 中可看出，Schwarz 低值冰力公式的计算结果偏小；ISO 19906:2011 规范公式和 Croasdale 塑性极限公式的计算结果变化不大，建筑物结构宽度的影响不明显；苏联规范公式计算的冰力随着建筑物结构的变宽而减小。在这个过程中，只有苏联规范公式的计算结果的减小幅度较大，因为该公式对宽厚比的影响考虑较多，对宽厚比较敏感，而 ISO 19906:2011 规范公式、Schwarz 低值冰力公式和 Croasdale 塑性极限公式的计算结果的变化均不大。ISO 19906:2011 规范公式是根据现场实测数据得到的公式，考虑了宽厚比的影响，但就结果来说，宽厚比对结果的影响不大。整体来说，Schwarz 低值冰力公式是根据实验数据回归得到的，它的适用范围可能仅限于条件接近实验时的冰和建筑物结构条件，是典型的低值冰力公式。而 Croasdale 塑性极限公式是基于塑性极限分析得到的，虽然该公式也考虑了宽厚比，但宽厚比对公式的影响没有对苏联规范公式的影响大。Schwarz 低值冰力公式和 Croasdale 塑性极限公式的研究思路都存在局限性，而苏联规范公式是根据一定的理论简化，并利用实验数据进行修正得到的，具有普适性，但其折减系数是否过于保守，还有待进一步验证。

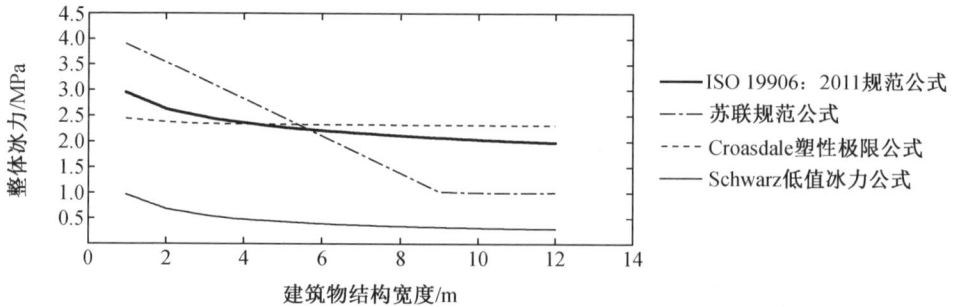

图 5-13　建筑物结构宽度对整体冰力的影响

在上述比较基础上,进一步利用 Molikpaq 平台在北极现场实测的海冰条件及冰力数据与四个公式的计算结果进行对比,选取冰厚不同的三组数据。从表 5-2 中可以看出,Schwarz 低值冰力公式和 Croasdale 塑性极限公式的计算结果与实测结果相差很大,ISO 19906:2011 规范公式和苏联规范公式的计算结果与实测结果相差较小。

表 5-2　公式计算结果与实测冰力对比

冰厚/m	ISO 19906:2011 规范公式/MN	苏联规范公式/MN	Croasdale 塑性极限公式/MN	Schwarz 低值冰力公式/MN	实测冰力/MN
1.2	102.1	100.8	233.3	15.0	77.0
0.7	60.9	58.8	135.7	8.3	69.0
0.6	53.4	50.4	116.3	7.0	48.0

另外,分析利用 Molikpaq 平台监测得到的冰力数据发现:在宽大海洋建筑物结构上存在非同时失效现象。局部冰力随时间的变化不规则,导致总冰力的时间历程(时程)也呈现不规则变化。而且,各局部冰力随时间的变化不同步使得总冰力偏低,这就是所谓的"非同时失效假设"。冰和建筑物结构接触表面的非同时失效在很多情况下都是适用的,根本原因在于冰材料在很多情况下表现出很强的脆性特质,接触表面上局部位置的冰失效不同步导致总冰力的降低。

为了验证半潜式钻井平台立柱建筑物结构的海冰失效过程,本章运用可以合理模拟海冰与建筑物结构相互作用的离散元法来模拟海冰与立柱建筑物结构的相互作用。在模拟过程中,海冰密度取 920 kg/m³,颗粒粘接拉伸强度和粘接剪切强度均为 1.7 MPa,粘接摩擦系数为 0.25,平整冰颗粒层数为 2,将建筑物结

构视为固定式刚性建筑物结构。取冰速为 0.2 m/s,冰厚为 0.6~1.2 m,建筑物结构宽度为 20 m,进行离散元数值模拟,模拟结果如图 5-14~图 5-16 所示。从离散元数值模拟结果可看出,海冰在运动过程中与建筑物结构接触,会出现非同时失效现象,发生弯曲失效和挤压失效,这与现场监测到的海冰失效现象符合,因此该方法能够模拟出宽建筑物结构的海冰失效过程。由于弯曲冰力小于挤压冰力,故对建筑物结构的分析计算应该考虑挤压极值静冰力。

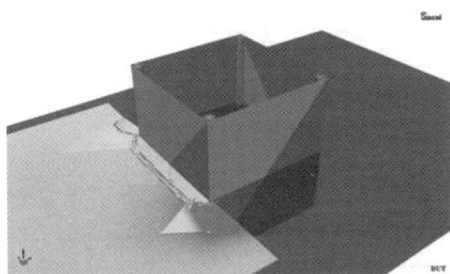

图 5-14　冰弯曲失效

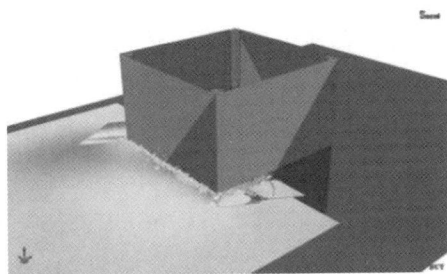

图 5-15　冰挤压失效

图 5-16　冰堆积

本章同时利用离散元法模拟计算了在冰厚为 1.2 m 的海冰作用下,宽度分别为 1 m、2 m、3 m、4 m、8 m 和 12 m 的立柱建筑物结构的冰力,取离散元结果的极值冰力与前文所述的四个公式的计算结果进行对比,利用比例系数 $k = F_{公式}/F_{离散元}$ 来评估公式的计算结果,可得到如图 5-17 所示的曲线。

从图 5-17 可知,Croasdale 塑性极限公式和 ISO 19906:2011 规范公式的 k 值随建筑物结构宽度的增加而不断上升,说明这两个公式对于宽建筑物结构的计算未充分考虑局部效应。Schwarz 低值冰力公式的冰力计算结果较低,其 k 值随建筑物结构宽度的增加而产生的变化很小,苏联规范公式的 k 值随建筑物结构宽度的增加而产生的变化也不大,说明这两个公式考虑了非同时失效以及建筑物结构宽厚比的影响。结合前文对于公式计算冰力与现场监测冰力的对比结

果,表明苏联规范公式是一个比较合理的挤压静冰力计算公式。

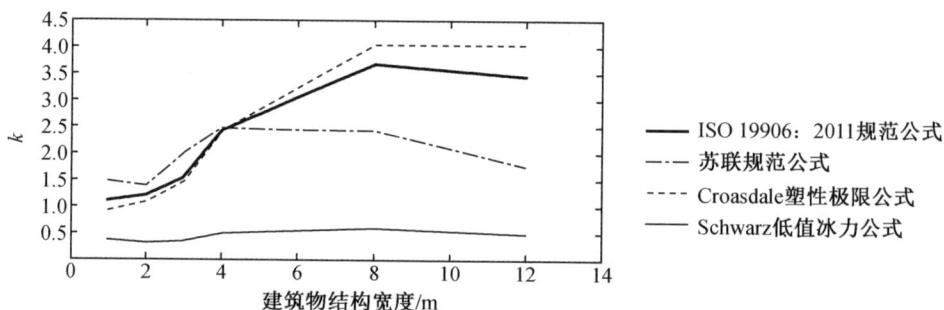

图5-17　建筑物结构宽度对 k 值的影响

参考文献

[1]　资林钦.极地宽大结构的海冰载荷研究[D].大连:大连理工大学,2019.

[2]　HAN H W,LI Z J,HUANG W F,et al. The uniaxial compressive strength of the Arctic summer sea ice[J]. Acta Oceanologica Sinica,2015,34(1):129-136.

[3]　王庆凯,雷瑞波,李志军.融冰期北极海冰单轴压缩强度的试验研究[J].哈尔滨工程大学学报,2018,39(10):1589-1597.

[4]　李志军,卢鹏,SODHI D S.基于海冰物理和力学参数的渤海冰工程分区[J].水科学进展,2004,15(5):598-602.

[5]　李志军,王永学.渤海海冰工程设计特征参数[J].海洋工程,2000,18(1):61-64.

[6]　李志军,康建成,蒲毅彬.渤海和北极海冰组构及晶体结构特征分析[J].海洋学报,2003,25(6):48-53.

[7]　季顺迎,王帅霖,刘璐.极区船舶及海洋结构冰荷载的离散元分析[J].科技导报,2017,35(3):72-80.

[8]　郭峰玮.基于实验数据分析的直立结构挤压冰荷载研究[D].大连:大连理工大学,2010.

[9]　KÄRNÄ T, JOCHMANN P. Field observations on ice failure modes[C]// Proceedings of the 17th International Conference on Port and Ocean

Engineering under Arctic Conditions: Vol. 2. Trondheim: [s. n.] ,2003.

[10]　张大勇,于东玮,王国军,等. 半潜式海洋平台抗冰性能分析[J]. 船舶力学,2020,24(2):208-220.

[11]　张永达. 冰区船舶冰载荷及船体结构优化研究[D]. 大连:大连理工大学,2014.

[12]　董庆锋. 大尺度海洋结构上的冰力识别研究[D]. 青岛:中国石油大学(华东),2006.

[13]　TIMCO G W, FREDERKING R M W. Experimental investigations of the behavior of ice at the contact zone[J]. Studies in Applied Mechanics,1995, 42:35-55.

[14]　张伟,黄焱. 锦州 9-3 油田 CEPD 平台冰激振动数值模拟[J]. 中国海洋平台,2015,30(4):76-81.

[15]　JOCHMANN P,SCHWARZ J. Ice force measurement at lighthouse Norströmsgrund-winter 2000:validation of low level ice forces on coastal structures (LOLEIF) [R]. Hamburg: Hamburgische Schiffbau-Versuchsanstalt GmbH,2000.

[16]　刘通. 基于应变测量的海洋平台冰荷载研究[D]. 大连:大连理工大学,2010.

[17]　MEESE A N. Analysis of ice-induced vibrations and comparison with full-scale experimental data [D]. Trondheim:Norwegian University of Science and Technology,2013.

第6章
平台抗冰及运动性能综合优化评估研究

| 6.1　本章概述 |

北极因具有丰富的油气资源而引起了北极周边国家及海工强国的高度关注。为了开发北极的海上油气资源,各国相继开展了对专用极地抗冰装备的研发。这些装备中有半潜式钻井平台、圆筒形钻井或生产平台、船形生产平台和钻井船等,其中半潜式钻井平台被认为是经过优化设计后非常适合在北极有冰海域进行钻井作业的装备之一。本章将着重介绍如何优化半潜式钻井平台的结构设计,提升平台的抗冰性能,并保证平台的运动性能、质量控制、定位能力、可建造性等综合性能。

本章在成熟柱稳半潜式钻井平台的基础上研究了如何将抗冰锥体或斜面建筑物结构的概念引入半潜式钻井平台的水面立柱建筑物结构形式的设计中,提出了两种不同形式的新概念抗冰型半潜式钻井平台;综合考虑了平台的抗冰能力和水动力性能等作业能力表现,评估了平台总体的优、缺点,并提出采用消浪孔来削弱锥体会增加水线面面积的消极影响,通过水池实验验证了消浪孔对半潜式钻井平台水动力性能优化的贡献;形成了平台结构尺度优化设计方法,开发出冰荷载及波浪荷载等综合作用下设计平台结构尺度的程序。

本章研究的最终目标是:保证半潜式钻井平台既能在有冰海域作业,也能在无冰有浪海域作业,还能在有碎冰、风浪的恶劣海况下作业,并使其在 1 m 厚当年平整冰冰情下有钻井作业的能力,进而延长平台的作业窗口期至初冰期和末冰期,形成一个具备"更长作业窗口期"的半潜式钻井平台。这样的半潜式钻井平台在安全性、经济性和作业效率上具备显著优势。

6.2 新型抗冰型半潜式钻井平台研究

近年来,人们在海洋工程和水利工程等领域开始不断采用斜面建筑物结构来对抗冰荷载。在海洋工程方面,我国工程师为 JZ20-2 导管架平台桩腿安装了抗冰锥体建筑物结构以进行抗冰处理,从此开启了将窄锥体建筑物结构引入实际工程的先例;在 JZ9-3 海域的沉箱平台的上部也安装了圆锥台以进行抗冰处理,这种圆锥台在结构上可看作宽锥体建筑物结构,在抗冰方面比传统的桩基式平台表现得更加出色。在水利工程方面,人们也用斜面建筑物结构来降低冰荷载。在对某东北寒冷地区的航电枢纽引航导堤结构进行设计时,选用迎冰面为 5.2 m 宽的斜面建筑物结构的冰力是使用同等宽度的直立建筑物结构的冰力的 $\frac{1}{6} \sim \frac{1}{4}$。芬兰的 Kemi-Ⅰ 灯塔、加拿大的联邦大桥的桥墩等也采用了斜面建筑物结构,究其原因就是锥体或斜面形式确实可以显著减小建筑物结构承受的冰荷载。

但是对于半潜式钻井平台这样的浮式建筑物结构,如果采用这种设计会显著增加水线面面积,从而降低平台的水动力运动性能,有可能造成恶劣影响,降低平台的作业能力。如何很好地平衡抗冰性能和运动性能两个维度的性能要求,找出科学合理的评估方法和解决方法并予以实验验证是本章的主要研究目的。

6.2.1 平台设计基础的定义

为了对半潜式钻井平台的总体形式进行优化设计,本章调研了有极地冰区作业经验的钻井平台的总体情况,归纳总结了相关设计基础参数。极地冰区主要海洋工程平台情况见表 6-1。

海上钻井平台的三个主要设计依据为功能和操作要求、环境条件、后勤和施工要求。本章主要讨论功能和操作要求(半潜式钻井平台的抗冰性能、运动性能、定位能力、钻井系统的安全性等),以及环境条件。

表 6-1 极地冰区主要海洋工程平台情况①

项目	Kulluk	Deepwater Pathfinder	Frontier Discover	Discover 1	Valentin Shashin	Northern Explorer II
水深/m	182.88	2 286.00	609.60	457.20	1 371.60	182.88
钻深/m	6 096	9 144	6 096	6 096	6 096	6 096
乘员/人	108	130	120	108	116	102
主尺度/m	81.2× 29(筒形)	221× 42×20	156× 21×11	115× 21×8	149× 28×12	115× 30×9
可变荷载/t	7 717	22 850	9 654	5 964	7 500	6 387
储量/m³	泥浆和水泥容积					
	608	962	385	267	552	526
	液态泥浆					
	416.580	809.790	318.000	246.130	503.076	610.560
	燃料					
	1 590.000	4 499.700	1 346.250	1 531.490	2 850.000	1 109.820
	钻井水					
	672.090	1 209.990	921.880	1 651.370	555.000	650.310

注:①第 1 章中提到的半潜式平台未在本表中再做赘述,但在制定功能要求时也应充分考虑。

1. 平台功能和操作要求

钻井系统的优劣直接决定钻井平台的作业效率。综合考虑北极的水深、油气储量的情况等,确定钻井系统的设计标准为:钻入未知井深的可行性为水深 50~500 m,井架吊钩承载能力为 910 t,井架起升高度为 48 m(3 根钻杆),冲压工程为 3 000 hp(1 hp = 745.699 9 W),泥浆泵为 3×2 200 hp,表面泥浆系统为 7 500 hp,防喷器规格为 15 000 psi。未来可以考虑利用双钻塔(Dual rig 或 Ram rig)钻机进行极地有冰海域的钻探,这样可以大幅提高钻井效率。

由于北极海域的海况恶劣,周围缺乏港口基础支撑,供应路线遥远且供应路程中经常会遇到冰雪等恶劣天气,有时会需要破冰船等的配合,因此认为延长对平台的供应周期会减少钻井成本。如果设计平台的补给周期是 150 天,则平台的钻井耗材的标准为:原油储存(EWT)为 10 000 m³,燃油为 11 500 m³,钻井水为 4 000 m³,饮用水为 2 000 m³,盐水为 500 m³,基础油为 500 m³,活性液泥为 850 m³,

储存泥浆的液体为2 400 m³，散装泥浆为450 m³，散装水泥为450 m³，麻袋储存能力为7 500袋等。通常会将这些项目叠加，形成平台的可变荷载(VDL)，一个平台的可变荷载直接决定了平台的无补给连续作业周期。本章中平台设计的可变荷载为6 000 t。此外，还有平台的定位能力[锚泊和(或)动力定位]，平台的居住人员数量及房间配置、逃生救援、防寒除冰等的要求。

2.平台环境条件

冰区半潜式钻井平台设计条件除了前文所述的功能参数外，还有平台设计应满足的海况参数、海冰参数(见表6-2、表6-3)。

表6-2　极地冰区主要平台设计海况参数

参数		统计/观测周期		
		1 年	10 年	100 年
风	风速/(m·s⁻¹)	21.5	24.0	34.1
波浪	有义波高(H_s)/m	6.5	8.7	13.5
	最大波高(H_{max})/m	12.8	17.1	26.7
	跨零周期(T_z)/s	8.6	9.5	10.7
	谱峰周期(T_p)/s	11.8	13.1	15.6
	最大周期(T_{max})/s	9.3	10.2	11.5
	波峰高度/m	6.7	8.9	14.0
流	表面流速/(m·s⁻¹)	1.4	1.8	2.0
	平均深度流速/(m·s⁻¹)	0.9	1.2	1.5

表6-3　极地冰区主要平台设计海冰参数

参数	参数值
平整冰密度/(kg·m⁻³)	920
冰厚/m	1
冰速/(m·s⁻¹)	0.2~0.8
冰的单轴压缩强度/MPa	2.0
冰的弯曲强度/MPa	1.0

6.2.2　新型抗冰型半潜式钻井平台的概念

目前,已经参与北极海上油气勘探钻井的可移动式装备主要有自升式钻井平台、钻井船、柱稳半潜式钻井平台、圆筒形半潜式钻井平台。综合来看,这些可移动式钻井装备各有优、缺点。

在北极海况条件较好的海域、夏季无冰期的海域或冰情较轻的情况下,可采用自升式钻井平台。但是,自升式平台因为采用细长的桩腿站立在海床上以支撑起上部的船体结构,所以其抵抗冰荷载的能力稍弱,且紧急情况下拔桩撤离需要的时间较长,在北极的有冰海域尤其是有冰山的海域的应用受到限制。

钻井船因为具有良好的机动能力,在深远海的海上钻井市场上有比较多的应用,但是其在恶劣海况下的运动性能较弱,因此其在恶劣海况下的应用较少。可以为钻井船配备分布式锚泊、单点系泊系统或者动力定位系统以提升其运动性能,其中单点系泊系统具备风向标效应而在船形油气生产平台中应用较多,然而由于船形浮式建筑物结构的水线面面积较大,不易采用锥体或斜面建筑物结构来减少局部和整体的冰力,因此其在极地有冰海域的应用也会受限。

圆筒形半潜式钻井平台的圆形船体可通过斜面设计提高抵抗冰荷载的能力,但是受限于较大的水线面面积,不易采用较大角度的斜面设计,此种情况下就容易形成冰堆积及较大的总冰荷载,对装备的定位能力提出了很大的挑战。另外,圆筒形半潜式钻井平台的稳性表现较弱,湿拖情况下如果操作不当容易出现事故,这是因为其具有较大的水线面面积和圆筒形的设计,因此机动性较弱。美国壳牌公司的"Kulluk"号极地钻井平台就曾经在极地发生过拖航事故。

综合考虑典型北极海域的海况和不同形式平台的作业能力、对恶劣环境的适应能力及过往在北极项目中的作业表现,柱稳半潜式钻井平台因为具有更小的水线面面积、更高的气隙、更好的抗冰定位能力、优越的机动能力等而被认为是北极有冰海域钻井作业的首选浮式钻井装备,但是需要进行优化设计以提升其抗冰能力,并保证其他性能。

柱稳半潜式钻井平台的立柱建筑物结构在自存和作业工况时与水线面相交,其宽度一般在 10~20 m 之间,属于大尺度建筑物结构,典型代表有 Gazprome 的"北极星"号和"北极光"号两座柱稳半潜式钻井平台,可以在巴伦支海和喀拉海作业,由韩国大宇造船与海洋工程公司于 2010 年建造交付,于 2015 年 12 月到达烟台中集来福士海洋工程有限公司,完成了技术维修改装和 5 年特检取证工

作;烟台中集来福士海洋工程有限公司联合挪威设计公司 Global Maritime AS 自主研发设计并总装建造交付的"维京龙"号、"仙境烟台"号和"Beacon Pacific"号三座柱稳半潜式钻井平台,烟台中集来福士海洋工程有限公司拥有 80%的自主知识产权,设计型号为 GM4-D,这些平台可以抵抗厚度为 0.7 m 的冰,具备 ICE-T、Winterization 和 Clean 等符号,设计温度为-25 ℃,可以在巴伦支海作业,相对于常规的半潜式钻井平台具有更长的作业窗口期、更可靠的作业表现和更高的钻井作业效率;瑞士越洋钻探公司(Transocean)建造的"极地先锋"号半潜式钻井平台的钻机系统和管汇采用低温碳钢,所有操作都是全封闭的,并配有加热系统,便于在寒冷的北极地区开展油气钻探活动;中海油田服务股份有限公司(简称"中海油服")的"南海八号"和"南海九号"半潜式钻井平台在经过特殊的极地适应性改造后相继获得俄罗斯远东地区的钻井合同,改造的重点是防寒设计(也称"冬化设计"),二者主要利用窗口期进行北极钻井作业。

上述平台均属于常规半潜式钻井平台,立柱均为直立建筑物结构,对冰与建筑物结构作用的区域进行了局部加强,主要应用场景为利用无冰作业窗口期进行北极作业,抗冰能力普遍较弱,无法抵抗大尺度厚冰的作用,因此作业窗口期相对较短。

由前文可知,采用锥体或斜面建筑物结构可以将冰在建筑物结构前的失效模式由挤压失效诱导成弯曲失效,这样可以大幅度降低建筑物结构承受的局部冰力和整体冰力。另外,由于极地冰区平台既要在夏季无冰季节作业,也要在冬季初冰季节作业,因此,平台既要像常规平台一样满足风、波浪、海流作用下的总体性能要求,也要满足冬季冰荷载作用下的总体性能要求。根据这一结论,本节提出了两种不同形式的柱稳半潜式钻井平台——立柱加锥式半潜式钻井平台和直斜立柱式半潜式钻井平台,在对这两种形式的平台进行了综合比较分析后又进一步优化,并通过水池实验进行了部分验证。

1. 立柱加锥式半潜式钻井平台

为了设计合理的锥体倾角(简称"锥角"),本节运用离散元法进行优化设计。本平台共建立了 7 个锥体模型,其倾角范围(相对于水平面)为 20°~80°,10°为一个步长,锥体模型水面直径为 21 m,冰厚为 1 m,冰速为 0.2 m/s,弯曲强度为 1 MPa,在此参数下进行数值模拟,模拟结果如图 6-1、图 6-2 所示。由图 6-1、图 6-2 可以看到,随着锥角的增大,锥体所受水平方向的平均荷载和峰值荷载均增大,其中,平均荷载随着锥角的增大,其增大的幅度逐渐变缓;峰值荷载随着锥角的增大,其增大的趋势近似为线性。锥角太小的情况下,冰的爬升现象比

较明显,需要规避。另外,太小的锥角也会显著增加水线面面积。从冰荷载变化规律来看,60°锥角是较好的设计角度。

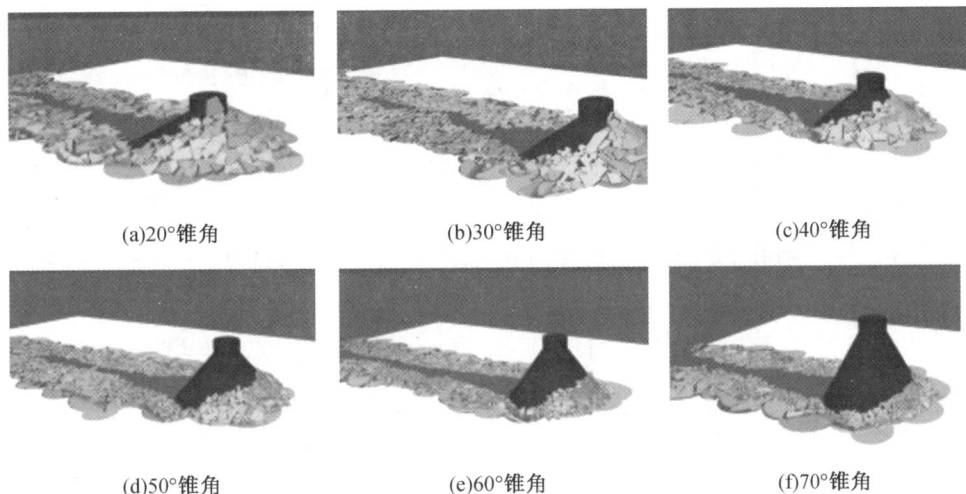

(a)20°锥角　　(b)30°锥角　　(c)40°锥角

(d)50°锥角　　(e)60°锥角　　(f)70°锥角

图 6-1　不同锥角结构下冰破碎模拟图

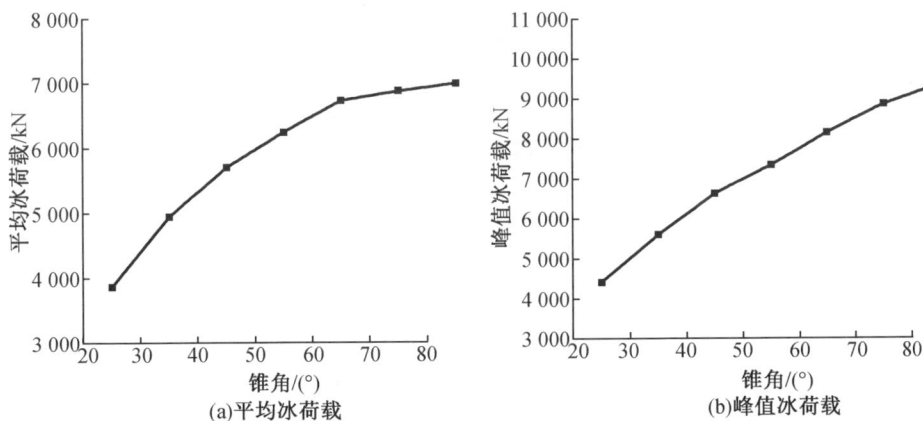

(a)平均冰荷载　　(b)峰值冰荷载

图 6-2　锥角对水平冰荷载(均值、峰值)的影响

　　本节在此基础上提出第一个新型抗冰型半潜式钻井平台的概念,采用在立柱上加抗冰锥体的方案。这一方案保证平台在作业时的吃水在抗冰锥体的位置,利用抗冰锥体诱使浮冰主要发生弯曲失效等有利失效模式,达到降低平台承受的总体和局部的冰荷载的目的。立柱加锥式潜式钻井平台的主要设计参数见表 6-4,平台的侧视图及抗冰锥体的设计如图 6-3 所示。

93

表 6-4 立柱加锥式半潜式钻井平台的主要设计参数

参数	取值
平台总长(L_{OA})×型宽(B_{OA})/m	约 120×83
上船体长×宽×高/m	约 90×85×6
浮体长×宽/m	约 120×20
立柱长×宽×高/m	约 16×16×14
主甲板高度/m	约 42
操作吃水/m	约 25
自存吃水/m	约 23
移航吃水/m	约 16
定位系统	DP3 及 12 点分布式锚泊
锥角(与水平面夹角)/(°)	60

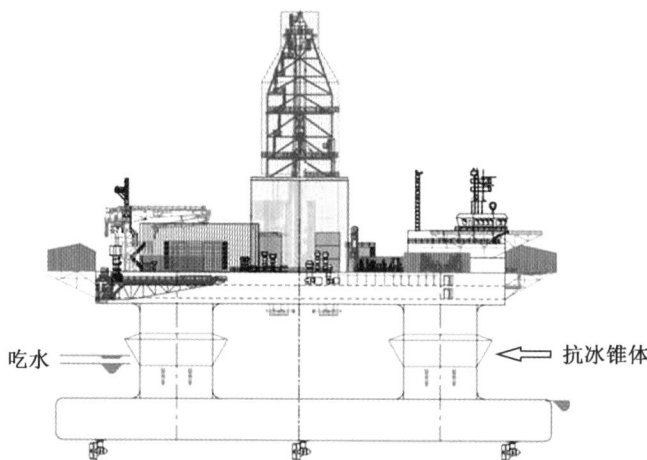

图 6-3 立柱加锥式半潜式钻井平台的侧视图及抗冰锥体的设计

2. 直斜立柱式半潜式钻井平台

本节在第一个设计方案的基础上又提出了第二个方案:立柱采用下直上斜形式,保证平台作业时的吃水在斜向立柱的范围内,利用立柱的斜向建筑物结构来诱使浮冰发生弯曲失效等有利失效模式,既降低了平台承受的总体和局部冰荷载,又避免了第一个方案会增大水线面面积,对平台的运动性能有消极影响。进一步考虑:为了保护立管,使其免受大块浮冰的碰撞,直斜立柱式半潜式钻井平台增加了两个立柱并在中间两立柱间布置了立管保护桁架结构。直斜立柱式

94

半潜式钻井平台的主要设计参数见表 6-5。

表 6-5 直斜立柱式半潜式钻井平台的主要设计参数

项目	长/m	宽/m	高/m	
平台整体	120	约 83	约 42(主甲板)	
上船体	90	70	6	
浮体	120	18	12	
立柱	16	16	14	直立部分
	16	16	14	倾斜部分
吃水/m		23		操作工况
		25		自存工况
		16		移航工况
定位系统	DP3 及 12 点分布式锚泊			
立柱倾斜角/(°)	60			

直斜立柱式半潜式钻井平台的上部立柱是斜向的,对其系泊系统进行了特殊的创新型设计考虑。直斜立柱式半潜式钻井平台系泊系统的布置图模型如图 6-4 所示,平台的系泊系统参数见表 6-6。

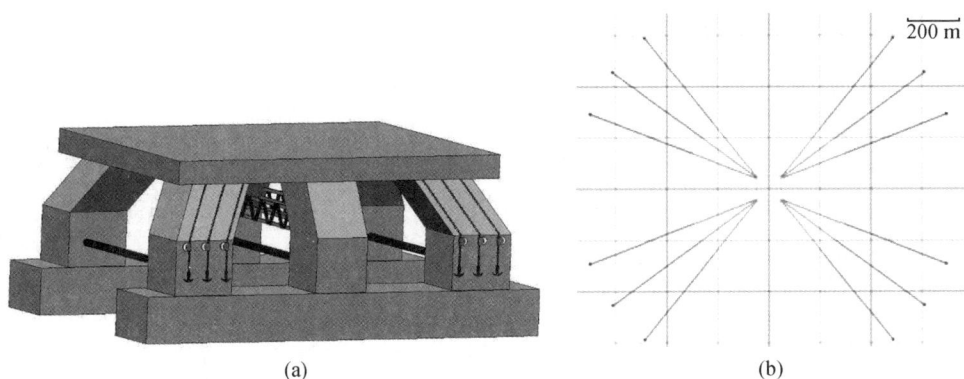

(a)   (b)

图 6-4 系泊系统的布置图模型

表6-6　直斜立柱式半潜式钻井平台的系泊系统参数

链属性	链分项		
	平台链	立管	地面链
等级	R4	螺旋链	R4
长/m	30	240	430
直径/mm	122	132	122
空气中质量/(t·m^{-1})	0.319	0.085	0.319
海水中质量/(t·m^{-1})	0.277	0.071	0.277
抗拉弹性/t	1.271×10^6	1.610×10^6	1.271×10^6
断裂强度/t	1 398	1 383	1 398

6.3　平台运动性能对比分析

进行平台综合性能评估的前提是平台要具有合理的总体运动性能,这是首要保障满足的设计要求。

6.3.1　立柱加锥式半潜式钻井平台

1.水动力模型

运用水动力分析软件 ABAQUS/Aqua 对平台总体性能进行评估。根据估算,平台重心高度为水面以上 8 m,回转半径取值为 $R_{xx}=33$ m,$R_{yy}=33$ m,$R_{zz}=38$ m,黏性阻尼取值为临界阻尼的 3%。立柱加锥式半潜式钻井平台水动力模型如图6-5 所示。

2.结果分析

水动力分析主要考虑了垂荡、横摇和纵摇的响应情况,结果如图6-6、图6-7所示。

(a)　　　　　　　　　　　　　(b)

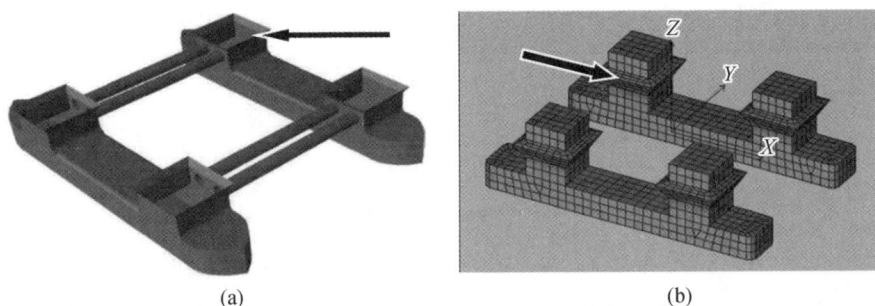

图 6-5　立柱加锥式半潜式钻井平台水动力模型

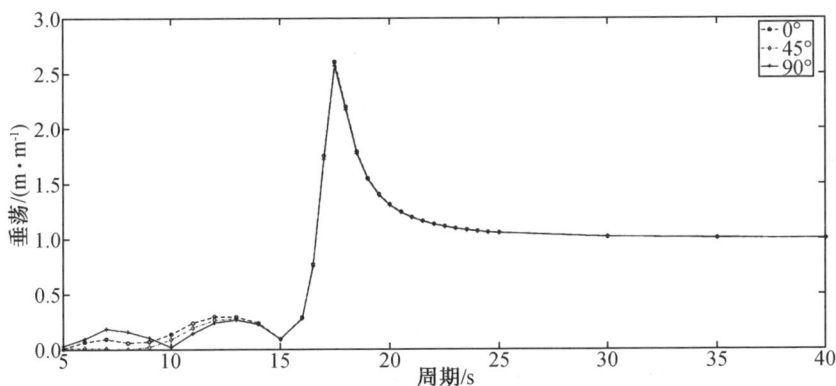

图 6-6　立柱加锥式半潜式钻井平台垂荡响应算子

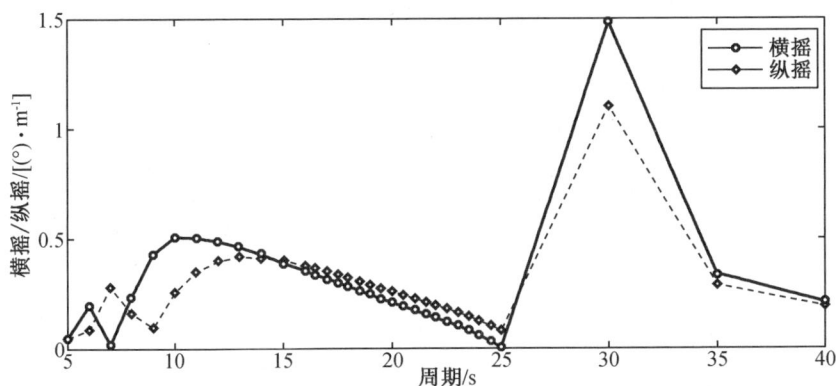

图 6-7　立柱加锥式半潜式钻井平台横摇/纵摇响应算子

图 6-6 显示的垂荡响应算子(RAO)分析结果表明:该平台的垂荡第一峰值大小约为 0.3 m,平台垂荡运动较小。平台垂荡响应算子的固有周期峰值在 17.5 s 左右,而一般深水半潜式钻井平台要求垂荡运动固有周期超过 20 s,否则

容易引起平台共振。因此,著者认为增加抗冰锥体会降低半潜式钻井平台的垂荡性能,需要进一步研究并提出改进方案。

横摇/纵摇响应算子(图6-7)分析结果表明:平台横摇、纵摇运动表现基本满足运动性能要求,但是横摇、纵摇的固有周期较小,两者均在30 s左右,而工程经验普遍认为半潜式钻井平台的横摇、纵摇周期均应在50 s以上。由于目前的横摇、纵摇周期接近波浪最大周期,因此平台的摇摆幅度就会比较大,影响钻井作业操作,同时降低人员的舒适度。

综合分析认为:增加了抗冰锥体的半潜式钻井平台的总体运动性能不理想,主要原因是为了保证破冰效果,将抗冰锥体加装在水面位置,锥体的水平横截面增加使平台的水线面面积增大了。水线面面积太大带来的不利影响有两个:一是平台垂荡的固有周期会减小,导致平台在恶劣海况下容易发生共振;二是初稳性高度(GM)过大,这会导致平台的摇摆比较严重,对人员和设备均会产生不良影响。本设计方案的平台重心高度设为水面以上8 m时,平台的GM_x和GM_y仍然为11 m左右,而半潜式钻井平台的GM一般略高于2 m,因此调整重心以降低GM不可行。

6.3.2 在抗冰锥体上增加消浪孔的运动性能优化研究

为了降低抗冰锥体对平台整体运动性能的影响,理论上减小浮体水线面的面积是一种有效的优化手段。著者研究了渤海湾导管架平台的加锥抗冰方法,发现渤海湾导管架平台是在原有定型设计的基础上增加了抗冰锥体,引起了水动力荷载的增大,后续加入了消浪孔的设计,如图6-8所示。应用效果表明:加入消浪孔的设计可有效降低波浪对建筑物结构的荷载作用,锥体仍具有足够的强度和破冰能力。著者认为也可以在浮式平台上采用带有消浪孔的抗冰锥体,既能实现破冰的效果,还能在一定程度上减小水线面面积,优化平台的运动性能。

因为导管架平台为固定式平台,所以不必考虑增加消浪孔对平台运动性能的影响。而半潜式平台为浮式平台,需要对增加消浪孔前后对平台运动性能的优化程度做深入研究,定量或定性分析消浪孔大小等对平台运动性能的优化贡献。

假设最理想的消浪孔状态是:在半潜式钻井平台上加装带有消浪孔的抗冰锥体后,锥体不产生额外浮力,除水平力有所增加外,锥体不对平台的总体运动性能产生直接影响,可将其作为常规半潜式钻井平台进行水动力分析。不考虑抗冰锥体的影响,立柱加带消浪孔抗冰锥体的新型半潜式钻井平台的水动力模

型如图 6-9 所示。

(a)   (b)

图 6-8 带有消浪孔的抗冰锥体

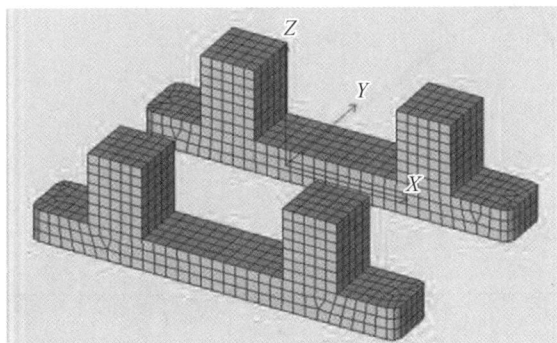

图 6-9 不考虑抗冰锥体的影响,立柱加带消浪孔抗冰锥体的新型半潜式钻井平台的水动力模型

平台运动响应算子分析结果如图 6-10~图 6-12 所示。从频域结果来看,该平台的垂荡、横摇、纵摇响应算子均处于正常的半潜式钻井平台水平。从固有周期来看,其垂荡固有周期在 20.5 s 左右,横摇和纵摇的固有周期在 67 s 左右。上述结果属于常规的半潜式钻井平台应具有的水动力性能水平,可以满足夏季作业要求。

但是这是基于最理想的抗冰锥体加消浪孔的状态,实际上,平台在增加带消浪孔的抗冰锥体后,运动性能应该是介于不加抗冰锥体与加不带消浪孔抗冰锥体之间的状态。为了验证这一判断并分析消浪孔的真实贡献,再次运用水动力分析软件 ABAQUS/Aqua 分别对一个典型半潜式钻井平台的有抗冰锥体和无抗冰锥体的模型进行水动力计算,如图 6-13 所示,得到理论横摇、纵摇和垂荡的过零周期及无因次阻尼。

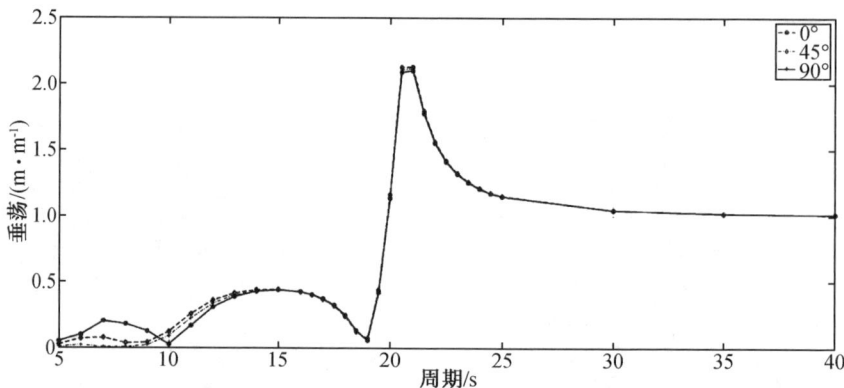

图 6-10　不考虑抗冰锥体的极地冰区半潜式钻井平台垂荡响应算子

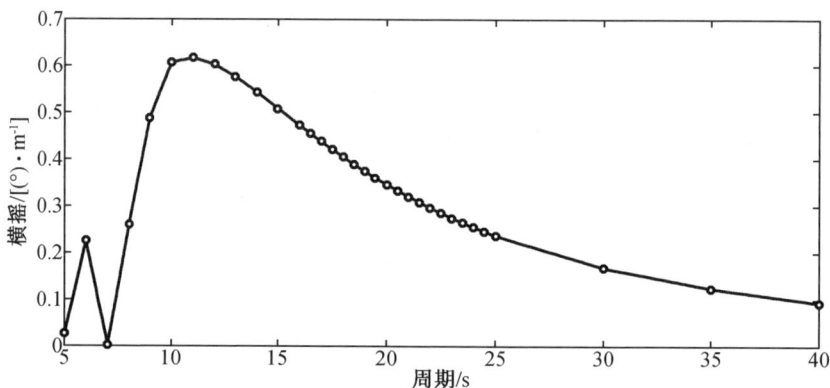

图 6-11　不考虑抗冰锥体的极地冰区半潜式钻井平台横摇响应算子

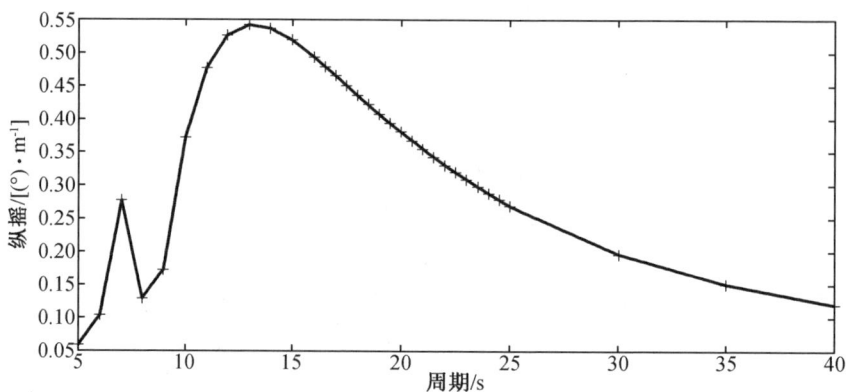

图 6-12　不考虑抗冰锥体的极地冰区半潜式钻井平台纵摇响应算子

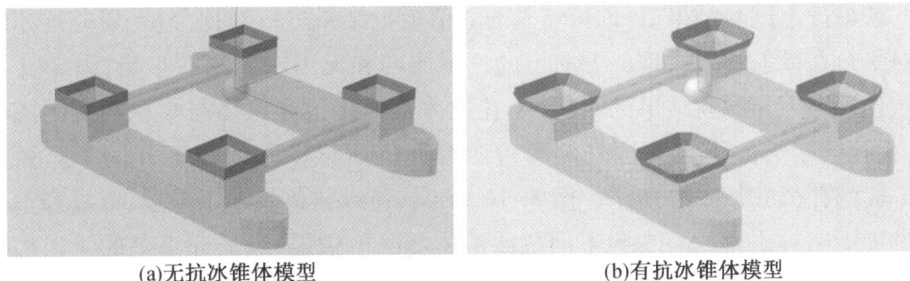

(a)无抗冰锥体模型　　　　　　　　　　　(b)有抗冰锥体模型

图 6-13　半潜式平台的水动力模型(无抗冰锥体、有抗冰锥体)

　　完成数值模拟后,为了进一步验证数值计算结果的可靠性,采用模型试验方法进行对比分析。试验在上海交通大学海洋工程深水池进行,按照缩尺比(1/50)制作平台模型、调节水池水深,安装无接触式光学运动测量设备,为静水试验做准备。

　　静水试验前,先在岸上测量模型的空船质量,根据目标质量选择若干大小适中的铅块压载;然后基于倾斜试验原理,在调节架上调节平台的重心位置和纵摇周期,使其与目标值一致;最后将初步调节好的模型下水,准备进行静水试验。

　　模型下水后,先校核模型姿态,通常需要横向水平移动铅块压载以调节吃水,保证平台正浮于静水中。静水试验时,提前开启运动测量装置,实时记录平台运动轨迹,然后利用撑杆装置给平台一定的初始横倾角度,然后释放撑杆,使平台自由衰减,记录 5~10 个自由横摇周期的平台运动轨迹即可;采用同样的手段,完成纵摇和垂荡的自由衰减记录。

　　最后,分析横摇、纵摇和垂荡的衰减轨迹,计算对应的过零周期和无因次阻尼。半潜式钻井平台的水池试验模型如图 6-14 所示。

(a)抗冰锥体无孔　　　　　　　　　　　(b)抗冰锥体有孔

图 6-14　半潜式钻井平台的水池试验模型(抗冰锥体无孔、抗冰锥体有孔)

获得静水试验结果后,即可将其与数值模拟结果进行对比分析,研究抗冰锥体对平台在横摇、纵摇、垂荡方向上的过零周期和无因次阻尼的影响,表6-7为频域计算结果与试验结果的对比,小孔抗冰锥体指抗冰锥体与立柱间有间隙小孔;大孔抗冰锥体指在立柱外侧两边四等分抗冰锥体水线位置开两个直径为30 mm的孔,如图6-15所示。图6-16为不同抗冰锥体情况下横摇、纵摇和垂荡的过零周期对比,图6-17为不同抗冰锥体情况下横摇、纵摇和垂荡的无因次阻尼对比。

表6-7 频域计算结果与试验结果的对比

项目		附加无孔抗冰锥体理论	小孔抗冰锥体试验	大孔抗冰锥体试验	无抗冰锥体理论
质量/t		63 760	60 987	60 987	63 760
重心高度/m		25	25	25	25
横摇	横摇半径/m	30	30	30	30
	过零周期/s	20.9	21.4	22.7	27.3
	无因次阻尼	0.02	0.03	0.10	0.01
纵摇	纵摇半径/m	33	33	35	33
	过零周期/s	22.4	25.0	26.6	31.4
	无因次阻尼	0.03	0.04	0.11	0.02
艏摇半径/m		35	35	35	35
垂荡	过零周期/s	17.9	16.5	17.0	20.9
	无因次阻尼	0.03	0.02	0.06	0.02

图6-15 水池试验模型,抗冰锥体开大孔

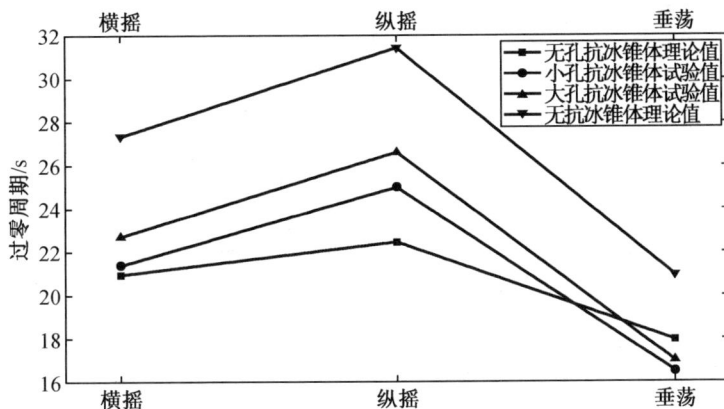

图 6-16　不同抗冰锥体情况下横摇、纵摇和垂荡的过零周期对比

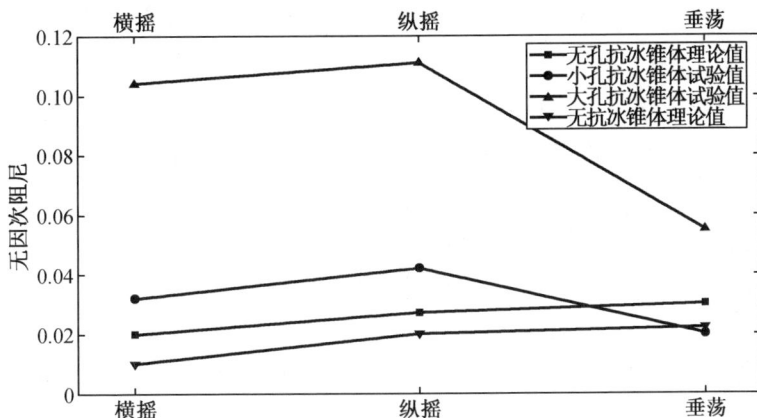

图 6-17　不同抗冰锥体情况下横摇、纵摇和垂荡的无因次阻尼对比

　　横摇方向上,理论计算结果表明:在横摇半径、质量、重心高度相同的情况下,无抗冰锥体的过零周期为 27.32 s,大于附加无孔抗冰锥体的过零周期(20.94 s),二者对应的无因次阻尼分别为 0.01、0.02。这是由于抗冰锥体处在水面附近,且抗冰锥体在模型中是密闭状态的,能够提供更大的回复力,因此横摇的过零周期减小。而加装抗冰锥体使水面附近的水线面面积增大,造成附加无孔抗冰锥体平台的横摇阻尼相对于无抗冰锥体平台略微增加。

　　横摇方向上,静水试验结果表明:小孔抗冰锥体试验的过零周期略小于大孔抗冰锥体,而对应的无因次阻尼也是小孔抗冰锥体的试验结果较小,产生这种结果的原因主要是抗冰锥体内部产生了液舱晃荡。由于抗冰锥体有开孔,因此其内部与外部处于连通状态,此时若平台产生横摇,有孔抗冰锥体内部因产生液舱

而使其提供的回复力小于无孔抗冰锥体,但仍大于无抗冰锥体平台的回复力,所以抗冰锥体开孔情况下的过零周期介于附加无孔抗冰锥体和无抗冰锥体之间。开孔越大则液舱内的液体越多,使得抗冰锥体对平台回复力的贡献越小,造成大孔抗冰锥体的横摇周期大于小孔抗冰锥体,而大孔抗冰锥体的液舱晃荡比小孔抗冰锥体更加剧烈,因此其无因次阻尼也更大。

以上情况在横摇时对过零周期和无因次阻尼的影响关系如下:

(1)过零周期:无抗冰锥体理论>大孔抗冰锥体试验>小孔抗冰锥体试验>有孔抗冰锥体理论。

(2)无因次阻尼:大孔抗冰锥体试验>小孔抗冰锥体试验>无抗冰锥体理论>有抗冰锥体理论。

纵摇方向上,由于平台的纵摇半径略大于横摇半径,因此各种抗冰锥体开孔下的过零周期也略大于相应的横摇过零周期,但有无抗冰锥体和开孔大小对过零周期及无因次阻尼的影响关系不变。

垂荡方向上,理论计算结果表明:因为附加无孔抗冰锥体造成水线附近的湿表面积增大,所以其垂荡方向上的无因次阻尼相对于无抗冰锥体略大。同样在进行垂荡时,无孔抗冰锥体的楔形面增加了排水体积,提供了更大的浮力,这使其垂荡的过零周期小于无抗冰锥体的垂荡周期。

垂荡方向上,静水试验结果表明:小孔抗冰锥体试验的过零周期略小于大孔抗冰锥体,对应的无因次阻尼也较小。产生这种结果的原因主要是抗冰锥体内部产生了液舱。抗冰锥体开孔使其内外连通,此时若平台产生垂荡,有孔抗冰锥体液舱会与外部水体流通,开孔越大则液舱内液体越多,使得抗冰锥体对平台浮力的贡献越小,所以大孔抗冰锥体的垂荡周期大于小孔抗冰锥体,且大孔抗冰锥体的液舱与外部水体的交换更多、更快,因此其无因次阻尼也更大。

以上情况在垂荡时对过零周期和无因次阻尼的影响关系如下:

(1)过零周期:无抗冰锥体理论>有孔抗冰锥体理论;大孔抗冰锥体试验>小孔抗冰锥体试验。

(2)无因次阻尼:无抗冰锥体理论>有孔抗冰锥体理论;大孔抗冰锥体试验>小孔抗冰锥体试验。

因此,建议在平台设计中考虑加入有孔抗冰锥体的设计,可以有效提高平台的横摇和垂荡运动性能,但需要注意抗冰锥体内部液舱晃荡引起的局部压力变化对抗冰锥体的影响,特别要注意抗冰锥体的结构疲劳校核。

6.3.3　直斜立柱式半潜式钻井平台

下面对采用下直上斜形式立柱的半潜式钻井平台的方案运用水动力分析软件 ABAQUS/Aqua 进行总体性能分析,主要需要考虑水面位置线面立柱对半潜式钻井平台总体运动性能的影响,省去模型建立的环节,直接对分析结果进行讨论。

1. 水动力模型

该新型平台设计夏季波浪作用下的工作吃水为 23 m。在该吃水条件下,水线面位置在直立立柱部分。工作状态下,直斜立柱式半潜式钻井平台的水动力模型如图 6-18 所示。

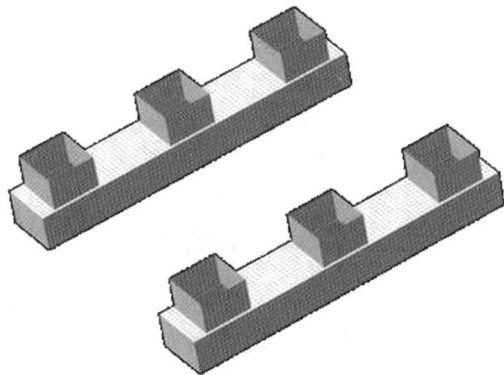

图 6-18　直斜立柱式半潜式钻井平台的水动力模型

2. 结果分析

直斜立柱式半潜式钻井平台的上部立柱是斜向的,对其系泊系统进行了特殊的创新型设计考虑,主要分析了直斜立柱式半潜式钻井平台的垂荡、纵荡、横荡、横摇和纵摇响应情况,对响应算子进行研究分析,结果如图 6-19 ~ 图 6-23 所示。

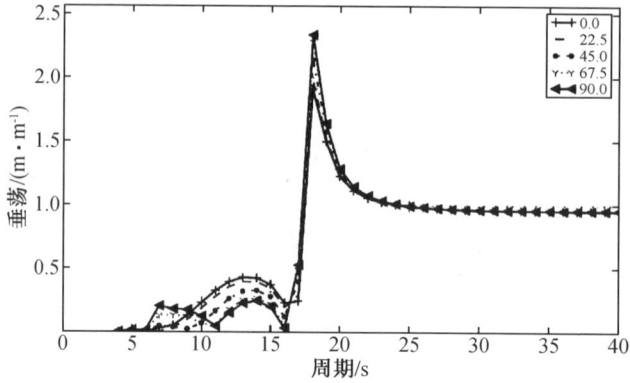

图 6-19　直斜立柱式半潜式钻井平台垂荡响应算子

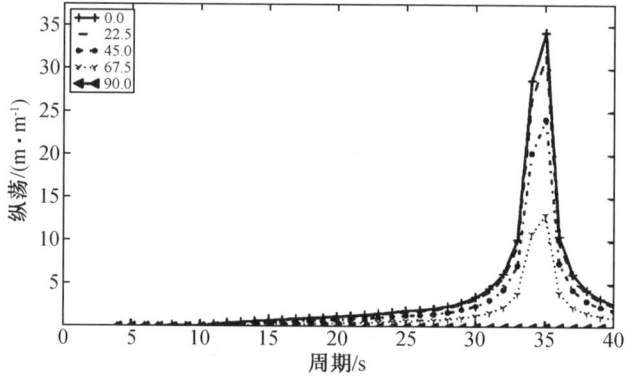

图 6-20　直斜立柱式半潜式钻井平台纵荡响应算子

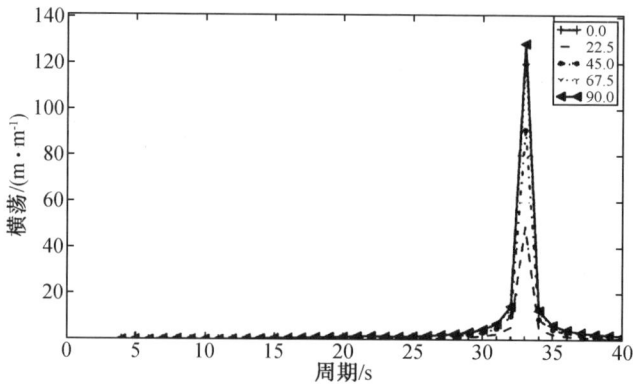

图 6-21　直斜立柱式半潜式钻井平台横荡响应算子

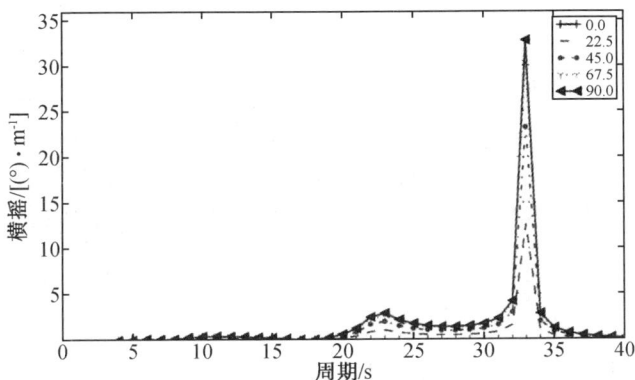

图 6-22　直斜立柱式半潜式钻井平台横摇响应算子

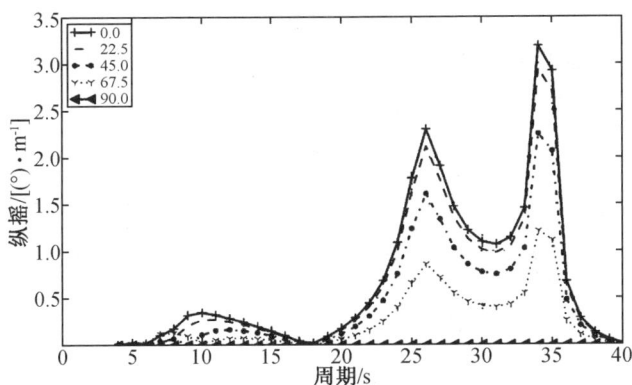

图 6-23　直斜立柱式半潜式钻井平台纵摇响应算子

　　水动力分析结果表明:平台采用了六立柱的形式,引起水线面面积增大,垂荡固有周期较小。但平台的总体运动性能与常规半潜式钻井平台总体性能接近,基本满足作业需求。

6.3.4　立柱数量对运动性能的影响研究

　　运用 DNV-GL 的水动力分析软件 SESAM HydroD 分析对比了四立柱与六立柱半潜式钻井平台的运动性能,为立柱数量优化提供参考。模型坐标系原点水平方向位于船中,两个水动力模型如图 6-24 所示。

(a)四立柱　　　　　　　　　　　　　　(b)六立柱

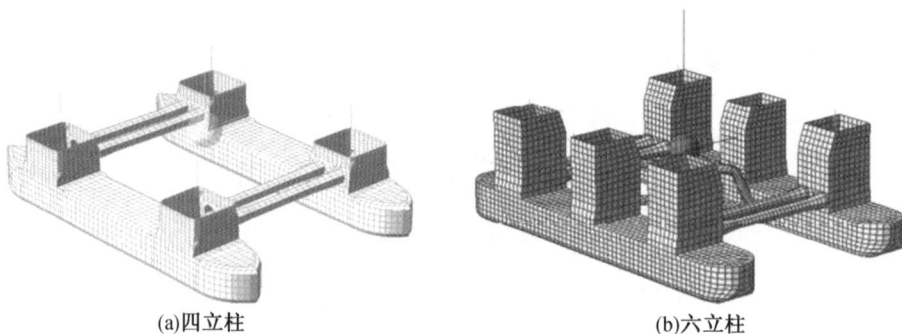

图 6-24　立柱数量不同的半潜式钻井平台的水动力模型

对比四立柱有锥无消浪孔和四立柱有锥带大消浪孔的半潜式钻井平台模型的水池试验数据,如图 6-25 所示,发现单从垂荡幅值响应函数来看,四立柱无锥的最优,四立柱有锥带大消浪孔的次之,四立柱有锥无消浪孔的最差。

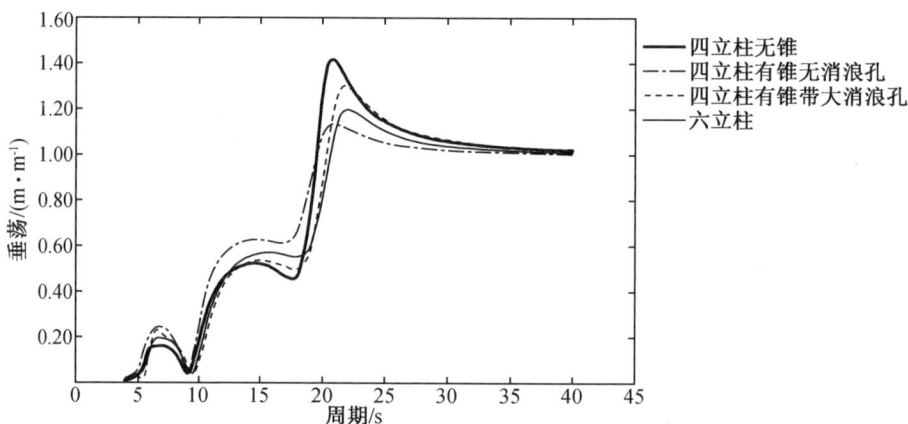

图 6-25　四种半潜式钻井平台模型的垂荡幅值响应函数对比

│ 参考文献 │

[1]　刘大辉,王友华,滕瑶,等.南海海域水合物试采平台优选及装备适应性改造研究[J].中国造船,2017,58(S1):320-329.

[2]　杨艳.北海半潜式钻井平台防冻除冰技术研究[D].哈尔滨:哈尔滨工程大

学,2015.

[3] 孙立强,李磊,李德江,等.深水半潜式钻井平台总体强度分析及冰载荷下结构评估[J].船舶工程,2015,37(5):86-89.

[4] 王丽,傅强,张工,等.半潜式钻井平台的冰区结构加强[J].中国海洋平台,2017,32(5):20-28.

第7章
定位系统抗冰性能研究

| 7.1　本章概述 |

极地海域出现的海冰对极地浮式海上勘探开发装备的定位系统的定位能力提出了特别的要求。为了延长极地浮式海上勘探开发装备在极地冰区的有效作业窗口期、提高作业效率、保障作业安全,其定位系统既要有抵御一定冰荷载的能力,还要有在超出抵御能力的情况下快速解脱撤离和容易再次连接复位的能力。另外,由于极地海上油气等资源的勘探开发一般远离陆地基础设施,且因为海况恶劣而存在供应服务困难的问题,因此要求定位系统的能源消耗要尽量低。

经过调研发现:国内外对冰区浮体的系泊定位研究刚刚起步,主要研究热点在于冰荷载对系泊系统能力的影响。鉴于极地海上资源勘探开发工程不断推进的需求,本章提出了半潜式钻井平台系泊系统的快速解脱技术;研究了极地有冰海域作业的半潜式钻井平台系泊系统的定位能力分析技术;完成了冰区浮式平台的定位性能分析,以满足目标平台冰区作业对动力定位系统的特殊要求。本章主要研究内容如下:

第一,建立极地有冰海域半潜式钻井平台环境荷载的动力学特征和理论分析模型,包括对海冰、风、波浪和海流等荷载的评估方法。

第二,探索可快速解脱的系泊技术,包括一定时间内系泊系统和平台的快速解脱,对二者在解脱过程中的典型状态进行分析,保证平台满足作业要求并保障其作业安全。

第三,对可解脱式系泊系统的参数进行优化分析研究,找出最优的可解脱式系泊系统设计方案并开展定位能力评估研究。

第四,研究冰荷载对动力定位能力的影响,并开展动力定位系统应对策略的研究。

7.2 可解脱式系泊系统的分析方法及优化研究

半潜式钻井平台在极地有冰海域作业时,遇到冰山等恶劣海况时会通过冰管理系统(IMS)进行海冰干预管理,避免对平台造成威胁。遇到冰管理系统无法处理的情况或冰管理系统失效时,平台需要紧急撤离,这时需要快速断开系泊系统。由于险情解除后,平台需要尽快复位连接并重新开始钻井,因此断开的系泊系统还需要有快速再次连接的能力。针对上述需求,本章对半潜式钻井平台的系泊系统进行了创新性的可解脱式设计并研究了其可操作性。本章提出的创新思路是在系泊缆靠近水面的位置设置快速断开和快速连接的机构,并设置浮子,使得留在水中的系泊缆能保持悬浮状态。断开点尽量靠近水线面,为平台规避风险及复位后的快速再连接提供有利条件。这个创新设计可以弥补收放锚耗时长和需要辅助船只等的不足。本节主要研究了浮子深度和为了避免留存系泊缆缠绕而设计的连接缆对系泊系统的定位能力的影响,以及对系泊系统的特性进行了研究。

7.2.1 可解脱式系泊系统

本节提出并研究的可解脱式系泊系统如图 7-1、图 7-2 所示,展示了平台和连接缆(1~4)的布置情况,以浮子为分界点的 12 根上部系泊缆(1~12)和 12 根下部系泊缆(13~24)的分布情况,以及连接点浮子(1~12)的布置情况。

平台的每根系泊缆由两部分组成:第一部分为靠近半潜式钻井平台部分(1~12),连接半潜平台和浮子(1~12);第二部分(13~24)连接浮子和锚。两部分系泊缆通过浮子相连,在系泊状态时,两部分系泊缆保持连接;在遇到超过平台抵御能力的冰情等危险情况时,两部分系泊缆在浮子处通过机械快速断开,半潜式钻井平台通过自身的推进系统快速撤离。险情解除后,半潜式钻井平台快速复位,并通过浮子将两部分系泊缆快速连接并恢复系泊状态。

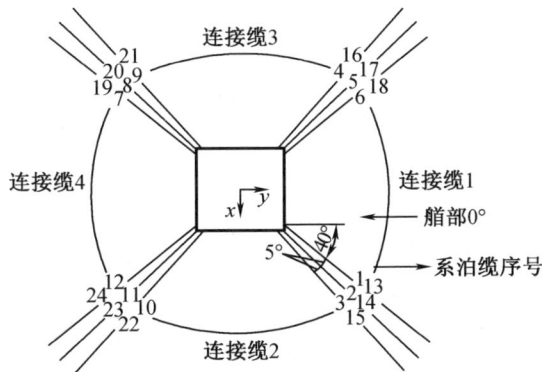

图 7-1 系泊方案俯视图

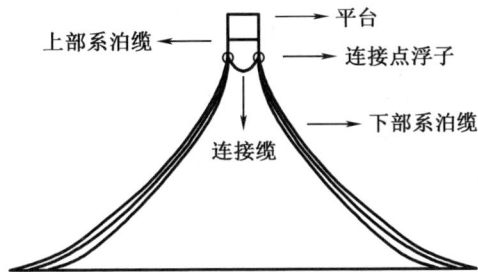

图 7-2 系泊方案正视图

本节主要研究了生存和作业两种典型工况下可解脱式系泊系统的性能。假设在生存工况下,为保证平台的安全,平台与系泊缆之间已经解脱并通过动力定位系统进行定位。本节主要分析了固定在海底的系泊缆、浮子和连接缆部分的情况。由于平台及系泊系统布置具有对称性,本节选取系泊缆 1~3 和连接缆 1、连接缆 2 进行作业工况的系泊性能研究。运用 Orcaflex 软件计算了在 0°、45°、90°的风、波浪、海流下,各工况系泊系统的特性,并考虑了不同因素对系泊性能的影响,以此作为优化系泊系统的基础。

7.2.2 浮子深度的影响

为了选择合理的浮子深度,选取了 0°浪向下分别为 65 m、105 m、165 m 的浮子深度进行计算并分析对比,结果见表 7-1。由表 7-1 可见:随浮子深度的增加,其水平方向的位移增加,竖向位移也增加,但幅度不大。建议综合考虑冰山水面下部分碰撞或拉拽浮子的风险,及半潜式钻井平台复位后回接的快速性和

可操作性,选尽量浅的浮子深度。

表 7-1　不同深度浮子的位移

单位:m

浮子深度/m	位移	浮子编号		
		1	2	3
65	D_X	206.0	254.0	244.0
	D_Y	84.0	51.0	0.2
	D_Z	72.0	86.0	72.0
105	D_X	224.0	339.0	302.0
	D_Y	99.0	35.0	0.4
	D_Z	75.0	146.0	83.0
165	D_X	179.0	395.0	374.0
	D_Y	59.0	79.0	0.3
	D_Z	78.0	141.0	100.0

注:D_X 为 X 方向位移;D_Y 为 Y 方向位移;D_Z 为 Z 方向位移。

此外,考虑到 12 个浮子的尺寸大小及浮子之间距离的影响,建议水平位置相邻的浮子通过垂向错开一定距离的布置方式来削弱相互的干扰影响,相互对称分布的浮子其水平和垂向的位置布置方式采用对称分布。最终选定浮子的位置参数见表 7-2。

表 7-2　浮子的位置参数

浮子编号	X/m	Y/m	Z/m
1	54	76	−104
2	59	71	−106
3	64	65	−105
4	−72	63	−105
5	−68	69	−103
6	−64	76	−102
7	−64	−74	−102
8	−68	−69	−103

表 7-2(续)

浮子编号	X/m	Y/m	Z/m
9	−72	−63	−105
10	64	−65	−105
11	59	−71	−106
12	53	−76	−105

7.2.3 连接缆的影响

下面主要研究系泊缆相互独立或相互连接成一个子系统对可解脱式系泊系统的影响。连接缆是连接浮子的缆绳,主要用来保持浮子之间的相对位置。连接缆的存在与否对系泊系统在海况下能否保持一定的形态和独立性十分重要。下面对比分析了生存工况下,0°风、波浪、海流海况中有连接缆与无连接缆时系泊系统的情况。表 7-3 统计了浮子 1~3 在有连接缆和无连接缆两种状态下的位移情况。

表 7-3　浮子 1~3 在有连接缆和无连接缆状态下的位移情况　　单位:m

浮子编号	位移	有连接缆	无连接缆
1	D_X	224	349
	D_Y	46	98
	D_Z	75	146
2	D_X	205	339
	D_Y	15	35
	D_Z	65	146
3	D_X	302	330
	D_Y	0	25
	D_Z	83	146

通过对比分析发现:无连接缆浮子的位移比有连接缆浮子的位移大,尤其是垂向位移差别较大;无连接缆的系泊系统的运动幅度较大,很可能在复杂海况下出现系泊缆相互碰撞甚至缠绕的情况。这都会给半潜式钻井平台复位后的系泊系统再连接带来不便。因此,著者建议系泊系统采用有连接缆的方案。

7.2.4 系泊特性研究

下面在前文研究的基础上,运用 Orcaflex 软件进行系泊系统的动力耦合分析,综合分析研究可解脱式系泊系统在作业工况下的定位能力和系泊缆的张力等系泊特性。由于系泊系统和平台的耦合效应,平台的运动会受到系泊系统的限制,下面主要考虑了 0°、45°、90°的风、波浪、海流下,半潜式钻井平台的运动时历曲线。本节仅展示了 45°风、波浪、海流下半潜式钻井平台的运动时历曲线(图 7-3)。

(a)纵荡

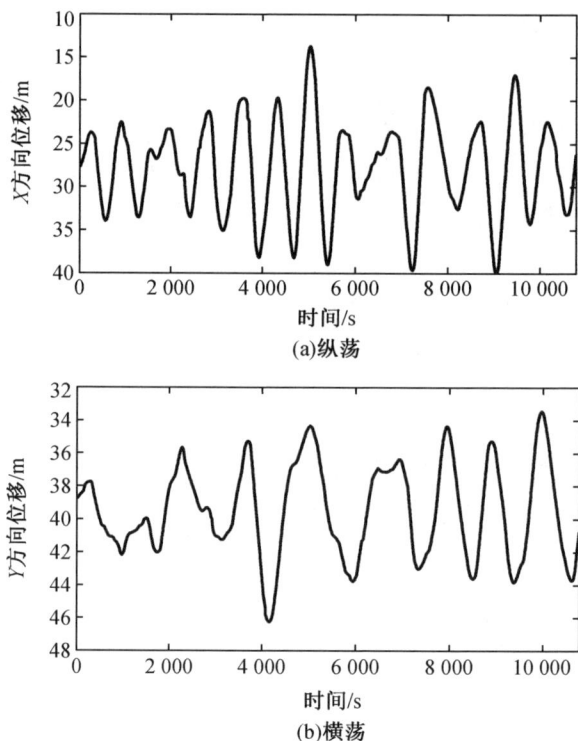

(b)横荡

图 7-3 运动时历曲线

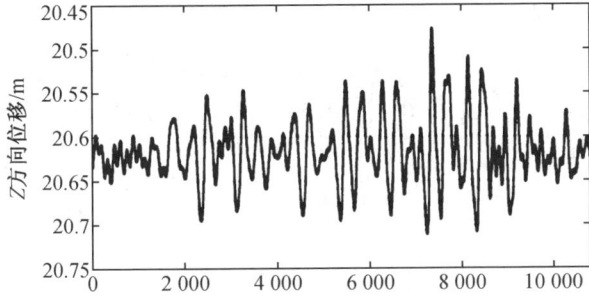

(c)垂荡

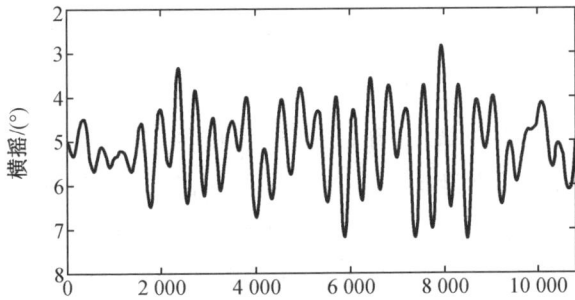

(d)横摇

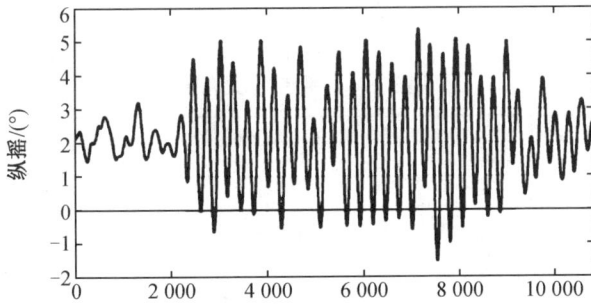

(e)纵摇

图 7-3(续 1)

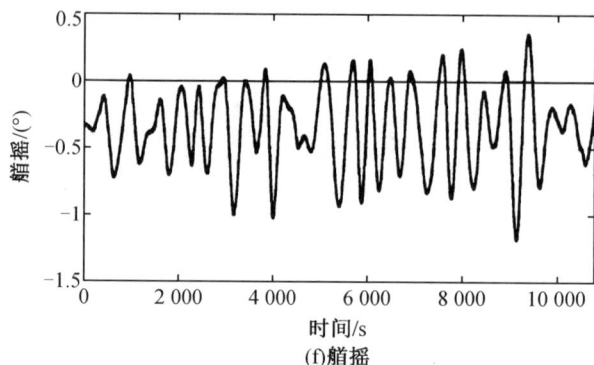

(f)艏摇

图 7-3(续 2)

1.平台位移分析

观察半潜式钻井平台运动的时历曲线发现:平台在风、波浪、海流及系泊系统的综合作用下做短周期微幅振荡运动。进一步整理三种海况下半潜式钻井平台的运动响应,结果见表 7-4。由表 7-4 中数据可知:0°浪向下,半潜式钻井平台的纵荡最大幅值为 14.3 m,小于平台作业水深的 7%;45°浪向下,半潜式钻井平台的纵荡最大幅值为 13.9 m,小于平台作业水深的 7%;90°浪向下,半潜式钻井平台的纵荡最大幅值为 27.7 m,小于平台作业水深的 7%。

表 7-4 平台运动响应

浪向	X 方向位移/m	Y 方向位移/m	Z 方向位移/m	绕 X 轴/(°)	绕 Y 轴/(°)	绕 Z 轴/(°)
0°	14.30	0.03	1.10	0.02	2.50	0.10
45°	13.90	5.40	0.10	2.20	3.30	0.70
90°	27.70	−24.40	0.20	−5.30	−2.10	0.40

综合三种海况下的平台时历运动曲线和运动响应可知,平台在可解脱式系泊系统的作用下围绕平衡位置做短周期微幅振荡运动,在 90°风、波浪、海流的作用下,平台的纵荡和横荡的幅度均较大,但各海况下平台的转动和垂荡的幅度都较小,因此著者认为新提出的这种可解脱式系泊系统的定位能力可满足作业要求。

2.系泊缆及连接线的张力分析

下面综合分析了 0°、45°、90°的风、波浪、海流下,可解脱式系泊缆及连接缆的最大张力情况,评估了该系统的安全性,验证了可解脱式设计的合理性。

分析图 7-4 所示的典型系泊缆典型环境荷载方向的张力时历曲线发现:系

泊缆张力循定值上下波动;同一海况下各系泊缆张力时历曲线波动形式、张力变化幅度和趋势是一致的;系泊缆张力沿来流方向逐渐减小。汇总三种浪向下各系泊缆和连接缆的张力情况,形成表 7-5、表 7-6。

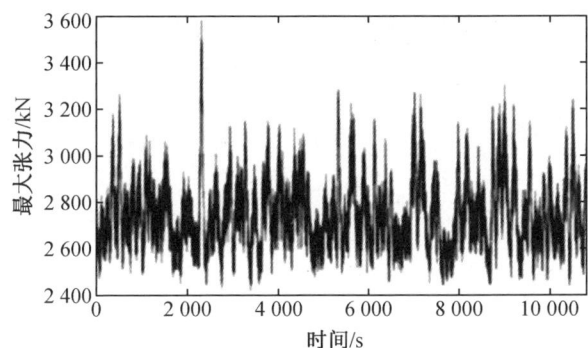

(a)系泊缆1

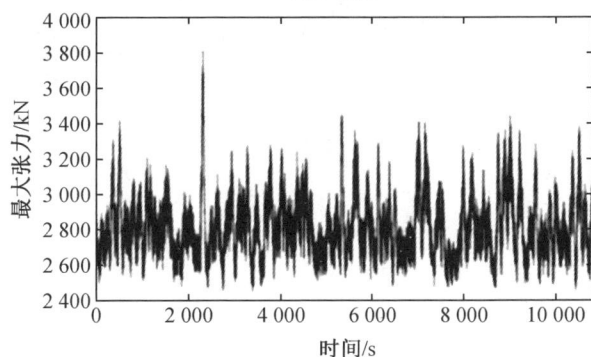

(b)系泊缆2

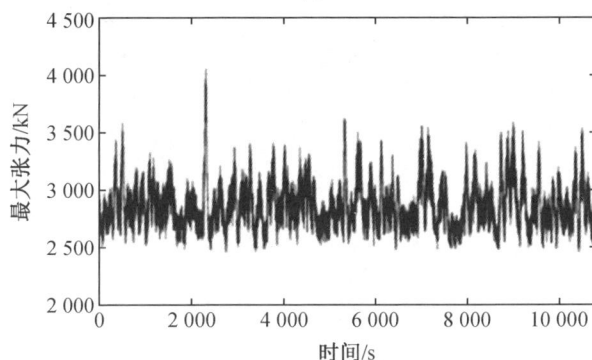

(c)系泊缆3

图 7-4　张力时历曲线

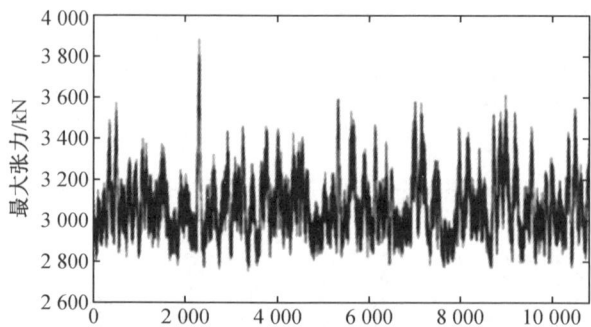

(d)系泊缆13

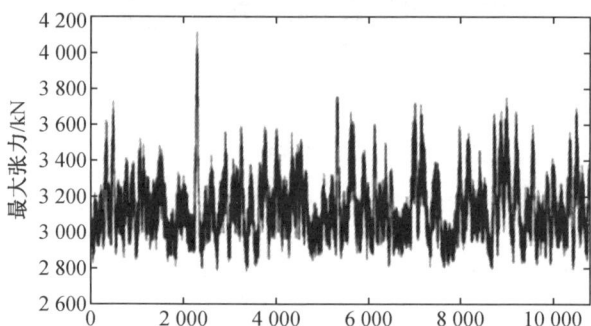

(e)系泊缆14

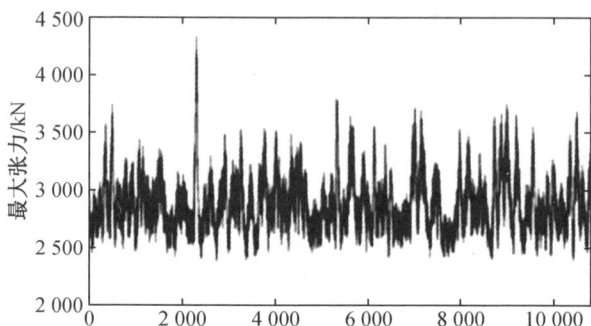

(f)系泊缆15

图7-4(续)

表 7-5　系泊缆张力　　　　　　　　　　　　　　　单位:kN

系泊缆张力		系泊缆序号							
		1	2	3	4	5	6	7	8
0°	最大值	3 581	3 809	4 051	1 890	1 905	1 931	1 929	1 905
	均值	2 746	2 814	2 862	1 579	1 612	1 656	1 654	1 612
45°	最大值	3 768	3 775	3 746	2 407	2 496	2 579	1 573	1 586
	均值	3 285	3 268	3 225	2 188	2 276	2 360	1 406	1 410
90°	最大值	3 303	3 182	3 053	3 050	3 181	3 301	1 652	1 684
	均值	3 003	2 930	2 841	2 831	2 929	3 002	1 524	1 564

系泊缆张力		系泊缆序号							
		9	10	11	12	13	14	15	16
0°	最大值	1 890	4 049	3 805	3 578	3 885	4 110	4 361	2 212
	均值	1 579	2 861	2 814	2 745	3 066	3 133	3 201	1 917
45°	最大值	1 610	2 304	2 210	2 113	4 081	4 081	4 063	2 731
	均值	1 426	2 099	2 026	1 950	3 604	3 581	3 550	2 516
90°	最大值	1 722	3 507	1 684	1 652	3 625	3 492	3 366	3 365
	均值	1 610	1 615	1 564	1 525	3 331	3 244	3 159	3 159

系泊缆张力		系泊缆序号							
		17	18	19	20	21	22	23	24
0°	最大值	2 231	2 256	2 255	2 231	2 212	4 359	4 108	3 883
	均值	1 952	1 993	1 993	1 952	1 917	3 201	3 133	3 066
45°	最大值	2 815	2 902	1 901	1 918	1 938	2 638	2 536	2 442
	均值	2 601	2 690	1 745	1 754	1 767	2 442	2 360	2 286
90°	最大值	3 491	3 624	1 983	2 017	2 058	2 058	2 018	1 984
	均值	3 243	3 330	1 865	1 906	1 955	1 956	1 906	1 865

表 7-6　连接缆张力　　　　　　　　　　　　　　　单位:kN

连接缆张力		连接缆序号							
		C1A	C1B	C2A	C2B	C3A	C3B	C4A	C4B
0°	最大值	11	11	99	99	77	77	14	13
	均值	6	5	36	36	24	24	8	8

表 7-6(续)

连接缆张力		连接缆序号							
		C1A	C1B	C2A	C2B	C3A	C3B	C4A	C4B
45°	最大值	16	15	25	25	19	19	32	34
	均值	15	14	21	21	16	16	11	11
90°	最大值	28	28	10	10	18	17	43	39
	均值	24	24	9	9	16	16	15	15

从系泊缆张力数据可知:15 号系泊缆在 0°浪向下的张力最大值(4 361 kN)为最大系泊缆张力,系泊缆的破断强度为 28 279 kN,安全系数 = 28 279/4 361 = 5.48,远大于最低安全系数标准(1.67)。

进一步对比自存工况和钻井作业工况下的连接缆的张力情况,发现自存工况下连接缆的张力大于钻井作业工况下连接缆的张力。著者认为出现这种情况的原因是:自存工况下平台已经解脱,因此在风、波浪、海流的作用下,没有上部平台的约束,系泊缆的运动幅值增大,会导致连接缆张紧而张力变大;而在钻井作业工况下,由于受半潜式钻井平台尺寸的限制,连接缆呈现松弛状态,因此其在生存工况下的张力大于作业工况。

7.3 极地冰区动力定位系统研究

极地冰区浮式平台的定位系统可以采用系泊定位配合动力定位的方式来达到节省能耗并提高定位能力和定位精度的目的。本节主要研究内容是:极地冰区半潜式钻井平台的动力定位系统相对于无冰海域的动力定位系统的特殊要求;在极地平台工作海域的浮冰现象频繁出现的情况下,在考虑冰荷载的前提下,对极地冰区半潜式钻井平台进行动力定位能力分析。

7.3.1 动力定位能力分析介绍

动力定位能力分析对于推力器选型和推力器的配置选型,以及对于一条新设计的动力定位平台的定位能力的初步检验具有重要意义。通过动力定位能力

分析可以得到平台在各个艏向抵抗环境外力而定位在一定位置范围内的能力。

动力定位能力分析的前提是要得到平台在给定艏向下所能抵抗的最大环境外力。动力定位系统定位的准确性主要取决于精确的环境荷载判断和快速有效的推力分配逻辑响应。极地冰区的环境外力包括风、波浪、海流以及冰荷载。本节在计算环境外力荷载时采用了两种方法:第一种是保持海流荷载不变,使风荷载和波浪荷载以一定的关系变化;第二种是先给定浮冰荷载即保持冰荷载不变,然后再考虑风、波浪、海流荷载。环境力一般以风速表示。

图 7-5 详细说明了运用荷兰海事研究所(MARIN)的 DPCAP 软件进行动力定位能力分析的步骤。先给定当前艏向,在初始风速条件下估算平台所需抵抗的环境力和力矩,然后用推力分配逻辑验证是否(存在解),即平台能否抵抗该环境力和力矩。如果存在解,则继续增大风速,重复以上步骤,直到推力分配逻辑不存在解。这时,存储上一个平台能够抵抗的风速,该风速即为当前艏向下平台的动力定位能力。检查该艏向是否为最后一个艏向,如果不是,重复以上步骤,直到得到所有艏向下平台的动力定位能力。最后,画出反映平台动力定位能力的玫瑰图。

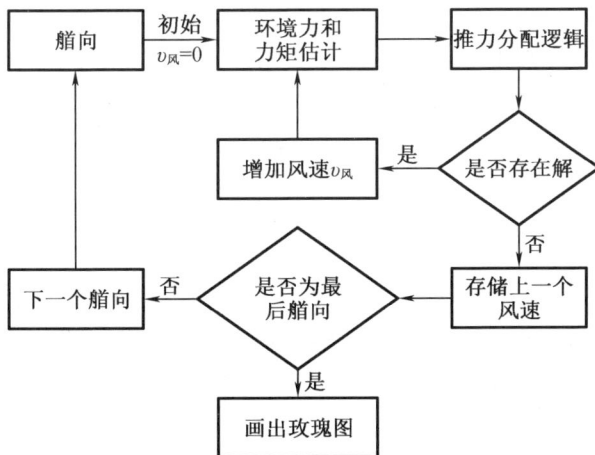

图 7-5 动力定位能力分析流程图

7.3.2 推力分配逻辑

推力分配问题可以归纳为最优化问题,目标是减小总的能量消耗,约束条件

是全回转推进器的推力限制。推力分配问题的一个典型特征是推进器的自由度数量多于产生的推力和力矩的自由度数量,即推力系统是过驱动系统。通过最优化方法,可以在多个目标解中寻找最优解。一般在动力定位能力分析中找到一个可行解就足够了,但是为了得到平台所能抵抗的最大环境力,进行有效的最优化计算是非常必要的,因为需要找到推力系统在最优的推力分配下仍无法抵抗的环境力。

文献中有很多关于最优化的方法,二次规划方法被证明是相对有效的。因此,本节采用二次规划方法来求解推力分配问题。

如果一个平台装备有 m 个推力器,推力系统产生的推力向量 $\boldsymbol{\tau} \in \mathbb{R}$ 可以归纳为

$$\boldsymbol{\tau} = (\tau_X, \tau_Y, \tau_N)^{\mathrm{T}} = \boldsymbol{B} \cdot \boldsymbol{u} \tag{7-1}$$

式中,τ_X 是纵荡力;τ_Y 是横荡力;τ_N 是艏摇力矩。向量 $\boldsymbol{u} \in \mathbb{R}^{2m}$ 包含每个推力器在船头和左舷方向产生的推力大小。推力器配置矩阵 $\boldsymbol{B} \in 3 \times 2m$ 的 $(2i-1, 2i)$ 列可以表示为

$$\boldsymbol{B}_i = \begin{pmatrix} 1 & 0 \\ 0 & 1 \\ -l_{yi} & l_{xi} \end{pmatrix} \tag{7-2}$$

第 i 个推力器在水平面上的位置用 (l_{xi}, l_{yi}) 表示。

推力分配问题可以简单地归纳为一个最优化问题:

$$\min_{\boldsymbol{u}} \boldsymbol{u}^{\mathrm{T}} W \boldsymbol{u}$$
$$\text{s. t. } \boldsymbol{Bu} = \boldsymbol{\tau}_{\mathrm{ref}}$$
$$\boldsymbol{Au} \leqslant b \tag{7-3}$$

对此可以用二次规划的方法进行求解。目标函数表示总的推力消耗,W 考虑了单个推力器的能量消耗系数;等式约束 $\boldsymbol{Bu} = \boldsymbol{\tau}_{\mathrm{ref}}$ 表示各推力器产生的推力应等于所需推力;不等式约束 $\boldsymbol{Au} \leqslant b$ 表示各推力器的推力范围。

7.3.3 坐标系规定

在右手坐标系下,将波浪方向定义为从正 X 轴到波浪行进方向的角度,按顺时针测量。因此,沿 X 轴(从 $-X$ 到 $+X$)传播的波浪具有 0°浪向,沿 X 轴(从 $+X$ 到 $-X$)传播的波浪具有 180°浪向,而沿 Y 轴(从 $-Y$ 到 $+Y$)传播的波浪具有 90°浪向。风和海流也是如此。坐标系规定示意图如图 7-6 所示。

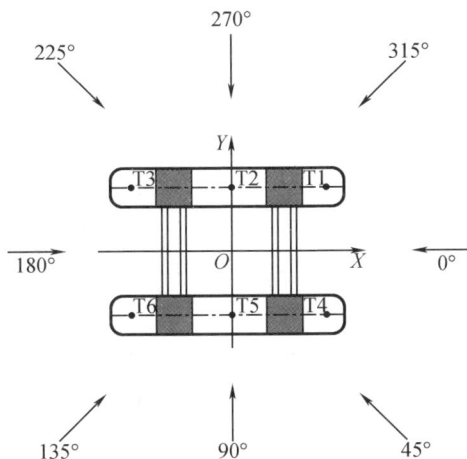

图 7-6 坐标系规定示意图

7.3.4 全回转推进器设计

经过调研分析,本节采用了常规半潜式钻井平台动力定位系统的成熟全回转推进器的布置方案,配置了 6 个全回转推进器。推进器布置示意图如图 7-7 所示,推进器位置坐标见表 7-7。

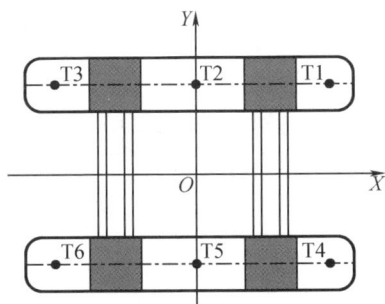

图 7-7 推进器布置示意图

表 7-7 推进器位置坐标

推进器	位置坐标
推进器 1	(55.7,10.8)
推进器 2	(0.0,11.3)

表 7-7(续)

推进器	位置坐标
推进器 3	(−48.4,10.8)
推进器 4	(55.7,−10.8)
推进器 5	(0.0,−11.3)
推进器 6	(−48.4,−10.8)

根据动力定位能力估算,采用的全回转推进器的最大功率为 5 500 kW×6,最大敞水系柱推力为 960 kN×6,动力定位系统计算的推力系数为 80%(即应保留 20%的推力余量,以抵抗动态荷载),推进器的回转角度均为 0°~360°。假设推进器的布置被设计成推进器之间的相互作用最小(可忽略),可以不进行模拟,因此没有设置禁止角。

7.3.5 冰区动力定位能力研究

1. 风、波浪、海流的特性定义

参考前文调研分析的典型极地海域的风、波浪、海流的情况,制定了表 7-8 的风速和波浪特性的组合,用于绘制动力定位能力包络线玫瑰图。风速超过 35 m/s 时,有义波高和谱峰周期按不变处理。将流速设置为常量(0.512 m/s),方向与风、波浪保持一致。

表 7-8 风速对应的有义波高和谱峰周期

风速/(m·s⁻¹)	有义波高/m	谱峰周期/s
0.0	0.0	0.0
2.5	1.3	5.3
5.0	1.8	5.3
7.5	2.4	7.3
10.0	3.2	8.4
12.5	4.1	9.5
15.0	5.1	10.6
17.5	5.1	11.6

表 7-8（续）

风速/(m·s⁻¹)	有义波高/m	谱峰周期/s
20.0	7.3	12.6
22.5	8.5	13.7
25.0	9.8	14.7
27.5	11.1	15.6
30.0	12.5	15.6
32.5	13.9	17.5
35.0	15.5	18.5
150.0	15.5	18.5

2. 环境荷载计算

本章基于前文提出的立柱加锥式半潜式钻井平台的创新性方案,开展了平台在有冰海域的动力定位能力研究。根据平台的总体参数和前文的研究成果对风、波浪、海流和冰荷载进行计算,对动力定位系统在有冰海域的能力进行分析研究。相关的计算结果见表 7-9、表 7-10。

表 7-9　作业工况下风荷载系数

Dir/(°)	C_X /[kN·(m·s⁻¹)⁻²]	C_Y /[kN·(m·s⁻¹)⁻²]	C_Z /[kN·(m·s⁻¹)⁻²]
0	1.448 755	0.000 000	0.000 000
10	1.694 019	0.298 701	−0.437 700
20	2.263 828	0.823 966	−1.207 390
30	2.812 582	1.623 845	−2.379 490
40	3.067 161	2.573 654	−3.771 280
50	2.928 650	3.490 229	−5.114 370
60	2.438 930	4.224 350	−5.190 110
70	1.712 382	4.704 731	−5.894 030
80	0.857 472	4.862 968	−7.125 900
90	$3.070\,000×10^{-16}$	5.014 751	−7.348 310
100	−0.872 200	4.946 492	−7.248 290

表 7-9（续）

Dir/(°)	C_X /$[kN \cdot (m \cdot s^{-1})^{-2}]$	C_Y /$[kN \cdot (m \cdot s^{-1})^{-2}]$	C_Z /$[kN \cdot (m \cdot s^{-1})^{-2}]$
110	−1.712 380	4.704 731	−5.894 030
120	−2.438 930	4.224 350	−5.190 110
130	−2.928 650	3.490 229	−5.114 370
140	−3.067 160	2.573 654	−3.771 280
150	−2.812 580	1.623 845	−2.379 490
160	−2.263 830	0.823 966	−1.207 390
170	−1.694 020	0.298 701	−0.437 700
180	−1.448 760	$1.770\,000 \times 10^{-16}$	$-2.600\,000 \times 10^{-16}$

表 7-10 作业工况下海流荷载系数

Dir/(°)	C_X /$[kN \cdot (m \cdot s^{-1})^{-2}]$	C_Y /$[kN \cdot (m \cdot s^{-1})^{-2}]$	C_Z /$[kN \cdot (m \cdot s^{-1})^{-2}]$
0	190.265 600	0.000 000	0.000 000
10	240.650 500	42.433 180	119.661 600
20	359.355 000	130.794 500	368.840 600
30	478.578 700	275.307 500	779.187 200
40	544.019 000	455.486 600	1 287.292 000
50	534.490 000	635.980 600	1 795.285 000
60	455.407 000	788.788 000	2 224.382 000
70	325.007 000	895.697 300	2 525.866 000
80	165.510 000	944.350 500	2 663.068 000
90	$5.970\,000 \times 10^{-14}$	973.825 600	2 745.188 000
100	−168.449 000	955.319 800	2 694.002 000
110	−325.007 000	895.697 300	2 525.866 000
120	−455.407 000	788.788 000	2 224.382 000
130	−534.490 000	635.980 600	1 795.285 000
140	−544.019 000	455.486 600	1 287.292 000
150	−478.579 000	275.307 500	779.187 200

表 7-10(续)

Dir/(°)	C_X /$[kN \cdot (m \cdot s^{-1})^{-2}]$	C_Y /$[kN \cdot (m \cdot s^{-1})^{-2}]$	C_Z /$[kN \cdot (m \cdot s^{-1})^{-2}]$
160	−359.355 000	130.794 500	368.840 600
170	−240.650 000	42.433 180	119.661 600
180	−190.266 000	$2.330\ 000 \times 10^{-14}$	$5.570\ 000 \times 10^{-14}$

波浪荷载的计算基于势流理论,使用船体的面板模型(包含 2 251 块面板)进行水动力分析,并利用 SEASAM HydroD 软件,使用差频的二次传递函数计算波浪漂移力。图 7-8 为用于计算的单元的面板模型。

基于前文所述冰情及冰荷载计算方法的研究成果开展冰荷载的计算。以 5°为一个步长,计算冰荷载作用方向 0°~180°下极地平台在 X 方向和 Y 方向浮冰时历荷载,并取表 7-11 所示极地平台在各个方向的冰荷载极值作为动力定位能力分析的浮冰荷载。

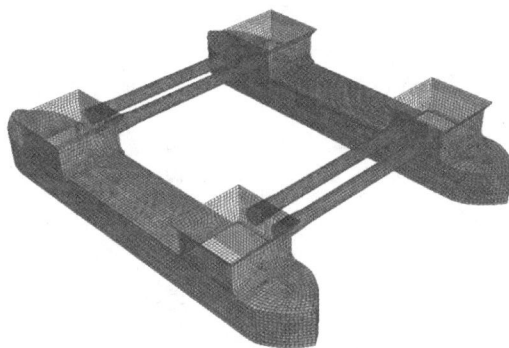

图 7-8 用于计算的单元的面板模型

表 7-11 极地平台在各个作用方向下的冰荷载极值

波向角/(°)	F_X/kN	F_Y/kN	M_Z/(kN · m)
0	379.685 60	−122.013 00	0.00
5	383.451 10	161.203 90	12 618.95
10	392.443 40	435.049 70	33 743.58
15	394.578 60	698.258 40	52 998.51
20	390.437 40	942.495 10	69 593.49

表 7-11（续）

波向角/(°)	F_X/kN	F_Y/kN	M_Z/(kN·m)
25	379.648 70	1 161.839 00	82 741.90
30	363.252 40	1 353.071 00	92 077.80
35	342.019 20	1 513.774 00	97 438.21
40	315.789 30	1 643.145 00	98 908.48
45	288.408 20	1 741.955 00	96 788.95
50	257.680 30	1 812.472 00	91 545.65
55	225.333 40	1 858.215 00	83 751.18
60	192.008 20	1 883.672 00	74 008.06
65	158.259 10	1 893.947 00	62 895.52
70	124.577 80	1 894.342 00	50 911.26
75	91.424 18	1 889.955 00	38 437.17
80	59.263 06	1 885.273 00	25 724.57
85	28.598 80	1 883.835 00	12 901.57
90	$2.460\ 00\times10^{-14}$	1 783.882 00	$8.590\ 00\times10^{-12}$
95	−27.651 70	1 825.556 00	−12 509.30
100	−57.536 40	1 781.070 00	−24 302.70
105	−89.069 90	1 704.466 00	−34 664.80
110	−121.731 00	1 610.802 00	−43 291.00
115	−155.038 00	1 498.346 00	−49 758.20
120	−188.524 00	1 371.900 00	−53 900.90
125	−221.696 00	1 254.329 00	−56 533.60
130	−254.008 00	1 133.124 00	−57 233.30
135	−284.835 00	1 029.876 00	−57 223.40
140	−313.473 00	923.546 40	−55 592.50
145	−339.141 00	815.727 00	−52 570.90
150	−361.015 00	715.895 30	−48 717.40
155	−378.274 00	621.757 50	−44 279.30
160	−390.151 00	525.238 90	−38 857.30
165	−395.006 00	429.809 00	−32 622.90
170	−395.382 00	332.583 10	−25 735.90
175	−388.059 00	234.385 70	−18 347.60
180	−385.775 00	139.172 80	−10 936.00

3. 平台在有冰海域的动力定位能力

综合考虑了风、波浪、海流和海冰荷载作用下的半潜式钻井平台的动力定位能力,其包络线玫瑰图如图 7-9、图 7-10 所示,其中,最内圈线图为一个推进器失效后的平台动力定位能力图。

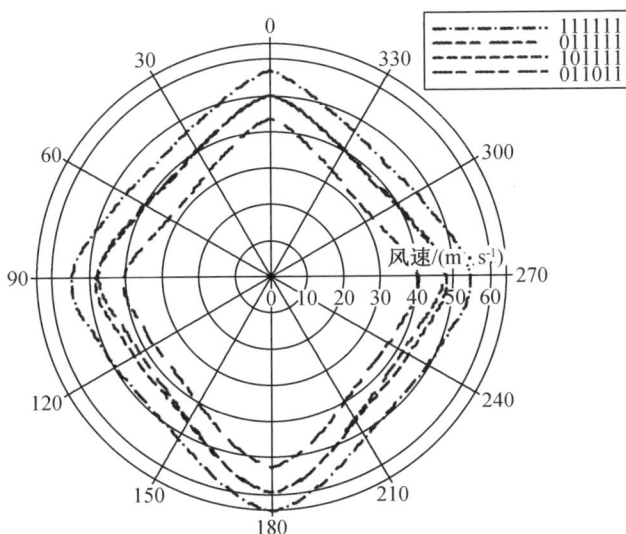

图 7-9 冰荷载 1 作用下的平台动力定位能力包络线玫瑰图

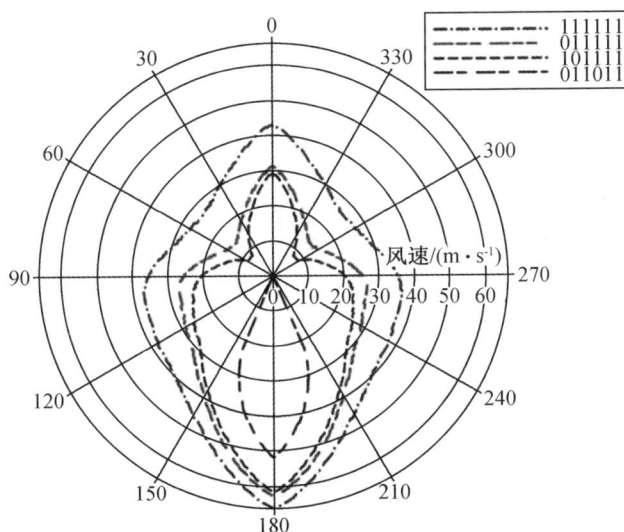

图 7-10 冰荷载 2 作用下的平台动力定位能力包络线玫瑰图

由图 7-9、图 7-10 可以看出：

（1）冰荷载对于平台的动力定位能力有较大影响。

（2）受到冰荷载的作用，平台在 180°下的动力定位能力明显优于 90°方向下的动力定位能力。

（3）推进器失效对平台动力定位能力的影响较大，研究人员需特别关注。

参考文献

［1］　徐胜文.动力定位能力分析方法与控制算法研究［D］.上海：上海交通大学，2016.

第8章
立管系统抗冰优化设计研究

8.1　本章概述

严寒和海冰等不利因素给北极开发带来一系列技术难题,特别是对钻采装备在极端气候下的性能提出了极高的要求。立管系统作为冰区钻井平台输送作业系统的重要组成部分,是薄弱构件,在极地环境下其飞溅区不可避免地会与运动的海冰发生直接碰撞,容易使钻井立管发生结构破坏,从而影响立管系统的安全性和完整性。因此,极地环境给立管系统的设计和运行提出了极大的挑战。本章针对极地环境下的冰区立管系统设计问题进行研究,重点研究了冰区立管设计中,在冰荷载的作用下,立管整体及局部关键结构等相关问题,为极地冰区其他资源的开发和装备研发提供必要的技术支撑。本章首先确定所研究立管系统的相关几何参数及材料参数,并结合数值模拟和室内实验研究立管系统在外部环境冰荷载激振作用下的运动性能及结构强度分析;其次开展破碎冰荷载作用下立管系统水动力特性及对平台的影响分析研究,充分考虑结构变形和运动相互耦合所导致的非线性特征,形成适用于工程实际的立管动力响应分析方法。

8.2　冰区立管动力响应分析

8.2.1　立管系统的选择

本节主要针对冰区立管系统开展冰荷载激振作用下钻井立管整体动力响应

分析。在进行动力响应分析之初,要先确定钻井立管的相关参数。钻井立管作为海洋油气开发的重要设备之一,通常在半潜式钻井平台和钻井船上使用,是井口防喷器(BOP)到顶端钻井船的延伸。钻井立管系统主要包括张力系统、分流系统、伸缩接头、隔水管单管、高压节流和压井管线、液压供给管线、钻井液辅助管线、隔水管填充阀、终端线圈、测量隔水管接头、下部隔水管组件(LMRP)、挠性/球形接头、防喷器组、液压连接器等,具体如图8-1所示。

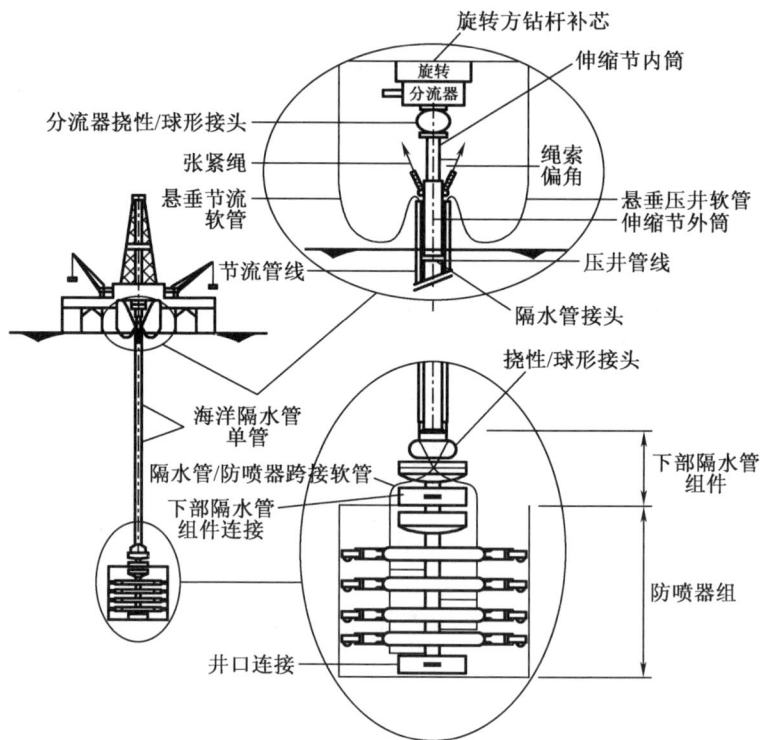

图8-1　钻井立管系统

　　钻井立管的作业模式一般可分为操作工况、连接但不钻井工况以及悬挂工况,其中操作工况要求最高,因此本节基于操作工况对极地冰区钻井立管系统开展冰区立管动力响应研究。以某一实际立管系统工程为例,操作工况下钻井、立管各构件的结构尺寸见表8-1。

表 8-1 操作工况下钻井立管各构件的结构尺寸

套管连接	长度/m
顶端柔性接头	0.609 6
内衬管	13.106 4
外护管	22.860 0
弹出接头	19.812 0
FUV	3.048 0
立管接头及浮力块	2 857.500 0
裸管接头	137.160 0
底端柔性接头	0.609 6
下部隔水管组件	7.315 2
防喷器	8.534 4
井口	3.048 0
总长	3 073.600 0

8.2.2 冰-立管局部碰撞分析方法

钻井立管在极地冰区海洋环境中受到的外荷载除了常规的风、波浪、海流的直接作用及其通过平台运动产生的间接作用外,还有经过冰管理系统和半潜式钻井平台外围而进入立管范围与其碰撞的破碎浮冰荷载。由于破碎浮冰的大小不一、形态各异,绕过平台立柱后对立管的碰撞作用和作用机理也不一样。本章主要分两类冰工况进行分析。

(1)冰工况一:单体体积较小的碎冰域对立管的持续多对一撞击。

(2)冰工况二:单体体积较大的单浮冰在水动力的作用下对立管的一对一撞击。

在这两类工况中,冰荷载均属于水动力荷载作用下的冲击荷载。考虑到两种冰工况的不同,本章选用不同的分析方法开展针对性研究。为了得到较为真实可靠的冰荷载响应,真实地考虑浮冰的实际物理性状,运用数值模拟方法对海冰与钻井立管的碰撞进行分析。

针对冰工况一,由于碎冰域的随机性较大,因此采用海冰与海洋结构耦合作用的离散元高性能计算分析软件 IceDEM 进行分析,即利用离散元法计算冰与细

长杆结构的动态响应。离散元法专门用于解决不连续介质问题,多用于处理离散岩体,而碎冰域的物理性状与离散岩体相符,因此离散元法适用于本节研究内容。该方法考虑了冰的形状、强度、速度以及建筑物结构的外形和刚度等,将海冰离散为粘接在一起的球形颗粒,将立管结构等效为具有一定质量、刚度和阻尼的圆柱刚性体,对其进行动态接触与碰撞分析。冰模型的建立主要采用 Voronoi 细分算法产生随机形状和尺寸的多面体,基于 Minkowski 集合理论产生扩展多面体单元,进而准确描述随机形状颗粒的几何形态并计算颗粒间的碰撞荷载。在海冰与钻井立管结构的碰撞过程中,浮冰会产生挤压、拉伸等不同的失效模式,进而产生随机冰荷载效应,同时浮冰在碎冰区有覆盖和富集的分布特性,这与海冰的温度、厚度和密度均息息相关。

针对冰工况二,采用 ABAQUS 有限元软件模拟体积较大的单块冰与钻井立管的碰撞过程,研究在不同水深以及单浮冰撞击作用下,立管在碰撞过程中的应变和顶端拉力等动力响应特征。此外,根据大体积单冰块-立管碰撞有限元数值模拟,开展相应的室内模型试验,从而验证有限元模型的正确性和可行性。为了尽量确保与室内模型试验结果的可比性,该 ABAQUS 有限元模型完全根据相应的室内模型试验条件建立。

8.2.3 冰-立管整体动态分析方法

基于离散元方法获取海冰与立管的碰撞响应,将其作为外荷载施加于海冰-立管整体动态分析模型,进而开展冰荷载激振作用下钻井立管的整体动力响应分析。海冰和立管碰撞的整体动态分析属于瞬态动力学问题。瞬态动力学分析是确定随时间变化的动态荷载作用下结构响应的技术。输入数据为随时间变化的荷载,输出数据如位移、应力和应变等是随时间变化的物理量。瞬态动力学分析需要求解半离散方程组。在瞬态动力学分析中,将连续的时间周期分为许多时间间隔,并且只有在离散的时间上才能得到解。对于线性动力学问题,动力学行为完全由两个独立的特性决定——线弹性结构行为和施加的动力荷载。瞬态动力学分析的运动方程和通用运动方程相同,如式(8-1)所示,这是瞬态动力学分析的最一般形式,荷载可为时间的任意函数。

$$[M]\{\ddot{u}\}+[C]\{\dot{u}\}+[K]\{u\}=\{F(t)\} \tag{8-1}$$

有限单元法是工程和研究中广泛应用的针对固体力学问题的数值求解方法。一般采用的是位移法有限元,以加权余量法和变分原理为基础,采用"化整

为零"的思想,选择合适的单元类型将求解域按单元划分,分片假设插值形函数,建立单元刚度矩阵,再通过节点位移连续条件集合成整体刚度矩阵,之后利用边界条件求解刚度方程,得到节点位移,进而可由形函数得到单元各点位移值,相应的应变和应力可通过几何方程和物理方程得到。有限元软件 ABAQUS 提供了显式求解器(explicit)和隐式求解器(standard),前者应用中心差分法对运动方程进行显式的时间积分,如式(8-2)和(8-3)所示;后者应用一个增量步的动力学条件来计算下一个增量步的动力学条件,没有收敛问题。ABAQUS 允许在瞬态动力学分析中包含各种类型的非线性(如大变形、接触、塑性等)。本章主要采用 ABAQUS 有限元软件对冰与立管的碰撞问题进行数值模拟。

$$\dot{u}_{\left(t+\frac{\Delta t}{2}\right)} = \dot{u}_{\left(t-\frac{\Delta t}{2}\right)} + \frac{\Delta t_{(t+\Delta t)} + \Delta t_{(t)}}{2} \cdot \ddot{u}_{(t)} \tag{8-2}$$

$$u_{(t+\Delta t)} = u_{(t)} + \Delta t_{(t+\Delta t)} \dot{u}_{\left(t+\frac{\Delta t}{2}\right)} \tag{8-3}$$

8.3　小体积碎冰域-立管碰撞的计算分析

　　海冰与极地钻井立管的局部碰撞响应问题是全球动态钻井立管分析中的一个关键问题,可能导致钻井立管的局部损伤失效。因此,本节采用离散元软件 IceDEM,在离散元法的基础上,对海冰与海洋建筑物结构的动力相互作用进行建模。海冰与海洋建筑物结构的相互作用过程可以通过离散球形颗粒的行为来反映。本节所提出的离散元法的计算过程是一个时间步进的显式方案。在 IceDEM 离散元软件中,小体积碎冰域-立管碰撞相互作用模型主要包括海洋建筑物结构模型、海冰模型和海水模型。

　　海冰与海洋建筑物结构之间的相互作用问题是一个复杂的动态接触与碰撞问题。它不仅取决于海冰的类型、强度和漂移速度等参数,还取决于海洋建筑物结构的外形、形状和刚度。在 IceDEM 软件的计算和仿真过程中,海洋建筑物结构被视为具有一定质量、刚度和阻尼特性的刚体。与此同时,海冰被分散成一组球体粒子,它们被黏合在一起。在北极地区进行动态钻井立管分析时,碎冰域是作用于北极钻井立管的主要海冰类型之一。因此,在局部立管与海冰相互作用模型中,采用了碎冰域模型来模拟海冰。此外,依据钻井立管的形状,选择海洋建筑物结构模型作为模拟钻井立管的圆柱结构,采用圆柱的半径和高度等信息

进行建模。基于 IceDEM 的钻井立管–海冰相互作用模型如图 8-2 所示。

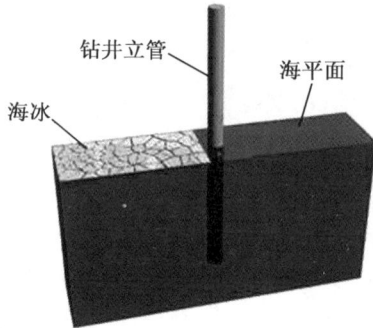

图 8-2　基于 IceDEM 的钻井立管–海冰相互作用模型

8.3.1　海冰模型

如图 8-3 所示,碎冰域中的浮冰在自然条件下具有不规则的多边形几何形状和很强的离散性。为了真实模拟破碎冰场中浮冰的随机分布和不规则几何形状,采用 Voronoi 离散算法随机生成大量大小和形状各异的多边形浮水(图 8-4)。然后,利用计算理论生成扩展多面体单元,该扩展多面体单元能够准确描述随机形状粒子的几何形态,可用于计算粒子之间的碰撞荷载。

图 8-3　渤海碎冰域分布

在与海洋建筑物结构碰撞的过程中,浮冰可能存在挤压破碎失效模式,进而产生随机冰荷载。此外,碎冰域浮冰的分布特征表现出重叠和堆积,这与海冰的温度、厚度和密度等密切相关。在 IceDEM 离散元软件中,采用接触力模型来模

拟颗粒之间的相互作用,并定义黏结强度来模拟黏结力。

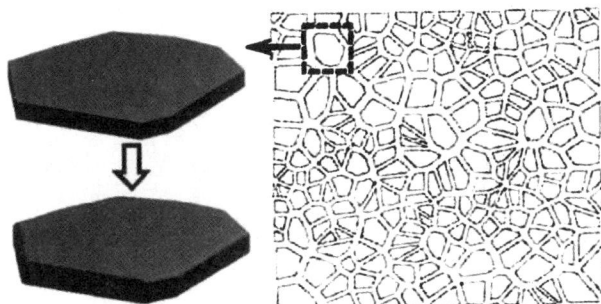

图 8-4 采用 Voronoi 离散算法随机生成破碎冰场中的多边形浮冰

如图 8-5 所示,基于莫尔-库仑定律,海冰中冰颗粒与冰颗粒之间的相互作用以及冰颗粒与海洋建筑物结构之间的相互作用可以采用弹黏性接触模型模拟。令 M_A 和 M_B 分别为冰颗粒 A 和 B 的质量;K_n 和 K_s 分别为法向刚度和切向刚度;C_n 和 C_s 分别为法向阻尼系数和切向阻尼系数;μ 为摩擦系数。在弹黏性接触模型中,采用弹簧和阻尼器来模拟两颗粒间的法向接触;此外,利用弹簧、阻尼器和滑动摩擦装置来模拟切向接触。

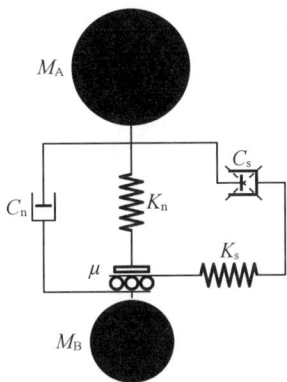

图 8-5 颗粒碰撞弹黏性接触模型

法向力 F_n 由塑性力 F_e 和黏性力 F_v 组成,可用以下公式计算得到。

$$F_n = F_e + F_v = K_n x_n - C_n v_n \tag{8-4}$$

式中,x_n 和 v_n 分别为接触冰颗粒相对于法向的位移和速度。法向阻尼系数的计算公式为

$$C_n = \zeta_n \sqrt{2MK_n} \qquad (8-5)$$

式中，ζ_n 为无因次法向阻尼系数，$\zeta_n = \dfrac{-\ln e}{\sqrt{\pi^2 + \ln^2 e}}$，$e$ 为恢复系数；M 为两个粒子的平均质量。

在切向分量中实现了滑移条件。在达到摩擦极限之前，利用弹簧-阻尼器系统对切向力进行建模，然后根据摩擦定律对切向力进行建模。摩擦极限可定义为

$$F_t = \min(K_s x_s - C_s v_s, \mu F_n) \qquad (8-6)$$

式中，x_s 和 v_s 分别为相对于剪切方向的位移和速度。正常的和切向的刚度与阻尼系数的关系分别为

$$K_s = \alpha K_n$$
$$C_s = \alpha C_n$$

8.3.2 海冰与海洋建筑物结构的相互作用

在计算海水(主要是海冰颗粒)与海洋建筑物结构的相互作用时，首先要找到海水颗粒与海洋建筑物结构的邻域，确定二者的接触条件。对于钻井立管模型，如图 8-6 所示，存在三种不同的接触方式：海冰颗粒 i 与圆柱 j 侧面；海冰颗粒 i 与圆柱 j 的边缘；海冰颗粒 i 与圆柱 j 的顶面和底面。为了确定海冰颗粒是否与海洋建筑物结构接触，如图 8-7 所示，定义上表面中心 A 和下表面中心 B，圆柱体半径 $R_{cylinder}$ 和圆柱体中心 Q，海冰颗粒中心 P 和海冰颗粒半径 R_{ball}。当 $(AP \cdot BA)(BP \cdot BA) \leq 0$ 且 $|QP| < R_{cylinder} + R_{ball}$ 时，海冰颗粒与圆柱顶面接触。当 $(AP \cdot BA)(BP \cdot BA) > 0$ 且 $|BQ| < R_{ball}$ 时，海冰颗粒与圆柱底面接触。当 $(AP \cdot BA)(BP \cdot BA) > 0$ 且 $|QP| > R_{cylinder}$，$BP - R_{cylinder} \cdot QP/|QP| < R_{ball}$ 时，海冰颗粒与圆柱边缘接触。

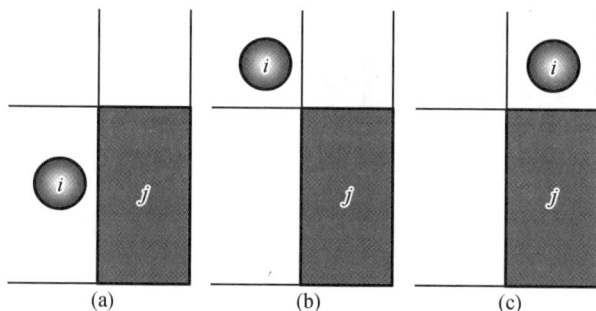

图 8-6 海冰颗粒与圆柱体的三种接触方式

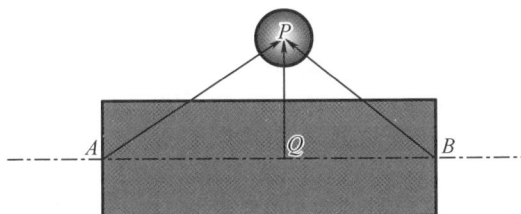

图 8-7　接触条件判断

8.3.3　水动力模型

在极地海洋环境中,浮冰主要受到重力、浮力、拖曳力和惯性力等的作用。此处不考虑水动力升力。考虑到浮冰在运动过程中的下沉变化,采用无穷小法计算浮冰的浮力。根据 Morison 公式,由海流和波浪作用在浮冰上的拖曳力 F_d 为

$$F_d = \frac{1}{2} C_d \rho_w A_s (v_w - v_i) |v_i - v_w| \tag{8-7}$$

式中,C_d 为拖曳力系数;v_i 和 v_w 分别冰速和海水流速;ρ_w 为海水密度;A_s 为浮冰面积。拖曳力被分解成垂直于浮冰面和切向于浮冰面的两部分。拖曳力荷载只作用在浸入水中的浮冰上,也就是说,只有水中的浮冰受到拖曳力的作用。

浮冰的惯性力是附加质量和浮冰质量产生的合力。浮冰上的附加质量 M_a 可以表示为

$$M_a = C_m \rho_w V_{sub} \frac{d|v_i - v_w|}{dt} \tag{8-8}$$

式中,C_m 为附加质量系数;V_{sub} 是浮冰淹没体积。

此外,浮冰上的旋转拖曳力 M_d 可以通过以下公式计算得到。

$$M_d = -\frac{1}{2} C_d (r^i)^2 \rho_w A \omega |\omega| \tag{8-9}$$

式中,ω 是旋转角速度;r^i 为冰颗粒半径。

8.3.4　计算结果分析

利用基于海冰与海洋建筑物结构的耦合作用的离散元高性能计算分析软件 IceDEM,通过离散元法计算得到不同时刻海冰与海洋建筑物结构的碰撞响应,该响

应可以作为输入参数应用于后续的极地冰区钻井立管整体动力响应分析。小体积碎冰域-立管碰撞离散元模型计算参数详见表 8-2。在表 8-2 中,分别从 X 方向和 X 方向测量浮冰的长度和宽度。为了避免边界对局部模型的影响,钻井立管的长度和浮冰区域的宽度都是钻井立管直径的 10 倍以上。在钻井作业中,钻井立管会随平台运动而不规则移动。然而,IceDEM 软件只能以恒定的运动速度设置钻井立管,使得钻井立管在局部模型中被简化为固定在飞溅区。此外,图 8-8 显示了 0~100 s 内四个不同阶段的钻井立管和浮冰之间相互作用的快照。由浮冰引起的碰撞荷载在 X 方向和 Y 方向的时间历程如图 8-9 和图 8-10 所示。从图 8-9 和图 8-10 中可以看出,X 方向和 Y 方向的最大碰撞荷载分别约为 2 250 N 和 1 500 N。

表 8-2　小体积碎冰域-立管碰撞离散元模型计算参数

参数	数值	参数	数值
海水密度/(kg·m⁻³)	1 030	冰密度/(kg·m⁻³)	920
平均尺寸/m	0.5	冰厚参数/m	0.2
碎冰域长度/m	10	碎冰域宽度/m	5.5
初始冰集度/%	80	冰弹性模量/GPa	2
压缩强度/MPa	2	弯曲强度/MPa	1
碎冰摩擦系数	0.5	海水流速/(m·s⁻¹)	0.1
法向拖曳系数	0.6	附加质量系数	0.0

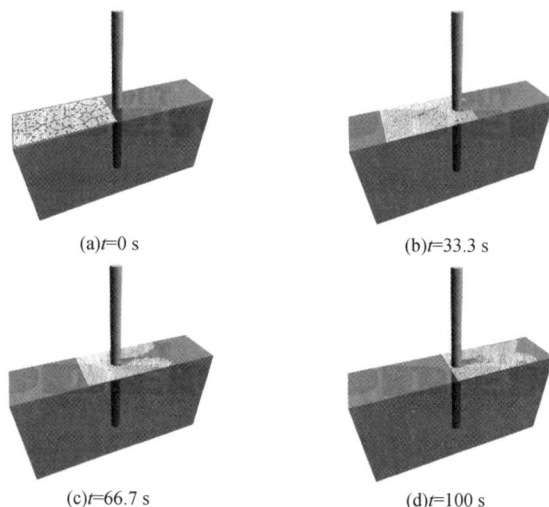

(a)t=0 s　(b)t=33.3 s　(c)t=66.7 s　(d)t=100 s

图 8-8　0~100 s 内四个不同阶段的钻井立管浮冰之间相互作用的快照

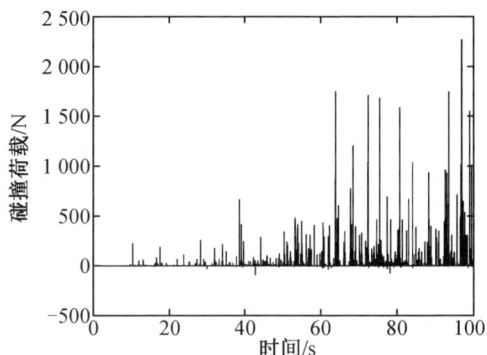

图 8-9　X 方向碰撞荷载时间历程

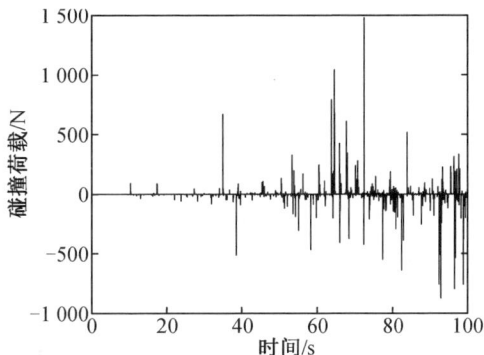

图 8-10　Y 方向碰撞荷载时间历程

8.4　大体积单块冰-立管碰撞的计算分析

对于体积较大的单块冰与钻井立管的碰撞工况,为了验证有限元模型的正确性,对该类工况进行了缩尺实验验证。实验选用了钢带缠绕加强柔性管(简称"钢带管")作为钻井立管,该类管早年间也曾在冰岛附近使用。为了尽量确保与室内实验结果相近,该有限元模型将完全根据相应的实验条件建立。下面开展两种水深(40 cm 和 50 cm,从水槽底起量)下,分别在两种水流速度的作用下的有限元数值模拟,通过 ABAQUS 有限元软件来探究一定长度的钢带管在水流及冰块碰撞的作用下,其顶端拉力及碰撞部位附近沿管周长的周向应变及轴向应变。模型的几何尺寸与工厂设定的值一致,管长取去除两端端头后的长度,冰-立管碰撞系统不同视角的有限元模型示意图如图 8-11 所示。

8.4.1　模型单元类型设置

冰-立管碰撞有限元模型中的螺旋条带(钢带)如图 8-12 所示。为了使部件网格划分得规整以及操作便利,且尽可能地使四边形网格接近矩形,对钢带的两端做了相应的切割。由于钢带的厚度与长度及宽度相比较小,为了节省计算时间,选取 S4R 单元作为钢带层的网格单元。对于内、外层高密度聚乙烯(HDPE)管,仍然选用 C3D8I 单元。对于大体积单块冰,直接使用 C3D8R 单元进行结构划分,并将其移动到与水面平齐且与立管外壁相切的位置。另外,测量并记录顶

端拉力变化的拉力计由弹簧单元 Spring 模拟,利用该弹簧单元可得到弹簧两点连线方向的力,弹簧刚度与拉力计相同。该弹簧的一端连在弹簧固定块的底面中心处,该固定块也用 C3D8R 进行划分。冰-立管碰撞有限元模型的单元划分如图 8-13 所示。

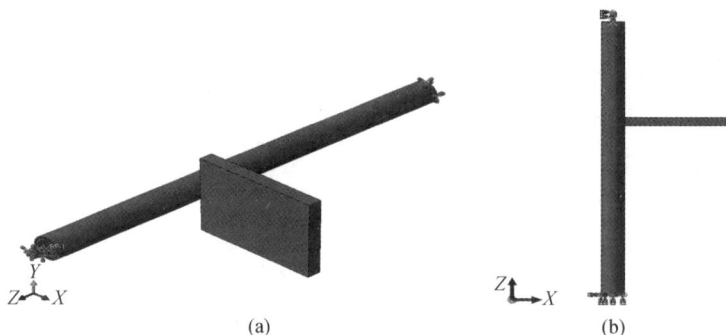

(a)　　　　　(b)

图 8-11　冰-立管碰撞系统有限元模型示意图

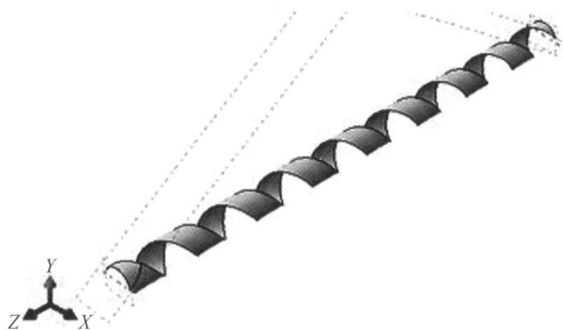

图 8-12　冰-立管碰撞有限元模型中的螺旋条带(钢带)

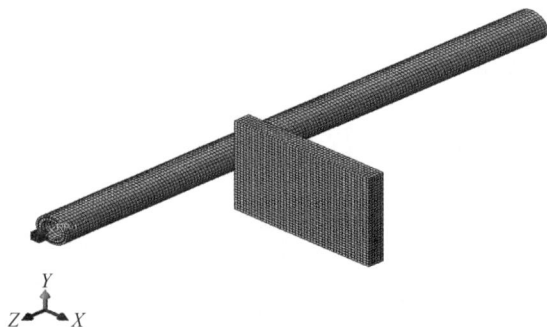

图 8-13　冰-立管碰撞有限元模型的单元划分

8.4.2　模型接触类型设置

碰撞数值模拟过程的关键是冰块与立管之间的接触设定,使用面-面接触类型进行定义,将与立管接触的冰面设定为主面,对于立管的层与层之间的接触也选用面-面接触来模拟。在该模型中,将 HDPE 层的接触面设定为从面,这是由于 HDPE 材料要比钢材软得多,且从面的网格划分要比主面的网格划分更细致。将接触面法线方向的力学性质定义为硬接触且接触之后允许分离,采用罚函数作为切线方向的摩擦计算公式。钢带表面有涂漆,查得钢带与钢带之间的摩擦系数为 0.15,钢带与 HDPE 之间的摩擦系数为 0.22(实验值)。参考冰与钢材外表面之间的摩擦系数,将冰与 HDPE 外表面之间的摩擦系数设为 0.02。

8.4.3　模型边界条件设置

由于样管的两端是与接头连接在一起的,因此可以假设两端的截面是不发生变形的。为了使该模拟与实验加载条件等更加接近,将模型中管道的一端完全固定住,将另一端耦合在处于截面中心位置的参考点 RP1 处。为了保证该截面具有连续性及一定的刚性,使六个位移自由度均耦合于参考点 RP1,使前文所述的弹簧的另一端与 RP1 相连。弹簧固定块的作用是限制弹簧一端的所有自由度,因此将其所有节点全部固定。通过弹簧反力即可得出在冰与立管碰撞时立管顶端拉力的变化情况。对冰模型施加预速度场,使得该速度与水流流速相等。

8.4.4　模型参数设置

冰-立管碰撞有限元模型共包含三个结构部件,分别为钻井立管、冰块以及弹簧固定块。立管按照实际的截面尺寸建模,相关的尺寸参数见表 8-3。

表 8-3　钢带管的几何参数

参数	数值
长度/mm	1 790
内径/mm	25
外径/mm	37

表 8-3(续)

参数	数值
内层 HDPE 厚度/mm	6
外层 HDPE 厚度/mm	4
每一层钢带层数	2
钢带缠绕角/(°)	54.7
钢带厚度/mm	0.5
钢带宽度/mm	52
单位长度的质量/(kg·m⁻¹)	4.956

该模型中所用材料的应力-应变曲线是从预备的单轴拉伸试验中获得的，HDPE 材料与钢带的力学性质如图 8-14 所示。

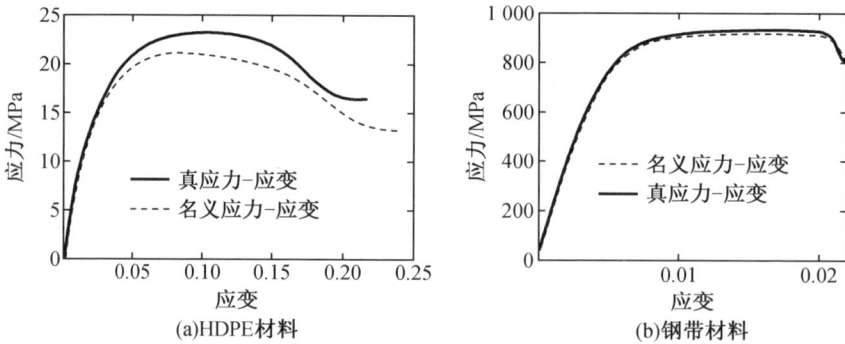

图 8-14　材料的力学性质

通过对实验管护套层和加强层材料进行单轴拉伸材料实验，测得两种材料的参数见表 8-4。

表 8-4　材料参数

参数	冰	钢带	HDPE
弹性模量/MPa	1 000	199 000	1 040
泊松比	0.295	0.260	0.400
极限强度/MPa	—	596.00	10.94

开展不同水深工况下大体积单块冰与立管碰撞过程有限元数值模拟,分别采用五种不同的水流流速和作业水深组合工况进行研究分析。

（1）工况 1：水深为 40 cm,水流流速为 0.25 m/s。

（2）工况 2：水深为 40 cm,水流流速为 0.31 m/s。

（3）工况 3：水深为 50 cm,水流流速为 0.15 m/s。

（4）工况 4：水深为 50 cm,水流流速为 0.21 m/s。

（5）工况 5：水深为 50 cm,水流流速为 0.26 m/s。

8.4.5　计算结果分析

从图 8-15 中可以看出,能量之和基本保持不变,表明碰撞过程满足能量平衡关系。然而,在 0.000~0.042 s 中,系统的动能和内能曲线急剧变化,动能连续衰减,内能连续增加,表明接触面的碰撞力从一开始($t = 0.000$ s)就迅速增大。同时,由于接触力的作用消耗冰的动能,立管和冰的内能也急剧增加。当 $t >$ 0.042 s 时,立管由于变形的恢复,内能减少,动能增加,然后每个能量曲线的变化逐渐趋于平缓,冰与立管的相互作用力变小。冰与立管的相互作用随着冰的动能的减小而减弱。当 t 在 0.100 s 左右时,冰与立管的碰撞过程基本完成,整个立管上的每种能量也得到有效传输。从上述分析可以看出,整个碰撞过程非常短,在 0.000~0.045 s 中,系统的能量变化最大,碰撞最强烈,需要人们重点关注。

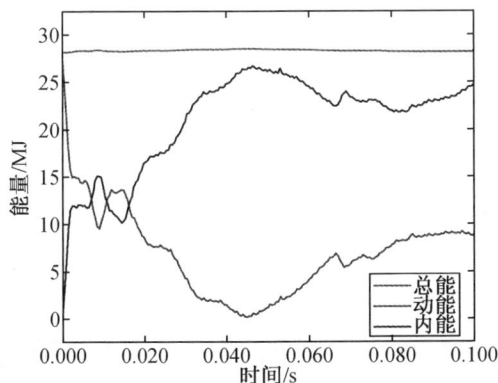

图 8-15　碰撞过程中总能、内能和动能的时程曲线

图 8-16 和图 8-17 分别为工况 1 的变形及其米泽斯(Mises)应力图、工况 2 的变形及其 Mises 应力图,从图中可以直观地看出:碰撞速度越快,系统变形越

大,最大 Mises 应力也越大。两组立管顶端弹簧反力最大值分别是 0.160 N 和 0.250 N。表 8-5 给出了五种不同水深和水流流速工况下,立管在与海冰碰撞过程中的顶端拉力数据。

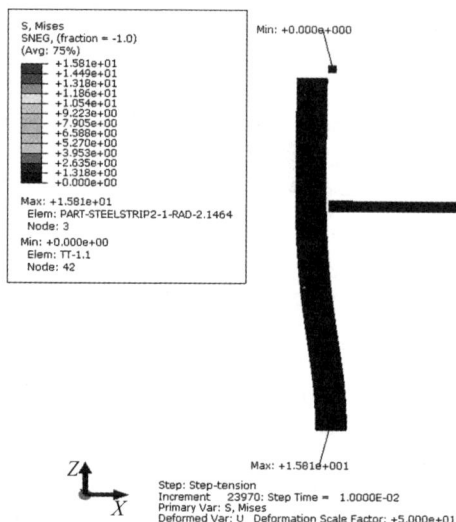

图 8-16　工况 1 的变形及其 Mises 应力图　　图 8-17　工况 2 的变形及其 Mises 应力图

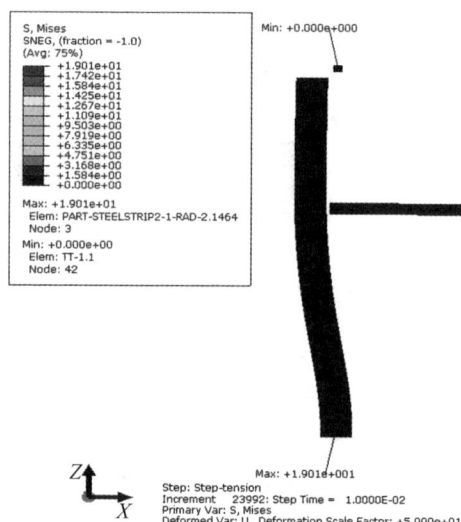

表 8-5　五种不同水深和水流流速工况下,立管在与海冰碰撞过程中的顶端拉力数据

工况	水深/cm	水流流速/($\mathrm{m \cdot s^{-1}}$)	最大顶端拉力/kN
1	40	0.25	0.160
2	40	0.31	0.250
3	50	0.15	0.205
4	50	0.21	0.385
5	50	0.26	0.572

8.5　冰-立管碰撞室内实验研究

本节主要基于大尺度浮冰碰撞工况对单块浮冰与钻井立管碰撞的数值模拟结果进行室内实验校验,重点考察在不同流速、不同波高以及不同水深情况下,

浮冰撞击立管时,管体相关部位产生的环向应变、周向应变以及顶端拉力,为保障钻井立管的结构安全提供一定的参考。本节选用管径为 5.08 cm 的钢带管作为试验对象。韩国釜山大学在 2007 年前后多次开展了以石蜡为模型冰的非冻结模型冰试验,并与加拿大的冰水池试验数据进行对比,二者显示了很好的相关性。此外,Corlett 等用石蜡代替冰,以一艘小型波罗的海破冰船为船模,做了第一次阻力模型试验。我国合肥工业大学是国内最早开展冰模型试验研究的单位,也采用了石蜡模型冰研究冰塞问题。由于冰的制造条件及存储条件有限,本节采用与冰的外表及密度均相似的工业石蜡块来代替浮冰(冰的密度为 917 kg/m³,弹性模量为 1 000 MPa,泊松比为 0.295;石蜡的密度为 900 kg/m³,弹性模量为 1 076 MPa,泊松比为 0.330)。考虑浪、流的作用,本节使用浙江大学建工试验大厅的风浪流水槽进行实验。

8.5.1　实验对象、测量器材和水槽

1. 实验对象

实验对象主要是立管和石蜡。为了便于得到预期结果,本节选取带有钢带加强层的柔性立管进行实验。该立管结构如图 8-18 所示,内外两层均是 HDPE,中间是螺旋缠绕的钢带加强层。

实验立管纯管段长为 1 150 mm。如前所述,采用工业石蜡块模拟浮冰,同时,为了使模拟浮冰的表面光滑而在该蜡块四周使用透明胶布进行缠绕包裹,使得碰撞时作用面的摩擦系数与冰一致,实物如图 8-19 所示,相关参数见表 8-6。

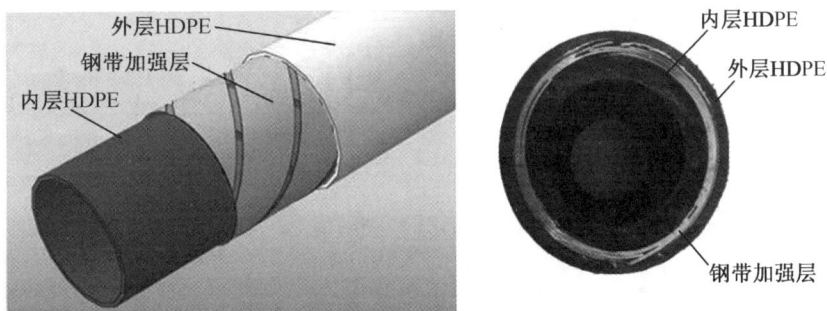

图 8-18　立管结构

(a)   (b)

图 8-19　实验用石蜡块实物图

表 8-6　实验因石蜡块的相关参数

参数	数值
长/m	0.321 2
宽/m	0.245 2
高/m	0.034 2
质量/kg	2.5
密度/(kg·m^{-3})	928

2. 实验测量器材

为了测量立管在石蜡块的撞击下的运动响应,在实验管段的水面附近沿管周粘贴免焊应变片,所用应变片基本参数见表 8-7。将应变片与图 8-20 所示的 uT7808 动静态应变采集仪相连以得到应变动态变化数据。为了确定立管所处环境的参数,选用流速仪和波高仪(图 8-21)测量并记录流速和波高。

表 8-7　应变片基本参数

型号	BX120-80AA	灵敏度系数	2.080±0.005
电阻/Ω	120.0±0.2	最大微应变	20 000
栅长×栅宽/mm	80×3	适用温度/℃	−20~80
基长×基宽/mm	86×5	引线规格/cm	4(镀银线)
基底材料	缩醛类	额定电压/V	≤12

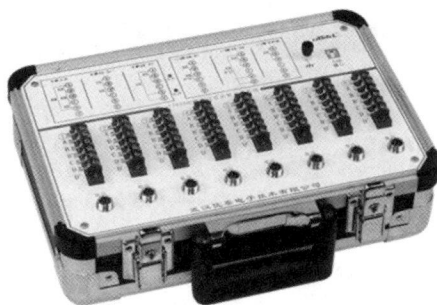

图 8-20　uT7808 动静态应变采集仪

(a)流速仪　　　　　　　　(b)波高仪

图 8-21　流速仪和波高仪实物图

　　开展浪、流作用下的冰与立管碰撞实验时,采用数显拉力计(图 8-22)测量钻井立管顶端的拉力变化。该拉力计为 S 型内置式数显式推拉力计,是一种小型、简便、多功能、高精度的推力、拉力测试器,广泛应用于电子电器、建筑五金、科研机构等行业的推拉负荷、插拔力的测试和破坏性实验等。拉力计的量程为 5 N,分度值为 0.001 N,精度为±0.005 N。为得到测试值随外力荷载的变化,本节采用 0001 标准测试模式下的荷重实时状态模式。此模式下可设置三种状态,即荷重实时状态、峰值保持状态和自动峰值状态。在荷重实时状态下,测试值随荷重的变化而变化;在峰值保持状态下,所显示的测试值为测试中的最大值(不论拉力和压力),需手动清零;在自动峰值状态下,所显示的测试值为测试中的最大值(不论拉力和压力),且保持显示 2 s 后自动归零,即可进行下一次测试。据此可绘制拉力与时间的关系曲线图。

图 8-22　数显拉力计实物图

3.实验水槽

本节采用的风浪流水槽的实验段尺寸为 59 m×1.2 m×1.6 m,中部凹坑深 1 m,整个循环系统的底部可进行正反双向造流;填制细沙土体模拟海床区域;在水槽的一端安装造波机,水槽的两端装有消波岸。实验布置简图如图 8-23 所示。造流最大水深为 1.0 m,最大流量为 0.6 m³/s,平均流速为 0.1~0.3 m/s(水深<1 m)。造波主要采用推板式造波,造波板宽 1.2 m,造波最大水深为 1.0 m,可造规则波、不规则波,规则波周期为 0.5~5 s,规则波最大波高为 400 mm,不规则波最大波高为 300 mm。

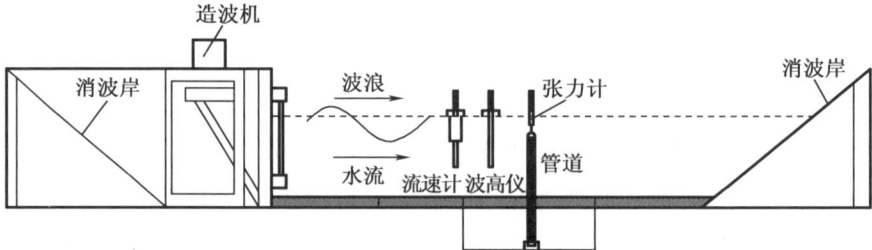

图 8-23　实验布置简图

8.5.2　实验过程

如图 8-24 所示,将立管上端与套环焊接并与数显拉力计相连,将立管下端与钢块底座连接,使其固定在水槽底部。将水加至如图 8-25 所示的 40 cm 和 50 cm 水深,通过按一定步长调整造流仪发动机频率来改变流速,通过按一定步长调整波高仪推波板频率来改变波高,具体数值由流速仪及波高仪测出。特别需要说明的是:为使石蜡块的速度能够与水流保持一致,需事先测定石蜡块的下放点,通过记录时间和距离比较并确定在不同工况下,石蜡块在速度稳定情况下

的流动距离。

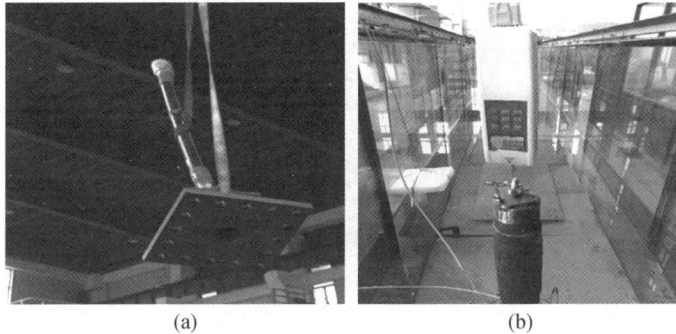

图 8-24　立管两端连接

(a)40 cm　　　　　　　(b)50 cm

图 8-25　实验水位

　　应变片采取 1/4 桥的连接方式连接。为了尽量减小浪、流的影响,在离水面以上 10~20 cm 处,将应变片分别在立管的迎水面、背水面、两侧面的中心位置沿管轴向和管周向粘贴。应变片粘贴图如图 8-26 所示,第 1~4 通道以石蜡块正面碰撞位置为起点,沿管周逆时针每隔 90°进行定位,测量的是粘贴点的管周向应变;在第 5~8 通道测量对应前四个通道的管轴向应变。

　　由于石蜡块本身的不均匀性,即使对石蜡块进行了规整切割,在水流和波浪的作用下,石蜡块的流动轨迹仍不易控制,因此为尽量确保每次撞击的位置相同或相近,以得到可比较的结果,将石蜡块进行线绳绑扎后由实验人员在水槽外操作,并使每次石蜡块下放的横向位置和朝向均保持一致。石蜡块的下放点以及与立管的碰撞点如图 8-27 所示。

图 8-26　应变片粘贴图

(a)石蜡块的下放点

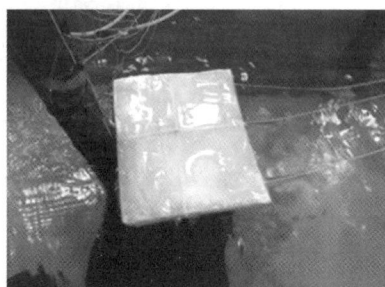

(b)石蜡块与立管碰撞点

图 8-27　实验中石蜡块的位置

8.5.3　实验结果分析

对于两种水深,分别在纯流+石蜡块、波流+石蜡块工况下进行了实验,记录了不同工况作用下流速、波高的变化,以及立管距水面一定距离处四个点的环向

应变、轴向应变和顶端拉力的变化情况。

1. 40 cm 水深、纯流下的碰撞

将应变片贴于立管水槽以上 60 cm 处,初次将水加至 40 cm,使应变片与水面的距离为 20 cm。先进行单纯水流作用下的石蜡块碰撞实验,发动机频率分别取 12 Hz 和 15 Hz,通过流速仪测得的稳定流速分别为 0.25 m/s(工况 1)和 0.31 m/s(工况 2),并分别于指定位置下放石蜡块,通过拉力计可得到立管顶端拉力的变化如图 8-28 所示。

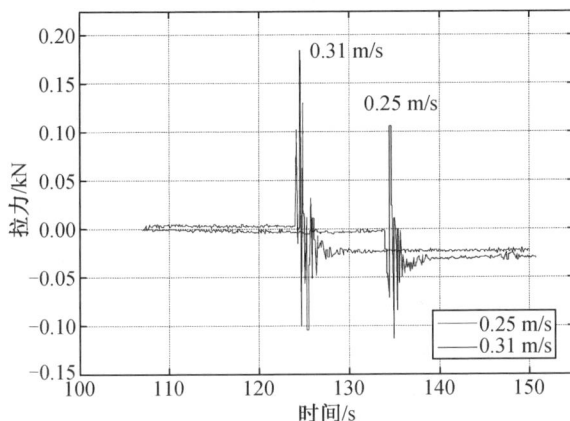

图 8-28　不同流速下碰撞时立管顶端拉力的变化

从图 8-28 中可以看出:随着流速的增加,碰撞发生的时间提早,拉力的正改变值的最值由 0.177 N 增大为 0.230 N,说明碰撞力度加大,其他工况下的规律与此相似,因此后续仅比较拉力的最大值。对应拉力的变化时刻,考察八个应变片的应变变化,对所截时间段内的数据进行处理(应变单位为微应变,即 10^{-6}),可知受到碰撞时各点的应变变化情况。其中,应变片 1 和应变片 5 距离石蜡块正面撞击位置最近,因此应变变化最大。

统计碰撞时应变片应变改变量,见表 8-8,从表中数据可以看出:总体来说,石蜡块碰撞对测量部位管周向有拉伸的作用,而对管轴向,除主要引起了压缩外,随着流速的增大,碰撞后的应变变化也增大。

2. 50 cm 水深、纯流下的碰撞

将水深加至 50 cm,此时应变片位于水面上方 10 cm 处,根据流速仪测量的稳定性,将造流仪的发动机频率分别设置为 9 Hz 和 15 Hz,通过流速仪测出的流速稳定在 0.15 m/s 和 0.26 m/s。进行纯流下的碰撞实验,得到的立管顶端拉力

最大值分别为 0.165 N 和 0.233 N,与 40 cm 水深相比,虽然流速较低,但碰撞位置较高,因此顶端拉力更大。

表 8-8　40 cm 水深、不同流速下碰撞时,应变片的应变改变量

流速/	应变片位置							
(m · s⁻¹)	1	2	3	4	5	6	7	8
0.25	4.893 9	2.661 9	1.316 4	3.102 9	−37.653 6	−0.241 8	−3.472 3	−2.187 3
0.31	15.245 9	6.864 0	1.296 2	4.647 7	30.713 5	0.553 0	−4.965 6	−2.890 2

由于水深变深,水槽造流波系统将变得更加稳定,因此可以稳定地进行三组工况的实验。根据流速仪测量的稳定性,将造流仪发动机频率分别设置为 9 Hz、12 Hz、15 Hz,通过流速仪测出的流速稳定在 0.15 m/s(工况 3)、0.21 m/s(工况 4)和 0.26 m/s(工况 5)。开展纯流下的碰撞实验,在流速达到稳定后,观察拉力计读数,发现拉力计读数并无明显变化。随后下放石蜡块,得到的立管顶端拉力最大值。在实验中可得,在流速为 0.15 m/s(工况 3)、0.21 m/s(工况 4)和 0.26 m/s(工况 5)时,立管顶端拉力最大值分别为 0.192 kN、0.366 kN 和 0.620 kN。研究发现,随着流速的增大,顶端拉力最大值几乎呈线性增加。与 40 cm 水深相比,在流速相近的情况下,由于水深 50 cm 时的碰撞位置较高,因此其顶端拉力更大。

3. 40 cm 水深、波流下的碰撞

波流作用的工况加载顺序为先加波,待产生稳定的波后再加流,在波流均达到稳定后观察拉力计读数,发现拉力计读数并无明显变化,最后下放石蜡块。本实验加载的为规则波,可通过波高仪测出各个冲程下波高的变化,如图 8-30 所示,三组冲程下对应的波高分别为 80 mm、102 mm 和 128 mm。

40 cm 水深下,不同工况对应的波流组合见表 8-9。

表 8-9　40 cm 水深下,不同工况对应的波流组合

波流情况	工况					
	6	7	8	9	10	11
流速/(m · s⁻¹)	0.25	0.25	0.25	0.31	0.31	0.31
波高/mm	80	102	128	80	102	128

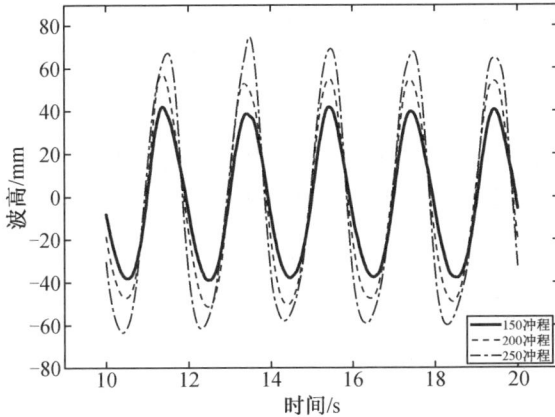

图 8-30　40 cm 水深、不同冲程下的波高变化示意图

波流共同作用下,碰撞效果离散性较大,主要是由于加入波的作用后,碰撞时石蜡块所处的相位对其碰撞结果的影响大。经过反复实验,选出条件相似的数据进行比较。对于不同流速、不同波高的组合工况,碰撞时立管顶端的拉力最大正值见表 8-10。由表 8-9、表 8-10 可以看出随着波高增大、流速加快,立管顶端拉力变大,且均大于纯流下的结果。

表 8-10　40 cm 水深、不同波流作用时,立管的顶端拉力

项目	工况					
	6	7	8	9	10	11
顶端拉力/kN	0.298	0.352	0.87	0.314	0.788	0.966

和拉力对应的应变改变量见表 8-11,应变片的变化受波浪的影响较大,得到的结果没有明显的规律。在后续研究中也不再考虑这种工况的应变变化。

表 8-11　40 cm 水深、不同波流组合(工况)下碰撞时,应变片的应变改变量

工况	应变片位置			
	1	2	3	4
6	128.186 800	15.109 370	28.423 250	7.705 799
7	42.800 000	253.000 000	−6.800 000	−0.331 000
8	244.000 000	22.900 000	24.200 000	2.390 000
9	43.100 000	8.820 000	1.060 000	7.890 000

表 8-11（续）

工况	应变片位置			
	1	2	3	4
10	92.600 000	9.000 000	10.800 000	8.210 000
11	300.000 000	3.640 000	−1.420 000	8.210 000

工况	应变片位置			
	5	6	7	8
6	−19.219 700	5.823 005	−9.201 290	−2.205 180
7	−3.170 000	114.000 000	0.788 000	0.148 000
8	3 360.000 000	1.100 000	25.600 000	31.000 000
9	−212.000 000	−0.114 000	−8.520 000	−0.799 000
10	0.110 000	−0.044 800	−8.990 000	4.740 000
11	218.000 000	1.820 000	4.460 000	3.540 000

4.50 cm 水深、波流下的碰撞

图 8-31 描绘了水深为 50 cm 时,不同冲程下波高的变化,相比于图 8-30 可知:水深加深后,同样的冲程引起的波高峰值更高,三组冲程下对应的波高分别为 82 mm、120 mm 和 145 mm。

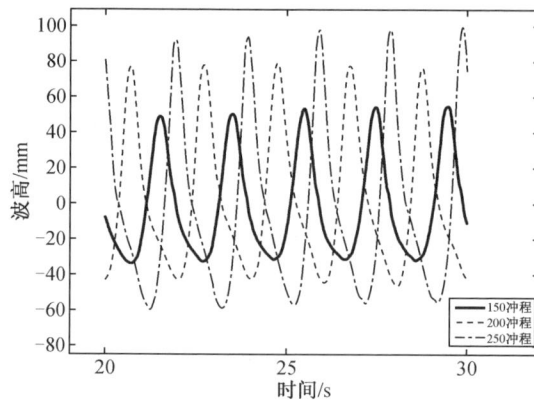

图 8-31 50 cm 水深、不同冲程下的波高变化示意图

50 cm 水深下,不同波流组合对应的工况及碰撞时立管的顶端拉力变化见表 8-12,从表中可以看出:对于 50 cm 水深的情况,随着冲程增加、流速增大,立管顶端拉力的变化与 40 cm 水深的情况相似,都呈现逐渐增大的趋势,同时和

40 cm 相比,高位碰撞对立管顶端拉力的作用更大。

表 8-12　50 cm 水深、不同波流组合对应的工况及碰撞时立管的顶端拉力

项目	工况					
	12	13	14	15	16	17
流速/(m·s⁻¹)	0.15	0.15	0.15	0.26	0.26	0.26
波高/mm	82	120	145	82	120	145
顶端拉力/kN	0.802	0.831	0.835	1.101	1.131	1.771

8.5.4　有限元数值模拟结果与室内实验结果的对比

表 8-13 为纯流作用下大体积单块冰-立管碰撞过程中钻井立管顶端最大拉力有限元数值模拟结果和室内实验结果的对比。

表 8-13　立管顶端拉力有限元数值模拟结果与室内实验结果的对比

项目	工况				
	1	2	3	4	5
有限元数值模拟/kN	0.177	0.230	0.192	0.366	0.62
室内实验/kN	0.160	0.250	0.205	0.385	0.572
相对误差/%	9.6	8.7	6.8	5.2	4.5

由表 8-13 可以看出,五种工况下的有限元数值模拟与实验的立管顶端拉力最大值的相对误差均在 10% 以内,说明了有限元模型的正确性。

8.6 小尺度浮冰碰撞

8.6.1 有限元模型介绍

由于 IceDEM 软件暂无法详细考虑实际立管的边界条件等因素,因此将基于 IceDEM 软件数值模拟得到的冰荷载响应以外荷载的形式施加于钻井立管整体分析的三维有限元模型中。考虑钻井立管在操作工况下,浮式平台通过不同的张紧器与立管相连,同时使立管底段与土壤相连并固定于底部,如图 8-32 所示,进而模拟冰荷载激振以及平台运动作用下的钻井立管的运动响应。该立管的其他参数见表 8-14。

T/s	F_{x1}/kN	F_{y1}/kN	F_{z1}/kN	$M_{z1}/(kN·m)$
32.912 80	0.000 28	−0.000 04	0.000 01	0
32.922 79	0.000 28	−0.000 04	0.000 01	0
32.932 78	0.000 28	−0.000 04	0.000 01	0
32.942 77	0.000 28	−0.000 04	0.000 01	0
32.952 75	0.000 27	−0.000 04	0.000 01	0
32.962 74	0.000 27	−0.000 04	0.000 01	0
32.962 72	0.000 27	−0.000 04	0	0
32.962 72	0.000 27	−0.000 04	0	0
32.962 71	0.000 27	−0.000 04	0	0
33.002 70	0.000 27	−0.000 04	0	0
33.012 69	0.000 27	−0.000 04	0	0
33.012 68	0.000 17	0.000 01	−0.000 02	0
33.012 65	0.000 17	0.000 01	−0.000 02	0
33.012 65	0.000 17	0.000 01	−0.000 03	0
33.012 64	0.000 17	0.000 01	−0.000 03	0
33.012 62	0.000 09	0.000 02	−0.000 01	0
33.012 62	0.000 09	0.000 02	−0.000 01	0
33.012 61	0.000 09	0.000 02	−0.000 01	0
33.092 60	0.000 09	0.000 02	−0.000 01	0

(a)

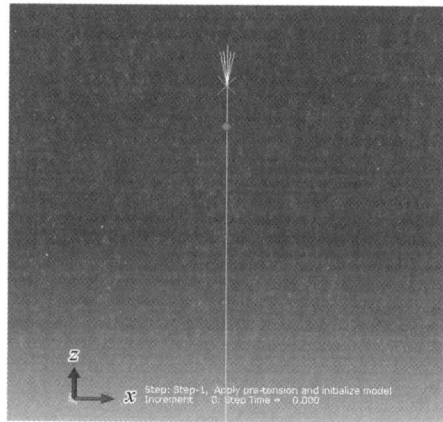

(b)

图 8-32 冰荷载时程数据及冰荷载激振下的钻井立管模型

表 8-14 立管的其他参数

长度/m	直径/mm	厚度/mm	材料
3 075.62	546.1	25.4	X80

对于模型的单元选择:采用适合模拟细长构件的混合梁单元对立管进行模

拟,根据钻井立管系统不同部位的物理性质,为等效的材料属性赋予不同的截面;采用刚性梁模拟平台结构,并使用弹簧单元模拟张紧器以连接平台和立管,同时使用弹簧单元模拟立管与土地的连接。详细的有限元分析一共包含两个方面。

第一,静态分析。首先,建立初始模型(该模型由立管各部件装配组合而成),并在此步添加模型重力,施加隔水管顶端预张力;其次,向模型中加入张紧器,去除之前添加的预张力,并采用 AQUA 模块对模型施加海流荷载,使平台位移为零,即顶端边界条件位移为零;最后,为了迭代容易收敛,对平台施加一个很小的位移。

至此,以上均为隔水管静态分析步骤。

第二,动态分析。首先,重启静态分析步骤;其次,为动态分析做调整,将顶端平台位移调整到适当值;最后,在平台位移的基础上对顶端边界条件施加平台动态位移,同时在水平面处对立管施加冰荷载动态作用,进而计算立管的整体动态响应。

8.6.2　计算结果分析

对于有限元的模拟结果,ABAQUS 动态结果主要包括立管上、下球铰接头的转角、组合应力以及顶端拉力等。底端柔性接头与顶端柔性接头处的时间-转角关系分别如图 8-33 与图 8-34 所示,由图可见:由于平台运动的影响,柔性接头转角最大的变化均出自初始部位,且始终处于安全状态。为了探究冰荷载对钻井立管顶端拉力的影响,将加入冰荷载与未加入冰荷载的钻井立管模型的顶端拉力结果进行对比,图 8-35 为考虑冰荷载(即冰荷载和平台运动联合作用下)的钻井立管顶端拉力的动力响应,而图 8-36 则为未考虑冰荷载而仅考虑平台运动的钻井立管顶端拉力的动力响应。从图 8-35 和图 8-36 中可以看出:钻井立管的顶端拉力主要由平台控制,冰荷载可能会诱导立管产生高频激振荷载。图 8-37 为冰荷载导致的钻井立管顶端拉力的动态变化响应。从图 8-37 中可以看出:由冰荷载导致的钻井立管顶端拉力的波动范围为 $-2.5\sim2.5$ kN,这有效地证明了冰荷载会导致立管产生小幅高频激振荷载。尽管冰荷载导致的立管顶端拉力波动非常小(相对于顶端总体拉力),但是它会导致产生小幅高频激振荷载以及由低温荷载引起的疲劳破坏。

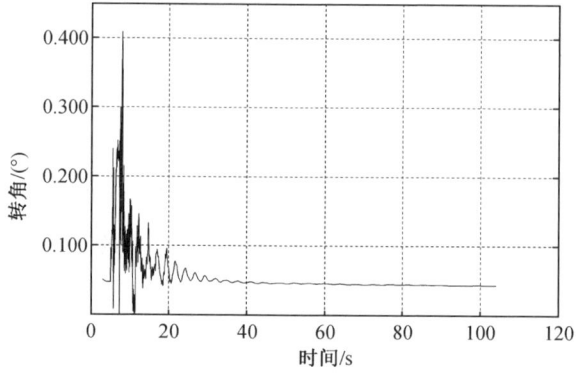

图 8-33　底端柔性接头处时间-转角关系

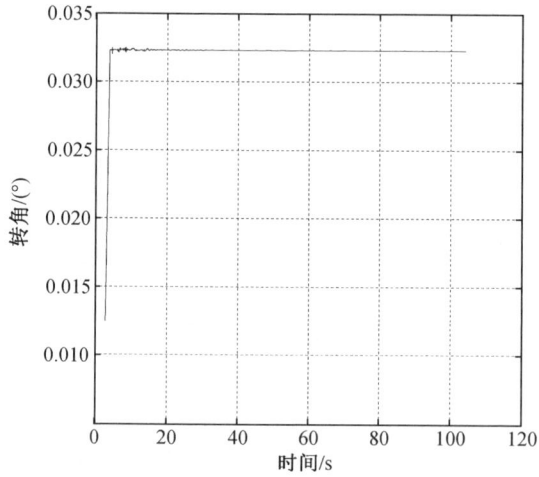

图 8-34　顶端柔性接头处时间-转角关系

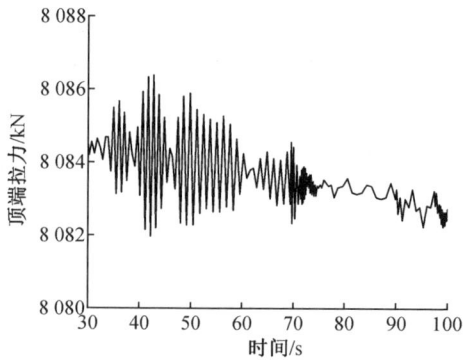

图 8-35　考虑冰荷载的钻井立管顶端拉力的动力响应

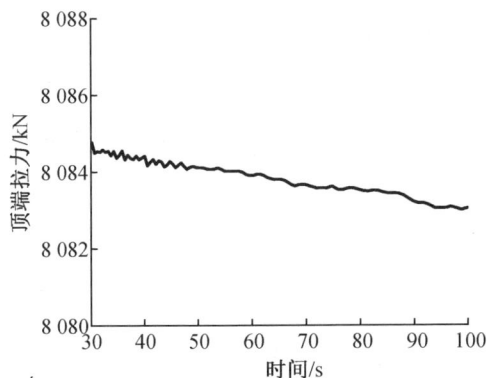

图 8-36　未考虑冰荷载而仅考虑平台运动的钻井平台的顶端拉力的动力响应

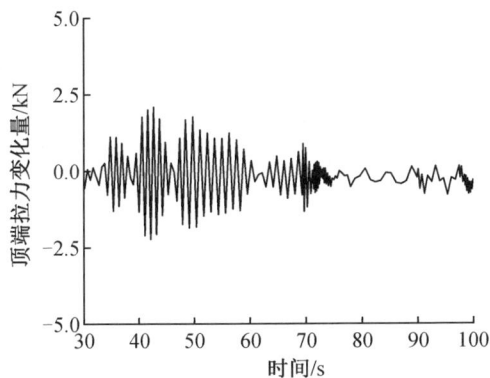

图 8-37　冰荷载导致的钻井立管顶端拉力的动态变化响应

参考文献

［1］　王军. 冰塞形成机理与冰盖下速度场和冰粒两相流模拟分析［D］. 合肥: 合肥工业大学, 2007.

第9章

冰荷载作用下的立管力学性能研究

9.1 单块浮冰作用下的立管力学性能研究

9.1.1 单块浮冰作用下的立管力学性能研究概述

国内外研究人员对于立管在风、波浪、海流等海洋环境荷载作用下的响应的研究已卓有成果,但是对于立管在冰荷载作用下的研究尚不充分。随着钻井作业向极地区域延伸,对于立管在冰荷载作用下的力学性能研究更显重要。

为得到真实可靠的冰荷载响应,本章采用数值模拟方法,在考虑浮冰的实际物理性状的前提下进行理论研究。针对两种不同的冰工况选用不同的分析方法。对于单浮冰撞击的工况,本章通过设计相关材料实验和实验室碰撞模型实验进行研究,运用 ABAQUS 有限元分析软件建立与实验相对应的有限元模型,通过两者对比拟合,验证有限元模型的正确性,形成适用于工程实际的冰荷载作用下的立管动力响应有限元分析方法,并通过敏感性分析来验证冰速、冰层厚度、水深等参数对立管响应的影响。对于碎冰持续多对一撞击的工况,由于碎冰域的随机性较大,故采用 IceDEM 软件,利用离散元法计算碎冰与细长杆结构的动态响应,此工况的分析将在后文中介绍。

为了研究单块浮冰碰撞下的立管力学性能,本章也以钢带缠绕加强柔性管(简称"钢带管")作为研究对象来进行相关实验研究和有限元分析。

9.1.2 材料实验

1.试件制作

本章实验选用管径为 5.08 cm 的钢带管,与第 8 章所用钢带管相同。

钢带管中共有两种材料,分别是内、外层的 HDPE 以及中间层的钢带材料,为了得到这两种材料的力学性质,使用电子万能试验机(图 9-1)进行单轴拉伸材料试验。

图 9-1 电子万能试验机

钢带试件及其具体尺寸如图 9-2 所示,HDPE 试件及其具体尺寸如图 9-3 所示。

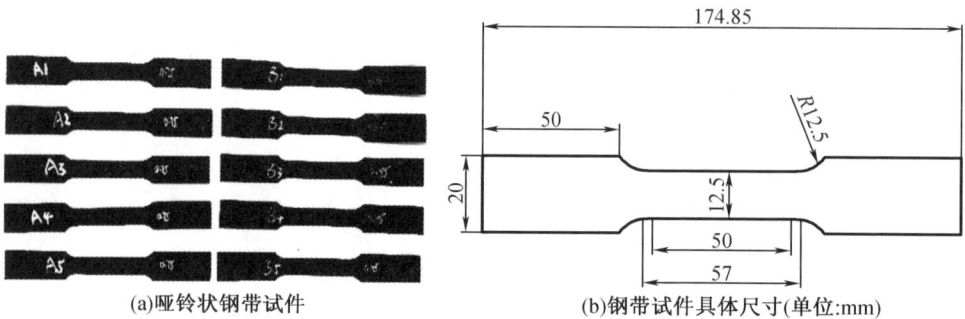

(a)哑铃状钢带试件

(b)钢带试件具体尺寸(单位:mm)

图 9-2 钢带试件

(a)哑铃状HDPE试件　　　　　(b)HDPE试件具体尺寸(单位:mm)

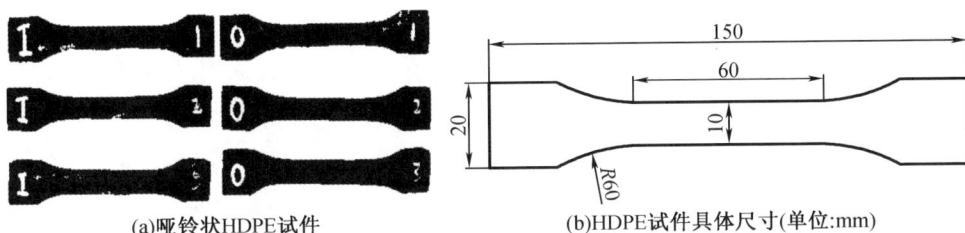

图 9-3　HDPE 试件

2.实验步骤和实验结果

实验中使用引伸计记录这两种材料的应变,将钢带的轴向变形速率设置为 0.2 mm/min,将 HDPE 的轴向变形速率设置为 1 mm/min。两种材料的实验过程如图 9-4 所示。

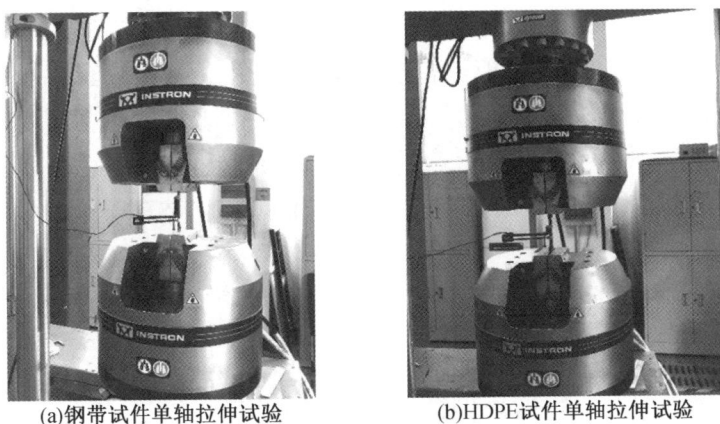

(a)钢带试件单轴拉伸试验　　　　　(b)HDPE试件单轴拉伸试验

图 9-4　两种材料单轴拉伸试验

根据单轴拉伸试验所得数据,通过线性插值法得到两种材料的名义应力-应变和真应力-应变的关系(图 8-14)。

9.1.3　整冰-立管碰撞实验

1.试件制作

本实验选用的钢带管也与第 8 章所用钢带管相同。由于冰的制造条件及存储条件有限,本节也采用工业石蜡块来代替浮冰。因此,实验对象主要包括立管和石蜡块两部分。

167

（1）立管

立管底部通过法兰接头固定,采用完全固接的方式使其固定在水槽底部,模拟实际钻井时真实的井口连接情况。立管上端与套环焊接并与数显拉力计相连。

（2）石蜡块

本节也采用与第8章相同的石蜡块处理方式,在石蜡块四周用透明胶布进行缠绕包裹,使得碰撞时其作用面的摩擦系数与冰一致。

2. 实验装置

除与8.5.1中相同的器材、水槽等,在本节实验中,为得到立管在石蜡块撞击下的运动响应,在立管的水面附近沿管周向及管轴向分别粘贴免焊应变片(1/4桥的连接方式)。为尽量减小浪、流的影响,在离水面10~20 cm处,将应变片分别在立管的迎水面、背水面、两侧面的中心位置沿管轴向和管周向粘贴。粘贴结果如图8-26和图9-5所示。与第8章一样,本节在第1~4通道以石蜡块正面碰撞位置为起点,沿管周逆时针每隔90°进行定位,测量的是粘贴点的管周向应变;在第5~8通道以相同的顺序测量对应前四个通道的管轴向应变。

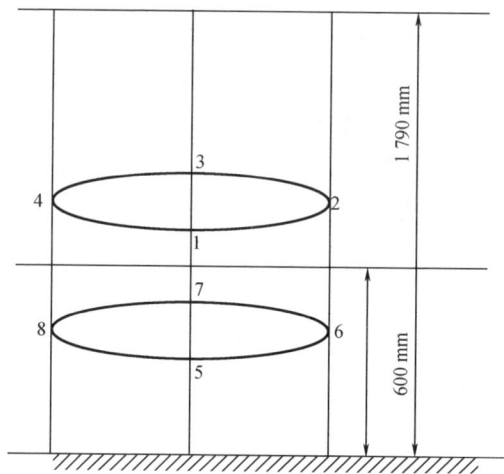

1~8—测点。

图9-5　应变片粘贴示意图

3. 实验仪器

（1）应变测量装置

所用应变片的相关参数与第8章相同(表8-7),同时,为了实时采集实验过

程中的应变变化,本节也将应变片与图 8-20 所示的 uT7808 动静态应变采集仪的一端相连。应变采集仪的另一端与电脑相连,可以显示并记录应变实时曲线变化。

(2)流速仪、波高仪和数显拉力计

尽管实验所用水槽装置中的造流机与造波机可根据不同的参数产生对应的流速及波高,但会存在少许误差,为了得到稳定波流的确切流速和波高,在立管前段的一段距离处布置流速仪和波高仪,以确定相关环境参数。

本节实验中选用的流速仪、波高仪和数显拉力计与第 8 章相同(图 8-21、图 8-22)。

4. 实验过程

与第 8 章相同,将水分别加至 40 cm、50 cm,通过按一定步长调整造流仪发动机频率来改变流速,通过按一定步长调整波高仪推波板频率来改变波高,具体数值由流速仪及波高仪测出。为使石蜡块的速度能够与水流保持一致,本节实验也需事先测定石蜡块的下放点,通过记录时间和距离比较并确定在不同工况下,石蜡块在速度稳定情况下的流动距离。

为尽量确保每次撞击的位置相同或相近,以得到可比较的结果,本节实验也将石蜡块进行线绳绑扎后由实验人员在水槽外操作,并使每次石蜡块下放的横向位置和朝向均保持一致。石蜡块的下放点以及与立管的碰撞点参照图 8-27、图 8-28。

5. 实验结果

对 40 cm、50 cm 两种水深,本节也分别在纯流+石蜡块、波流+石蜡块工况下进行了实验,记录了不同工况作用下流速、波高的变化,以及立管距水面一定距离处四个点的环向应变、轴向应变及顶端拉力的变化情况。

(1)水深 40 cm、纯流下的碰撞

此工况是在纯流作用下的碰撞试验,与 8.5.3 相同,将应变片贴于立管水槽以上 60 cm 处,初次将水加至 40 cm,使应变片与水面距离 20 cm。先进行单纯水流作用下的石蜡块碰撞实验,发动机频率分别取 12 Hz、15 Hz,通过流速仪测得的稳定流速分别为 0.25 m/s(工况 1-1)、0.31 m/s(工况 1-2),待流速稳定后观察拉力计读数,发现拉力计数值并无明显变化,随后于指定位置下放石蜡块,通过拉力计可得到立管顶端拉力的变化。结果与 8.5.3 中相同工况下的结果相同。

(2)水深 40 cm、波流下的碰撞

实验操作与 8.5.3 相同,40 cm 水深下,不同波流组合对应的工况见表 9-1。

表 9-1　40 cm 水深下,不同波流组合对应的工况

项目	工况					
	6	7	8	9	10	11
流速/(m·s⁻¹)	0.25	0.25	0.25	0.31	0.31	0.31
波高/mm	80	102	128	80	102	128

在波、流的共同作用下,碰撞效果离散性较大,主要是由于加入波的作用后,碰撞时石蜡块所处的相位对其碰撞结果影响大。经过反复实验,选出条件相似的数据进行比较,对于不同流速、不同波高的工况组合,碰撞时立管顶端拉力最大正值见表 9-2,可以看出:随着波高增大、流速加快,立管顶端拉力变大,且均大于纯流下的结果。

表 9-2　不同流速、不同波高的工况组合下,碰撞时立管顶端拉力最大正值

项目	工况					
	6	7	8	9	10	11
顶端拉力/kN	0.298	0.352	0.870	0.314	0.788	0.966

和拉力对应的应变改变量见表 9-3,由表可知:应变片的应变改变量受波浪的影响较大,得到的结果没有明显的规律。在后续研究中也不再考虑这种工况的应变变化。

表 9-3　水深 40 cm、不同波流下碰撞时,应变片的应变改变量

应变片	工况					
	6	7	8	9	10	11
1	128.20	42.80	244.00	43.10	92.60	300.00
2	15.10	253.00	22.90	882.00	9.00	3.60
3	28.40	-6.80	24.20	1.06	10.80	-1.40
4	7.70	-31.10	2.40	7.90	13.81	8.20
5	-19.20	-3.20	33.60	-212.00	11.01	218.00
6	5.80	114.00	10.10	-11.40	448.00	1.82
7	-9.20	78.80	25.60	-8.50	-9.00	4.40
8	-2.20	14.80	31.00	8.00	4.70	3.50

（3）水深 50 cm、纯流下的碰撞（同第 8 章）。本节中，工况 3-1、3-2、3-3 分别对应 8.5.3 中工况 3、4、5，即流速分别为 0.15 m/s、0.21 m/s、0.26 m/s。

（4）水深 50 cm、波流下的碰撞（同第 8 章）。

6. 整冰-立管碰撞实验小结

通过对以上工况下的实验结果进行比较，可以得出如下结论。

（1）相同碰撞高度下，流速越大，立管顶端拉力越大。

（2）流速相近时，碰撞高度越大，立管顶端拉力越大。

（3）碰撞对立管周向有拉伸的作用，而对管轴向，除主要引起了压缩外，随着流速的增大，碰撞后的应变变化也增大。

（4）波、流共同作用时，顶端拉力比纯流作用时大，且随着波高增大而增大。

（5）波、流共同作用时，由于波、流相互作用的影响，应变改变量没有明显的规律，拉压荷载情况均有可能出现，容易出现疲劳破坏的问题。

（6）上述工况中，在下放石蜡块之前，在波流的作用下，立管顶端拉力均无明显变化，而在下放石蜡进行碰撞以后，顶端拉力发生大幅度的变化。因此，在实际操作中需要尽量避免冰块与立管碰撞事件的发生。

9.1.4　整冰-立管碰撞有限元分析

除了工作荷载外，立管还受到复杂环境因素的影响，如波浪、海流、海冰荷载、地震荷载以及海底部分与海底土壤之间复杂的相互作用。这些复杂环境因素的存在使得有限元成为不可或缺的分析手段。为了与实验结果进行对比，本节将通过 ABAQUS 有限元分析软件建立相应的有限元模型，形成合适的整冰-立管碰撞的有限元模拟分析方法。

ABAQUS 包括两个主要的分析模块：ABAQUS/Standard 和 ABAQUS/Explicit。ABAQUS/Standard 是一个通用分析模块，适用于对广泛的线性及非线性问题的分析，包括对静力、动力、热、电等问题的分析。ABAQUS/Explicit 是用于特殊分析的模块，采用显示动力有限元列式，尤其适用于对冲击、爆炸等短暂、瞬时事件的分析，此外，它还可以非常有效地处理由复杂的接触条件引起的高度非线性问题，如钢板锻造和冲击成形问题。整冰-立管碰撞是非常短的时间内在大碰撞力的作用下，立管结构的复杂非线性动态响应过程。因此，本节使用 ABAQUS/Explicit 显式分析模块进行整冰-立管碰撞模型的动力学分析。

1. 计算模型

（1）有限元模型的建立

在本节模拟中，采用与实验相同的钢带管模型。该模型一共包含三个部分，分别是立管、冰块以及弹簧固定块，如图 9-6 所示。其中，弹簧固定块用于模拟拉力计，以测量碰撞过程中立管顶端拉力。

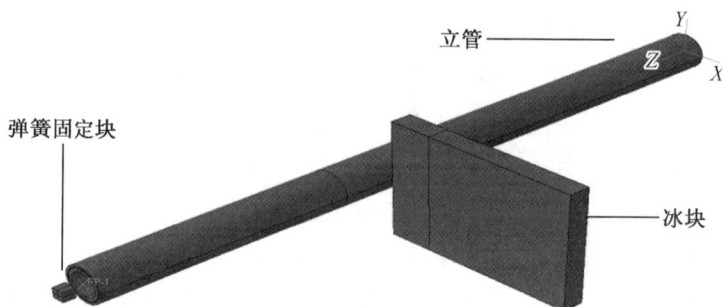

图 9-6　有限元模型

该模型中的内层钢带层与图 8-12 相同。为了保证计算的精确性以及提高计算效率，模型中的网格划分必须尽量规整。为了方便网格划分，先对钢带层模型的两端做了简单的切割，使切割后的中间段为矩形、两边为三角形。钢带层选取 S4R 单元；对于内、外层 HDPE 管，选用 C3D8I 单元；对于冰块，直接使用 C3D8R 单元进行结构划分。

为了获得良好的模拟结果，根据碰撞过程中立管的应力变化，在立管碰撞区域的上方和下方各取 100 mm 的长度细化网格，并在距离碰撞区域较远处适当增加网格尺寸以缩短模拟时间。此外，在冰碰撞区域附近也适当地进行网格细化。有限元模型网格划分图如图 9-7 所示。

（2）接触设置

碰撞模拟中最重要的是冰和立管之间的接触设置。一般接触算法或接触对算法可用于 ABAQUS/Explicit 中的接触模拟。一般说来，接触模拟中只需要指定接触算法和接触将发生的两个表面即可。在本节模型中，通过定义面-面接触类型来模拟冰块和立管之间的相互作用。发生碰撞的两个物体表面分别被定义为主面和从面，二者具有相对性。一般情况下，将碰撞物体的表面定义为主面，而将被撞物体的表面定义为从面。因此，立管的外 HDPE 表面和冰的冲击表面分别被定义为主接触面和从接触面。在 ABAQUS 操作分析中，计算是通过将每个时间步长下从面是否穿透主面作为评判依据来执行的。如果从面没有穿透主

面,那么操作分析执行;如果从面已经穿透主面,那么在主面的垂直方向上将产生接触力,计算将不再被执行,以此来阻止从面对主面的进一步穿透。所产生接触力的大小与单元特性及从面对主面的穿透量有关。与主控制表面(即立管的外 HDPE 表面)相比,冰碰撞点附近区域应该有一个更精细的分区可作为从属平面,以防止在实际模拟中发生穿透现象,并确保两个表面发生正常变形。

RP-1—参考点。

图 9-7　有限元模型网格划分图

(3)边界条件

为了更好地模拟实际钻井工况,这里的有限元模型尽可能地根据实际钻井工况条件建立。模型中,管道的一端即底端的边界条件为固支,六个方向的自由度完全固定,另一端在截面中心设置一参考点并命名为"RP-1",此端的六个方向的位移自由度均耦合在此参考点上以保证此端截面具有连续性及一定的刚性。前文所述的弹簧的一端也与 RP-1 相连,弹簧固定块的作用是限制弹簧的另一端的所有自由度,因此将其所有节点全部固定。通过弹簧反力即可得出在整冰与立管碰撞时,立管顶端拉力的变化情况。不同角度下的有限元模型的荷载和边界条件如图 9-8 所示。

2.计算参数

将钢带和 HDPE 均考虑为弹塑性材料,二者的拉伸力学性能实验的应力-应变曲线图和力学性能均由材料实验获得,在计算中使用其中的真应力-应变曲线。立管和冰块的其他相关几何参数均和整冰-立管碰撞模型实验相同,相关材料参数与表 8-4 相同。

(a)　　　　　　　　　　　　　　　　(b)

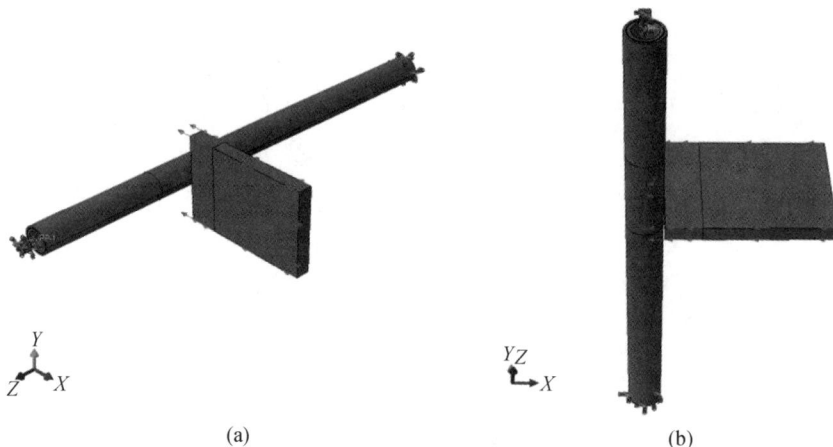

图9-8　不同角度下的有限元模型的荷载和边界条件

3. 计算工况

由于有限元模型无法模拟波浪荷载,因此在模拟中只针对纯流作用下的第一组工况和第三组工况进行分析,模拟 40 cm 水深下流速分别为 0.25 m/s 和 0.31 m/s 的两组工况,以及 50 cm 水深下流速分别为 0.15 m/s、0.21 m/s 、0.26 m/s 的三组工况,数值分析工况表见表9-4。

表9-4　数值分析工况表

工况	流速/(m·s⁻¹)	水深/cm
1-1	0.25	40
1-2	0.31	
3-1	0.15	50
3-2	0.21	
3-3	0.26	

4. 计算结果

(1)能量变化分析

可以通过查看能量平衡来评估 ABAQUS/Explicit 显式分析过程的正确性。模型的总体能量平衡可表示为

$$E_{I}+E_{V}+E_{FD}+E_{KE}-E_{W}=E_{total} \tag{9-1}$$

式中,E_I 是内能;E_V 是黏性耗散能;E_{FD} 是摩擦耗散能;E_{KE} 是动能;E_W 是外力所

做功;E_{total} 是总能，必须保持不变。

具体的能量变化分析详见 8.4.5。

（2）顶端拉力

表9-5 为五种工况下的顶端拉力。

表9-5 五种工况下的顶端拉力

工况	水深/cm	流速/(m·s⁻¹)	拉力/kN
1-1	40	0.25	0.160
1-2		0.31	0.250
3-1	50	0.15	0.205
3-2		0.21	0.385
3-3		0.26	0.572

注:拉力为最大值。

5.有限元数值模拟结果与实验结果的对比

将纯流作用下有限元数值模拟的立管顶端拉力最大值与实验结果进行对比,见表9-6。

表9-6 立管顶端拉力有限元数值模拟结果与实验结果的对比

项目	工况				
	1-1	1-2	3-1	3-2	3-3
有限元数值模拟/kN	0.177	0.230	0.192	0.366	0.62
实验/kN	0.160	0.250	0.205	0.385	0.572
相对误差/%	9.6	8.7	6.8	5.2	4.5

由表9-6可以看出:五种工况下,有限元数值模拟与实验的立管顶端拉力最大值的相对误差均在10%以内,说明了有限元模型的正确性。

9.1.5 整冰-立管碰撞敏感性分析

通过上述实验与有限元数值模拟的结果对比发现参数相对误差在10%以内,这充分证明了有限元模型的正确性。为了进一步分析在碰撞过程中不同参

数对碰撞结果的影响,下面利用 ABAQUS 软件,对影响碰撞过程中立管力学性能的几个参数进行敏感性分析。敏感性分析中选取的立管的材料参数和几何尺寸与前述有限元模型中使用的一样,分析的影响参数包括冰速、冰厚、水深,当改变某一参数时,其他参数和原模型完全一致。

1.冰速的影响

在极地区域的实际钻井作业过程中,冰速是影响海冰作用下立管力学响应的一个重要因素。本部分在研究冰速对碰撞过程中立管力学响应的影响时,选取水深为 50 cm、冰厚为 35 mm,并在计算过程中保持此两参数不变的情况下改变冰速,进行不同冰速下的碰撞分析。本部分选取了冰速分别为 0.15 m/s、0.21 m/s、0.26 m/s 的三组工况进行分析,并对不同工况下的立管变形、顶端拉力、应力进行分析和讨论,结果如下:

(1)变形分析

首先进行定性分析。不同冰速下,每组工况的碰撞后变形(乘以 20 倍增大系数)图如图 9-9 所示。从变形图中可以直观看出:同一水深条件下,碰撞速度越快,立管变形越大。

(a)0.15 m/s　　　　　(b)0.21 m/s　　　　　(c)0.26 m/s

图 9-9　不同冰速下的立管变形图

其次进行定量分析。不同冰速下的立管顶端位移时程曲线如图 9-10 所示,从图中可以看出:随着冰速的增加,立管的顶端位移也增加,且从立管顶端最大位移图(图 9-11)中可以发现,顶端最大位移与冰速呈线性关系。在发生碰撞初期,立管变形急剧增大,三种工况下,立管均在 0.042 s 左右达到最大变形,随后回复;在 0.095 s 左右,顶端位移减小为零,说明立管回复至原位置,标志着碰撞过程基本完成;随后,顶端位移变为负值,说明立管在回复至原位置后,继续向反

方向摆动。

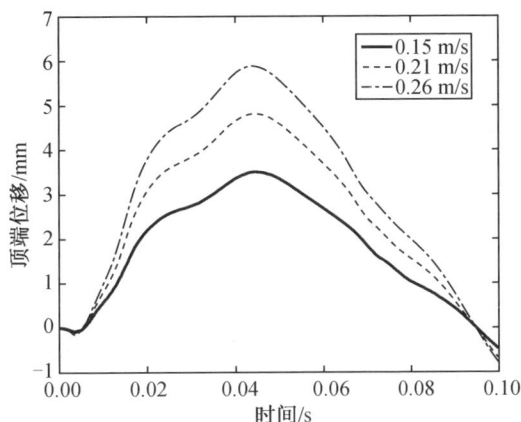

图 9-10 不同冰速下的立管顶端位移时程曲线

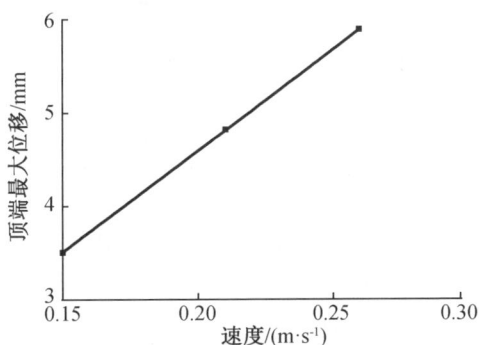

图 9-11 不同冰速下的立管顶端最大位移图

（2）顶端拉力分析

图 9-12 为 50 cm 水深情况下,不同冰速对应的立管顶端拉力时程曲线,从图中可以看出,随着冰速的增加,立管的顶端拉力也增加,且从立管顶端最大拉力图(图 9-13)中可以发现,最大拉力与冰速近乎呈线性关系。从图 9-12 中可以看出:在相同的冰速下,0.000~0.042 s 中,拉力急剧增大,在 0.042 s 左右达到拉力最大值,此后拉力开始减小,在 0.095 s 左右减小至零,这标志着整个碰撞过程基本完成。这与变形分析所得的变化趋势一致。

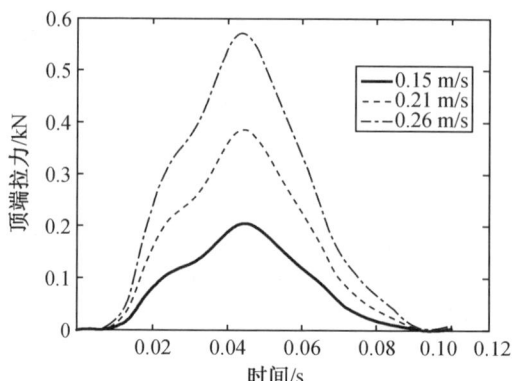

图 9-12 不同冰速对应的顶端拉力时程曲线

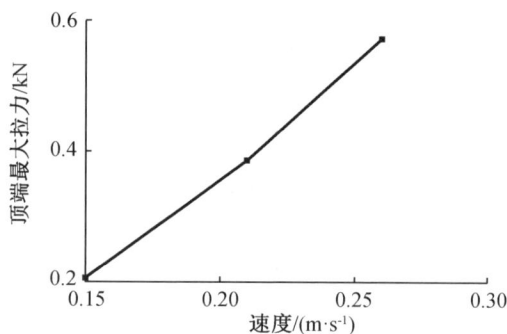

图 9-13 不同冰速下的顶端最大拉力图

（3）应力分析

不同冰速下,碰撞一侧的外层 HDPE 的应力云图如图 9-14 所示,从图中可以看出:随着冰速的增加,应力的响应向两边扩散的区域也扩大;由于立管底部约束为全约束,所以应力向底部一侧扩散较为充分。为了进一步探究立管长度方向上的应力分布规律,将三种冰速下的应力沿立管长度方向按路径画出,如图 9-15 所示,可以看出:最大应力发生点在碰撞区域稍微偏向底部一段距离上,沿立管两侧应力逐渐变小,初步分析是因为立管两端约束条件不同,底部约束较强,导致应力最大值向下偏移。从不同冰速下立管外层 HDPE 的最大应力图(图 9-16)中可以看出,最大应力与冰速大致呈线性关系。

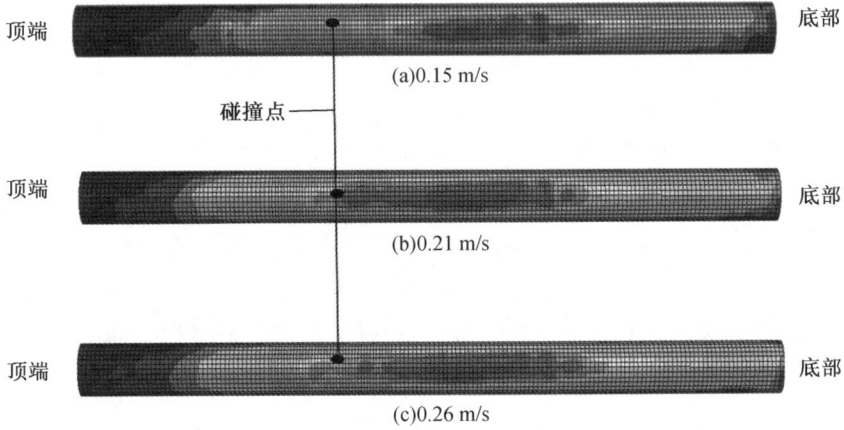

图 9-14　不同冰速下,碰撞一侧外层 HDPE 的应力云图

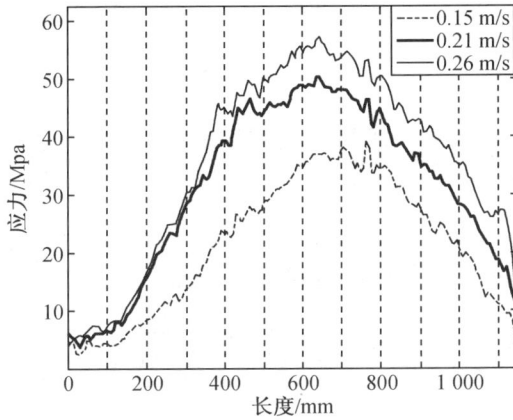

图 9-15　不同冰速下立管长度方向上的应力

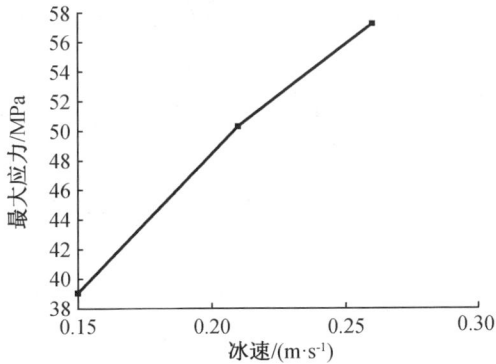

图 9-16　不同冰速下立管外层 HDPE 的最大应力图

不同冰速下,碰撞一侧的内层 HDPE 的应力云图如图 9-17 所示,应力变化规律与外层 HDPE 相似。通过与外层 HDPE 的应力云图对比可以发现:内层 HDPE 的应力云图分布较为分散,且传递范围也较外层 HDPE 小,这说明在碰撞过程中,内层 HDPE 的响应小于外层 HDPE,不易发生破坏。

进一步对中间钢带层进行分析:观察整体应力云图,发现三种工况下的应力最大点均在内层钢带上,说明在碰撞过程中内层钢带最容易发生破坏,应在设计时注意。三种冰速下的最大应力所在钢带层的应力云图如图 9-18 所示,从图中可以看出,当冰速为 0.15 m/s 时,应力最不利位置在碰撞区域处;随着冰速增大,当冰速为 0.21 m/s 时,应力最不利位置从碰撞区域下移到接近立管底部的区域;随着冰速进一步增大到 0.26 m/s,应力最不利位置继续下移,进一步接近底部。这说明当冰速较小时,碰撞区域容易发生局部破坏;当冰速较大时,立管底部可能会发生破坏。不同冰速下的钢带最大应力如图 9-19 所示,可以看出钢带最大应力与冰速也大致呈线性关系。

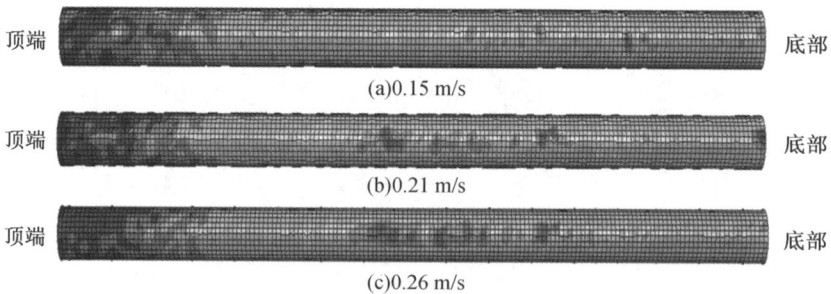

图 9-17 不同冰速下,碰撞一侧的内层 HDPE 的应力云图

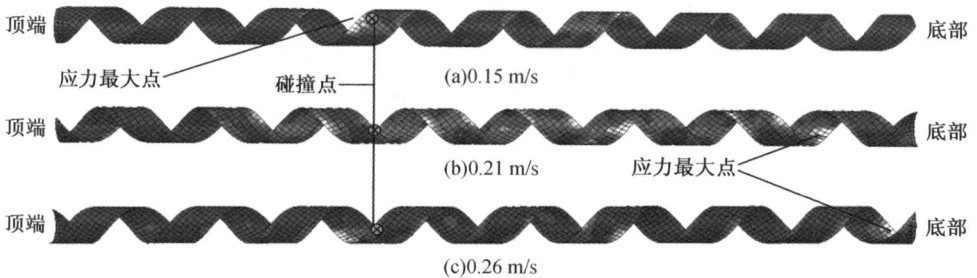

图 9-18 不同冰速下的最大应力所在钢带层的应力云图

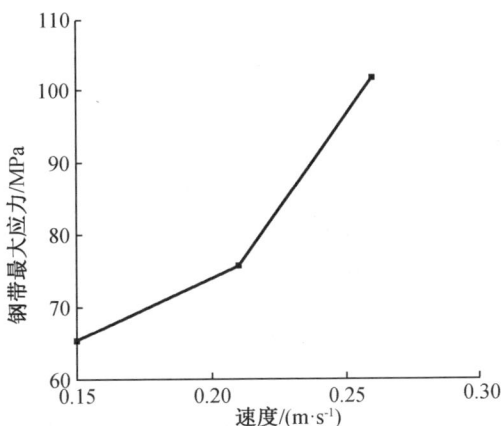

图 9-19　不同冰速下的钢带最大应力

2. 冰厚的影响

为研究冰与立管碰撞过程中冰厚对立管力学响应的影响,选取水深为 50 cm、冰速为 0.15 m/s,并在计算过程中保持此两参数不变的情况下改变冰厚,进行不同冰厚下的碰撞分析。本部分选取了冰厚分别为 35 mm、50 mm、65 mm、80 mm 的四组工况进行分析,探究冰厚与冰荷载大小的关系,并对不同工况下的立管变形、顶端拉力、应力进行了分析和讨论,结果如下:

(1) 变形分析

不同冰厚下的立管顶端位移时程曲线如图 9-20 所示,上升段的位移变化规律与冰速影响下的变化规律相同,而下降段的位移变化规律却有所变化,从图中可以看出:随着冰厚的增加,在位移图形的下降段出现了另外一个位移波峰,且随着冰厚的增加而越发明显,说明在立管回复至原位置的过程中,与浮冰发生了二次碰撞,由此可以推断出在研究冰速的影响时应该也存在此现象,不过因为二次碰撞的效应较小,在位移变化图形上不太明显。从不同冰厚下的立管顶端最大位移图(图 9-21)中可以看出,立管顶端最大位移与冰厚大致呈线性关系。

(2) 顶端拉力分析

不同冰厚下的立管顶端拉力时程曲线如图 9-22 所示,上升段的位移变化规律与冰速影响下的变化规律相同,而在下降段可以印证立管在回复至原位置的过程中与浮冰发生了二次碰撞。从不同冰厚下的立管顶端最大拉力图(图 9-23)中可以看出,立管顶端最大拉力与冰厚大致呈线性关系。

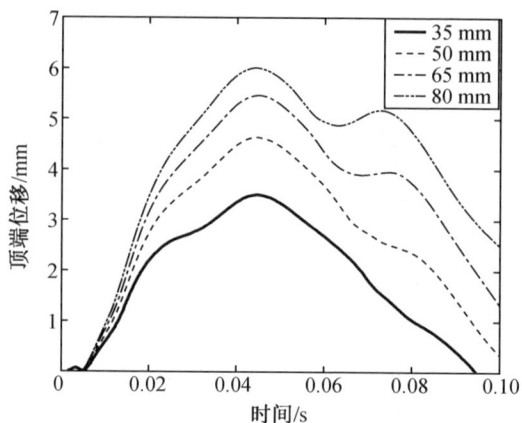

图 9-20　不同冰厚下的立管顶端位移时程曲线

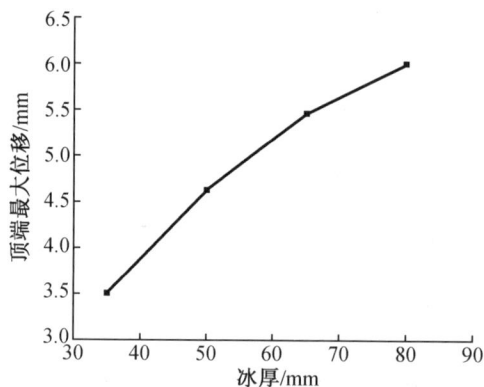

图 9-21　不同冰厚下的立管顶端最大位移图

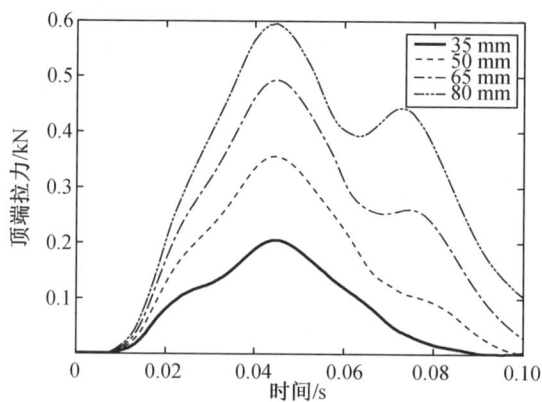

图 9-22　不同冰厚下的立管顶端拉力时程曲线

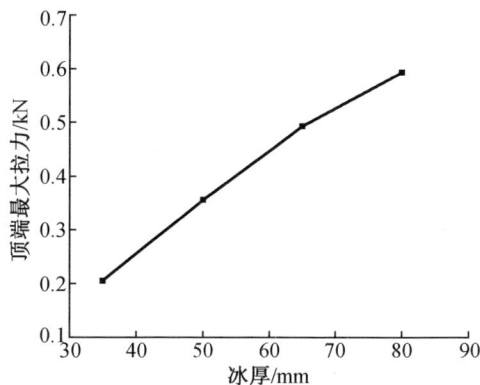

图 9-23　不同冰厚下的立管顶端最大拉力图

（3）应力分析

不同冰厚下的内、外层 HDPE 和最大应力所在钢带层的应力云图分别如图 9-24~图 9-26 所示,从图中可以看出:不同冰厚下的立管应力变化规律与不同冰速下的变化规律相同,即冰厚较小时,内、外层 HDPE 最大应力点发生在浮冰碰撞区域不远处;随着冰厚的不断增加,应力最不利位置逐渐下移,接近立管底部。整个立管系统最大应力发生在钢带层内,最不利位置随着冰厚的增加而逐渐下移,接近底部。这说明当冰厚较小时,碰撞区域容易发生局部破坏;当冰厚较大时,立管底部可能会发生破坏。不同冰厚下的钢带最大应力如图 9-27 所示,可以看出钢带最大应力与冰厚也大致呈线性关系。

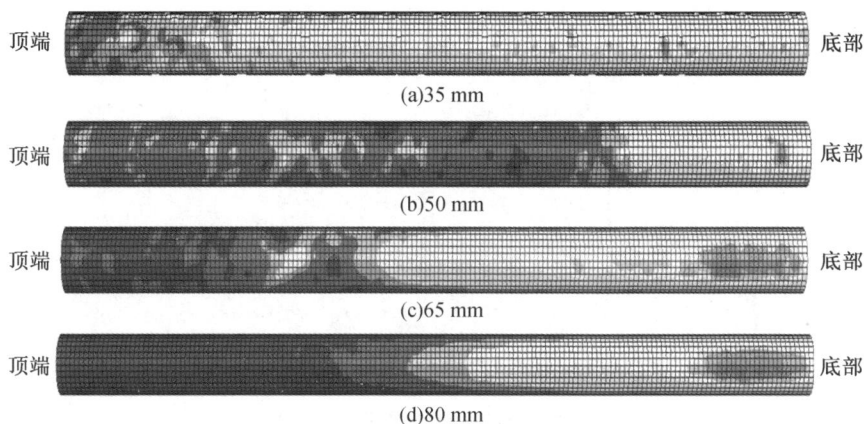

(a)35 mm

(b)50 mm

(c)65 mm

(d)80 mm

图 9-24　不同冰厚下的内层 HDPE 应力云图

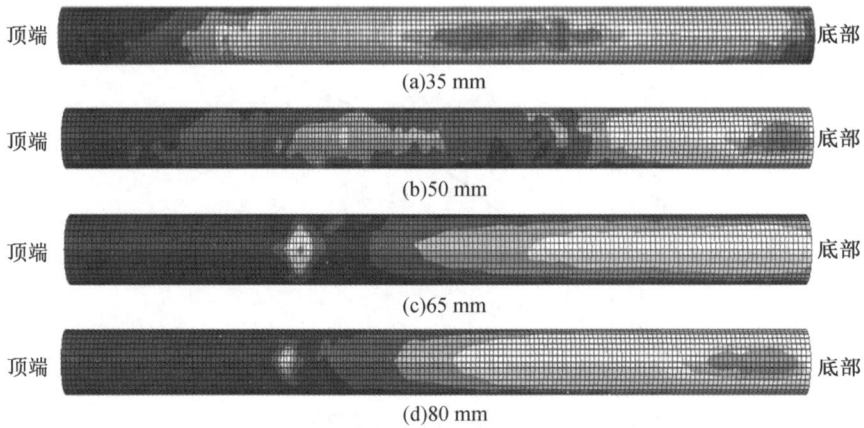

图 9-25　不同冰厚下的外层 HDPE 的应力云图

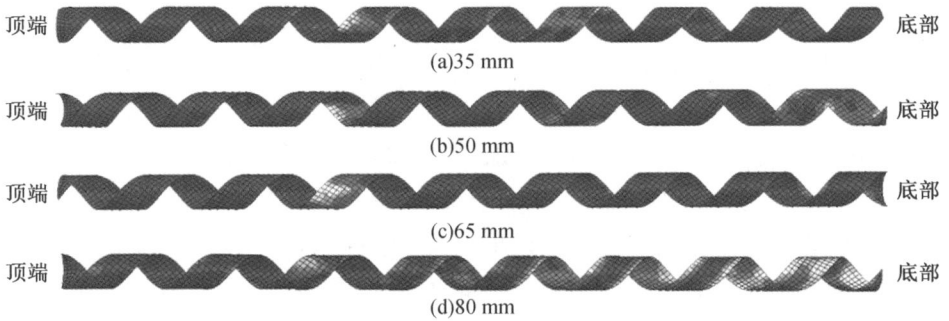

图 9-26　不同冰厚下的最大应力所在钢带层的应力云图

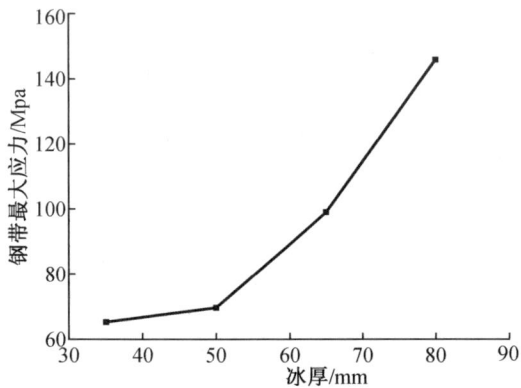

图 9-27　不同冰厚下的钢带最大应力

3. 水深的影响

本部分取冰速为 0.15 m/s、冰厚为 35 mm,并在计算过程中保持此两参数不

变的情况下改变水深,进行不同水深下的碰撞分析,以探究碰撞位置对立管响应的影响。本部分选取了水深分别为 30 cm、40 cm、50 cm、60 cm 的四组工况进行分析,对不同工况下的立管变形、顶端拉力、应力进行了分析和讨论,结果如下:

(1)变形分析

每组的碰撞后变形(乘以 20 倍增大系数)如图 9-28 所示。从变形图中可以看出:同一冰厚和冰速条件下,随着水深的加深,立管变形并无明显变化。从不同水深下的立管顶端位移时程曲线(图 9-29)以及不同水深下的立管顶端最大位移图(图 9-30)中也可以看出:随着水深的加深,立管顶端最大位移稍有增加,但变化并不明显。

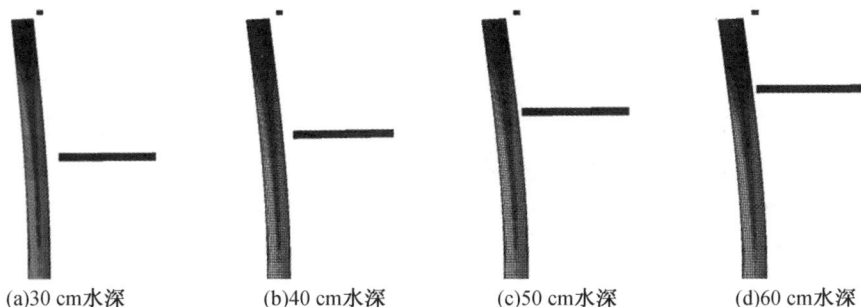

(a)30 cm水深　　(b)40 cm水深　　(c)50 cm水深　　(d)60 cm水深

图 9-28　不同水深下的立管变形图

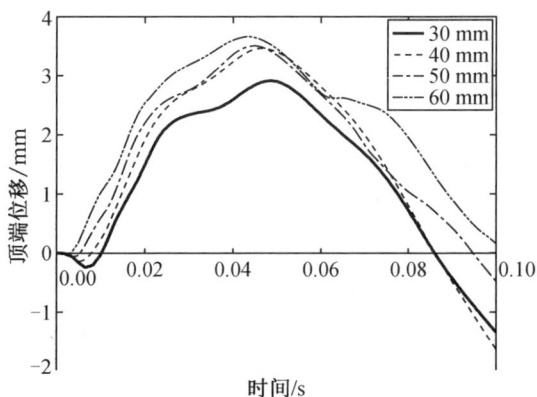

图 9-29　不同水深下的立管顶端位移时程曲线

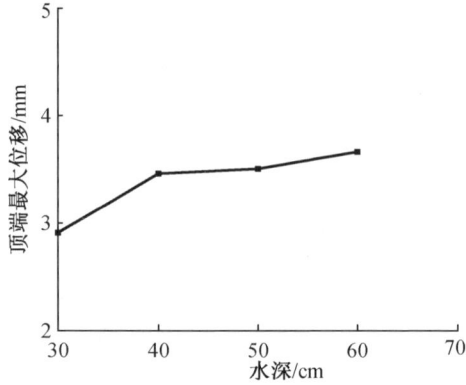

图 9-30　不同水深下的立管顶端最大位移图

（2）顶端拉力分析

不同水深下的立管顶端拉力时程曲线以及不同水深下的立管顶端最大拉力图分别如图 9-31、图 9-32 所示，规律与变形分析相似。随着水深的加深，立管顶端最大拉力稍有增加，但变化并不明显。此外，由图 9-31 可知，在水深较小时，拉力较快减小为零，随后继续增加，说明在碰撞位置越低时，立管变形后回复至原位置所需时间越短。

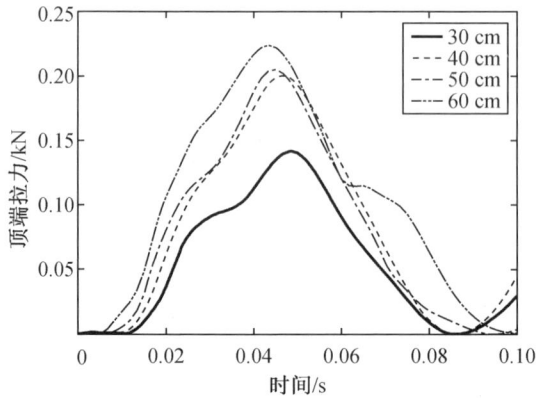

图 9-31　不同水深下的立管顶端拉力时程曲线

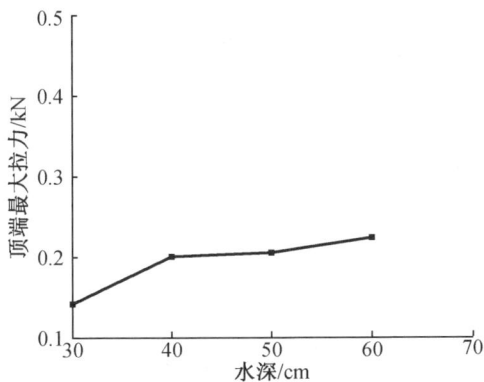

图 9-32　不同水深下顶端最大拉力

（3）应力分析

不同水深下的内、外层 HDPE 和最大应力所在钢带层的应力云图如图 9-33~图 9-35 所示，可以看出：不同水深下的最大应力发生区域不同，水深较小时，内、外层 HDPE 及钢带最大应力区域在接近底部的区域，而随着水深的加深，最大应力区域则在碰撞区域附近，这说明不同水深下的碰撞发生时，立管外层 HDPE 的破坏模式不同。水深较小时，立管底部易发生破坏；水深较大时，碰撞区域易发生局部破坏。

从图 9-36 中可以看出：随着水深的变化，钢带最大应力并无明显变化，因此水深并不影响钢带最大应力的改变。

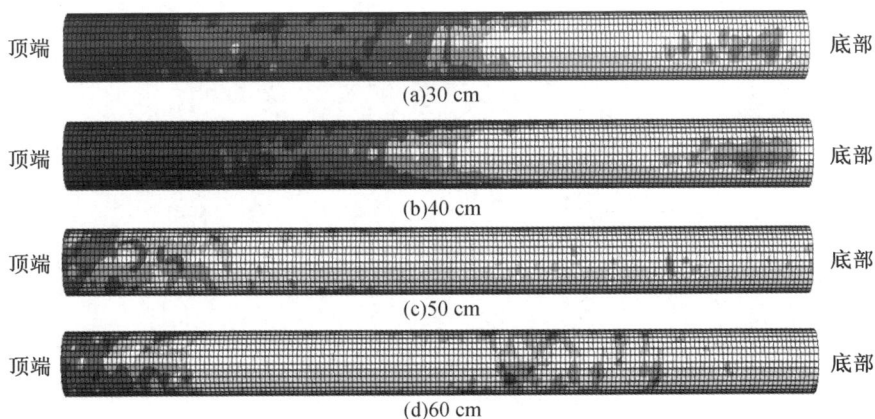

顶端　(a)30 cm　底部

顶端　(b)40 cm　底部

顶端　(c)50 cm　底部

顶端　(d)60 cm　底部

图 9-33　不同水深下的内层 HDPE 的应力云图

顶端 — (a)30 mm — 底部

顶端 — (b)40 mm — 底部

顶端 — (c)50 mm — 底部

顶端 — (d)60 mm — 底部

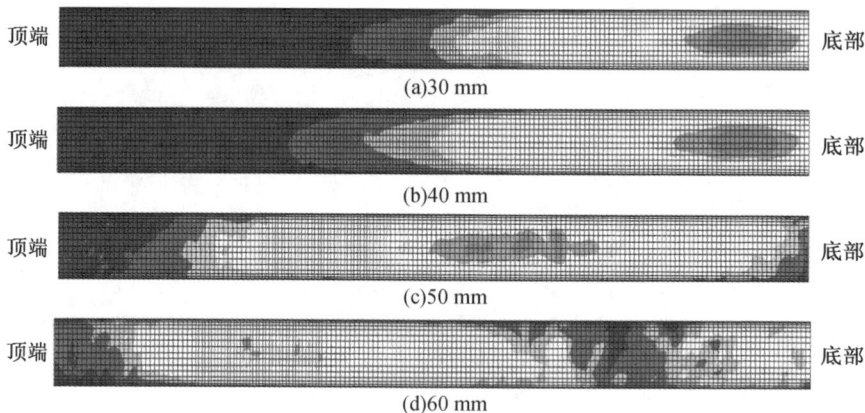

图 9-34　不同水深下的外层 HDPE 的应力云图

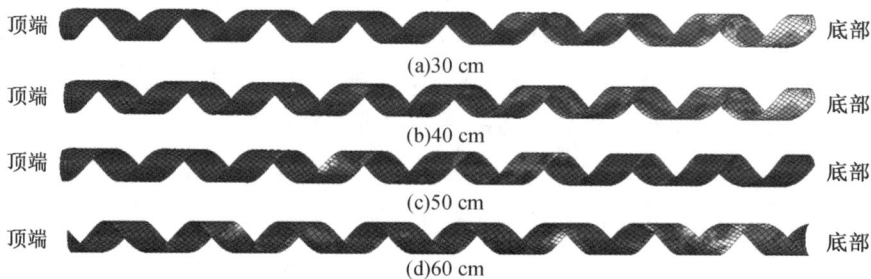

顶端 — (a)30 cm — 底部

顶端 — (b)40 cm — 底部

顶端 — (c)50 cm — 底部

顶端 — (d)60 cm — 底部

图 9-35　不同水深下的最大应力所在钢带层的应力云图

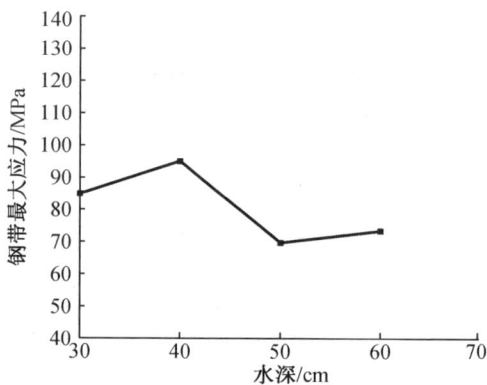

图 9-36　不同水深下的钢带最大应力

188

9.1.6　本节小结

本节主要进行了单块浮冰作用下立管的力学性能研究,进行了材料实验以及整冰-立管碰撞实验探究,通过有限元数值模拟与实验相互验证,结果拟合较好,并通过有限元模型进行了碰撞过程中的冰速、冰厚、水深的敏感性分析,主要得出以下结论:

(1)实验现象表明:浮冰碰撞效应远强于波流的效应,在立管响应中占据主要作用,因此在实际设计中需要尽量避免冰块与立管的碰撞。此外,在实验中发现波流共同作用时,由于波流相互作用的影响,拉压荷载情况均有可能出现,应防止出现疲劳破坏问题。

(2)实验结果与有限元数值模拟结果的相对误差在 10% 以内,证明了有限元模型的正确性及实验设计的合理性。通过有限元模型中能量分析,发现碰撞构成中总能基本保持不变,证明了分析过程的正确性,且发现整个碰撞过程非常短暂,在 0.1 s 左右即可完成响应的传递,0.000~0.042 s 内,系统能量变化最大,碰撞最强烈,需要重点关注。

(3)其他条件不变时,随着冰速的增加,立管顶端位移、顶端拉力以及立管最大应力基本呈线性增加。碰撞过程中,最大应力发生在钢带层。应力最不利位置随着冰速的增加而逐渐下移,接近立管底部。这说明:当冰速较小时,碰撞区域容易发生局部破坏;当冰速较大时,立管底部可能会发生破坏。

(4)其他条件不变时,随着冰厚的增加,立管顶端位移、顶端拉力以及立管最大应力基本呈线性增加,整个立管系统最大应力发生在钢带层内。应力最不利位置随着冰厚的增加而逐渐下移,接近底部。这说明:当冰厚较小时,碰撞区域容易发生局部破坏;当冰厚较大时,立管底部可能会发生破坏。

(5)水深对立管响应的大小无明显影响,主要影响立管碰撞过程中的破坏模式。水深较小时,立管底部易发生破坏;水深较大时,碰撞区域易发生局部破坏。

9.2 碎冰作用下的立管力学性能研究

9.2.1 碎冰作用下的立管力学性能研究概述

前文针对整冰碰撞下立管的力学响应进行了相关的有限元数值模拟分析和实验分析,初步分析了整冰碰撞下立管的力学响应规律,然而钻井立管在冰区作业时,除了会遇到整冰外,碎冰区的浮冰也是立管遇到的一种主要类型的冰。海冰与立管系统的相互作用是一个极为复杂的动力过程,碰撞响应一方面取决于海冰的强度、类型、速度、尺寸等海冰参数,另一方面也与立管的外形、尺寸、刚度等参数密切相关,在碎冰与建筑物结构碰撞过程中,要考虑海冰的形状、大小和密集度。

目前,研究人员大多采用有限元法来分析海冰与海洋建筑物结构之间的碰撞过程,正如分析单块浮冰与立管碰撞时所采用的方法一样,它可以处理复杂的边界条件和力学模型。但是采用有限元方法对海冰细观结构和破碎过程进行描述还存在一定的困难。近年来,随着离散元分析方法的发展与完善,该方法得到了越来越多领域的研究人员的青睐,同时在冰荷载研究领域也得到了一定的应用和发展,基于离散元方法建模分析冰与海洋建筑物结构之间的相互作用的方法也愈加成熟。离散元分析方法能够较为准确地得出海冰的破碎过程,因此在研究建筑物结构(立管)对碎冰的碰撞响应时具有独特的优势。

为了更加合理和准确地模拟碎冰与立管的碰撞过程,本节将采用离散元分析方法为碎冰与立管之间的碰撞建立离散云模型,在分析中提取碰撞过程中的冰荷载时程图,并研究碰撞过程中最大冰力和平均冰力在不同参数工况下的变化规律。分析中所提取的最大冰力可以作为冲击荷载输入到有限元模型中,用于研究立管在破碎冰荷载作用下的局部破坏问题,研究方法与前文相同,只需将离散元中所获取的最大冰荷载代替前文中的整块浮冰作用在立管上即可。钻井平台在极地区域进行钻井作业时,冰荷载是立管所承受外在环境荷载中的主要荷载,因此在分析中所提取的平均荷载可以作为碎冰持续碰撞过程中的整体作用效果的体现,用于对立管的整体分析。持续撞击的效果既决定了钻井平台在

极地冰区钻井作业时其立管系统的漂移水平,也决定了要进行快速解脱的时间。

9.2.2 碎冰-立管碰撞离散元分析

1.离散元法介绍

离散元法是一种研究非连续介质问题的数值模拟方法,由 Cundall 于 1979 年提出。离散元法的一个最基本的假设就是把不连续体看成具有一定形状与质量的刚性颗粒单元的集合,其中,每一个颗粒单元都满足运动方程。

离散元法是一种显示求解的数值模拟方法。该方法与在时域中进行的其他显式计算如与解抛物线型偏微分方程的显式差分格式相似。应用离散元法时也像有限元法那样,将区域划分成单元。但是单元因受节理等不连续面控制,在以后的运动过程中,单元节点可以分离,即一个单元与其邻近单元既可以接触,也可以分开。该方法是继有限元法、计算流体力学(CFD)之后,用于分析物质系统动力学问题的又一种强有力的数值计算方法。离散元法通过建立固体颗粒体系的参数化模型,进行颗粒行为的模拟和分析,为解决众多涉及颗粒、结构、流体与电磁及其耦合等的综合问题提供了一个平台,已成为过程分析、设计优化和产品研发中的一种强有力的工具。目前,离散元法在工业领域的应用逐渐成熟,并已从散体力学的研究、岩土工程和地质工程等工程应用领域拓展至工业过程与工业产品的设计与研发的领域,取得了许多重要成果。离散元法计算流程图如图 9-37 所示。

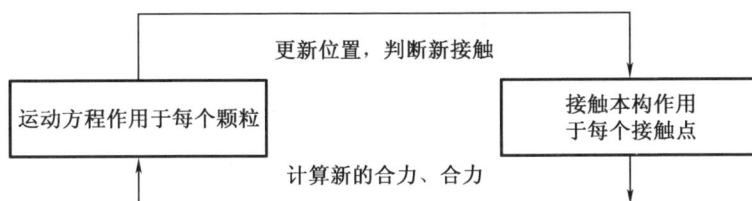

图 9-37 离散元法计算流程图

一般来说,离散元法的整个模拟过程由三部分组成:初始输入阶段、时步求解阶段与后处理阶段。在时步求解阶段中,通常需要先利用分类算法,减少可能的接触对的数量,以减少后续的计算量。

在模拟过程中,需要宏观考虑的力有:

(1)两粒子相互接触时产生的摩擦力。

（2）两粒子相互撞击时产生的接触塑形力或弹力。

（3）由粒子的自身质量产生的重力。

（4）各个种类的吸引力，如内聚力、附着力、液桥力、电子力等。

在模拟过程中，需要微观考虑的力有：

（1）库仑力。

（2）泡利排斥力。

（3）范德瓦耳斯力。

2.IceDEM 软件介绍

由于碎冰域的随机性较大，采用的海冰与海洋建筑物结构耦合作用的离散元高性能计算分析软件——IceDEM，利用离散元法计算冰与细长杆结构的动态响应。采用离散元与有限元结合的理论方法，对平台立管系统在破碎冰荷载作用下的水动力特性进行分析计算：首先，运用 IceDEM 软件通过离散元法得到碎冰与立管碰撞时的冰荷载；其次，将得到的最大冰荷载以集中力的方式施加在 ABAQUS 有限元软件中所建立的立管装备的简化模型上，正如前一节所采取的分析方式，从而可以间接得到立管在碎冰持续性撞击下的动力学响应，这与以往直接在有限元中模拟冰荷载的方法相比更加精确可靠，在分析精度上有所突破。

IceDEM 软件是用来模拟海冰与海洋建筑物结构的动态相互作用的离散元软件。通过模拟海冰的连续作用，将一组球状粒子用接触力模型与平行键结模型结合起来，由此每组粒子都可以看成一个具有自主性的物体。

（1）IceDEM 的组成

IceDEM 由三个部分组成：预处理器、图形处理器（GPU）运算程序和后处理器。预处理器能够建立海冰模型与海上作业物的模型。通过设置相应参数，模拟实际海域内冰与作业物的物理特性。参数设定完成后的模型能够显示在操作界面中，同时对应的模型数据将储存到处理器并传送到 GPU 运算程序中。利用代码程序得到运算结果后，将对应的数据传送到后处理器中。后处理器将得到的结果可视化。IceDEM 三个组成部分之间的关系及计算流程如图 9-38 所示。

（2）海冰仿真模块

IceDEM 软件能通过调整组合模式模拟出平整冰模型、海上浮冰模型、刚性冰模型。海冰的特性可以在海冰仿真模块中设置。本节主要运用浮冰模型进行仿真。

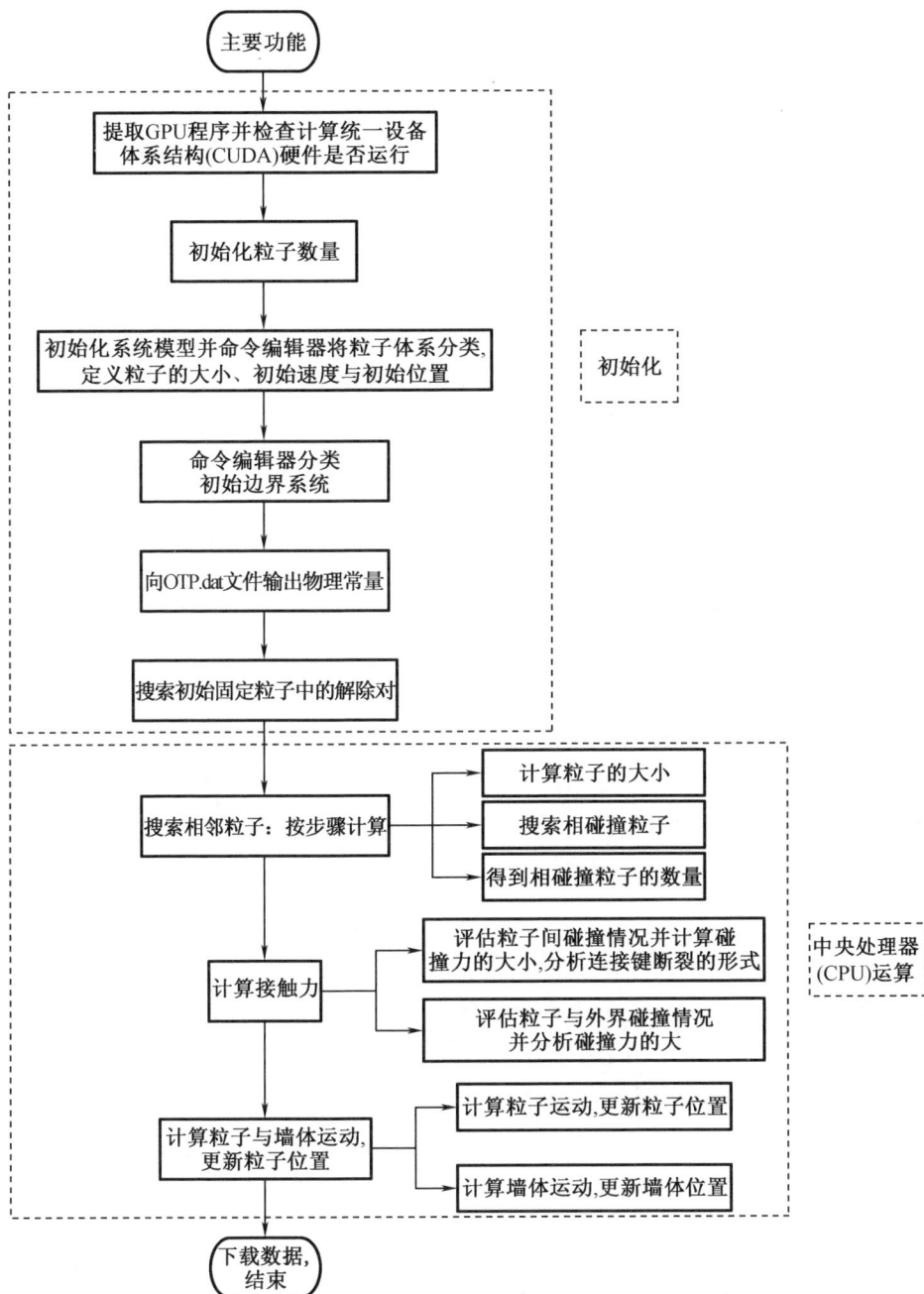

图 9-38　IceDEM 三个组成部分之间的关系及计算流程

浮冰模型能够实现随机形状的海冰与海上建筑物结构之间碰撞的仿真。模

拟出的浮冰是具有凸面的多边形,其形状的确定方法为:首先在预处理中,将初始点随机分布在冰域中,点的数量由浮冰所在水域总面积与浮冰面积之比决定。相邻的三个点构成一个三角形,相邻的三角形的公共边的垂直平分线的交点与周围其他点组成一个不规则区,最终决定浮冰模型的形状。这种方法叫作泰森多边形法,是一种基于离散分布的算法将全平面分成几个区域的方法。在建立浮冰模型时,软件会自动考虑离散元受到的由浮力、海流造成的拉力与多余的重力的影响。通过设定作用在冰排上水平方向的恒力来模拟平面作用力,同时通过设定在上下两面边界的弹力来限制冰排在垂直方向上的运动。对于冰排浸在海水中的部分,通过施加一个拉力来模拟冰排受水流冲击的移动。海冰所处的深度由海水与海冰的密度决定。输入参数如下:

①Length:冰排的长度,m。

②Width:整个冰域的宽度,m。

③Thickness:冰排的厚度,m。

④Num. of Layers:海冰粒子排列的层数。

⑤Ice concentration:冰域中的覆冰量,%。

⑥Average Size:浮冰的平均面积,m^2。

3. IceDEM 中离散元法的使用

在使用离散元法模拟实物时,需要根据实物的物理特性调整模型的性质。通过建立模型,给所有空间内的粒子一个方向,并附加一个初始速度。通过电脑分析初始化数据,结合相关物理定律与力学模型,计算出施加在每一个粒子上的作用力。

由图 9-39 可以看到,冰层表面分散成了一组结合在一起的球状粒子。IceDEM 软件自动调整了接触力模型来模拟粒子之间的相互作用,并通过定义结合力的大小来得出模型中内聚力的大小。

在 IceDEM 中,通过建立的黏弹体接触模型,得到海冰粒子之间相互作用力的大小。如图 9-40 所示,M_A 与 M_B 分别代表冰粒子 A 与冰粒子 B 的质量;K_n 与 K_s 分别代表法向刚度与切向刚度;C_n 与 C_s 分别代表法向阻尼系数与切向阻尼系数;μ 代表摩擦阻尼系数。

模型中,法向力 F_n 由塑性力 F_e 与黏性力 F_v 组成,其大小为

$$F_n = F_e + F_v \tag{9-2}$$

图 9-39　IceDEM 模型中的冰层

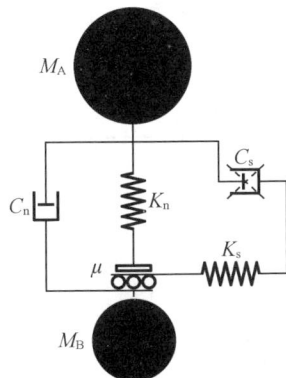

图 9-40　颗粒相互撞击的接触力模型

在这里,塑性力与黏性力的大小如式(9-3)所示。式中,x_n 与 v_n 分别代表粒子间的相对法向位移量与相对法向位移速度。

$$\left. \begin{aligned} F_e &= K_n x_n \\ F_v &= -C_n v_n \end{aligned} \right\} \tag{9-3}$$

C_n 的计算公式如式(9-4)所示。式中,ζ_n 为无因次法向阻尼系数;e 为恢复系数;M 为两粒子的平均质量。

$$C_n = \zeta_n \sqrt{2MK_n} \tag{9-4}$$

$$\zeta_n = \frac{-\ln e}{\sqrt{\pi^2 + \ln^2 e}} \tag{9-5}$$

4. 离散元分析模型及相关参数

本部分采用离散元法计算冰与细长杆结构物的动态响应,模型主要包含冰模型、结构物模型及水模型,考虑冰的形状、强度和速度以及结构物的外形、刚度等,将海冰离散为粘接在一起的球形颗粒,采用 Voronoi 细分算法(即泰森多边形法)来产生形状和尺寸随机的不规则多面体,并采用 Minkowski 集合理论产生扩展多面体单元,用来准确描述随机形状颗粒的几何形态并计算颗粒间的碰撞荷载。将立管结构视为有一定质量和阻尼的圆柱形刚性体,对其进行在碎冰碰撞下的动态接触与碰撞分析。在碰撞过程中,浮冰会产生挤压、拉伸等不同的失效模式,进而产生随机冰荷载,同时浮冰在碎冰区有覆盖和富集的分布特性,这些特性与海冰的温度、厚度及密度均有关。立管基本参数见表 9-7。

为模拟极地海洋环境,本部分设定了相对应的冰环境参数(表 9-8)。取水深为 12 m,模型示意图如图 9-41 所示。

表 9-7　立管基本参数

长度/m	直径/mm	厚度/mm
20	550	25.4

表 9-8　冰环境参数

项目	数值	项目	数值
水密度/(kg·m^{-3})	1 030	冰密度/(kg·m^{-3})	920
浮冰的平均面积/m^2	0.5	冰厚/m	0.2
碎冰域长度/m	10	碎冰域宽度/m	5.5
初始冰集度/%	80	冰弹性模量/GPa	1
压缩强度/MPa	1.5	弯曲强度/MPa	0.75
碎冰摩擦系数	0.5	流速/(m·s^{-1})	0.1
法向拖延系数	0.6	附加质量系数	0.0

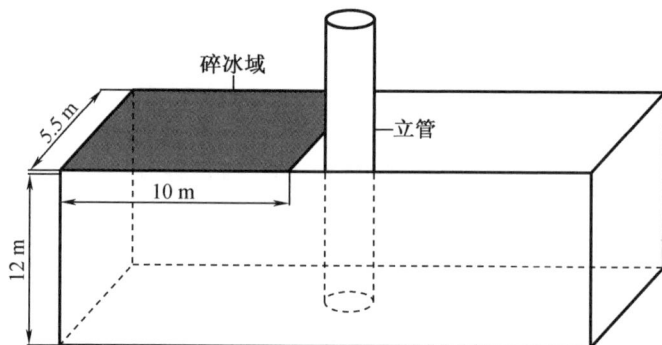

图 9-41　模型示意图

5.离散元法分析结果

根据碎冰域长度和流速大小,设置整个计算时长为100 s,以保证在整个计算过程中,碎冰域能够完整地穿越立管并发生碰撞,破碎冰在水流的作用下与立管于不同时刻下的碰撞模型如图9-42所示。

在输出文件中,找到 O_ForceWallLegs 的 DAT 文件。通过其中的数据,就可以得到0~100 s之间,立管在 X、Y、Z 三个方向(碎冰域长度方向为 X 方向,碎冰域宽度方向为 Y 方向,立管长度方向为 Z 方向)上所受到的冰荷载大小。

(a)*t*=0 s　　　　　　　　　　　　(b)*t*=33.3 s

(c)*t*=66.7 s　　　　　　　　　　　(d)*t*=100 s

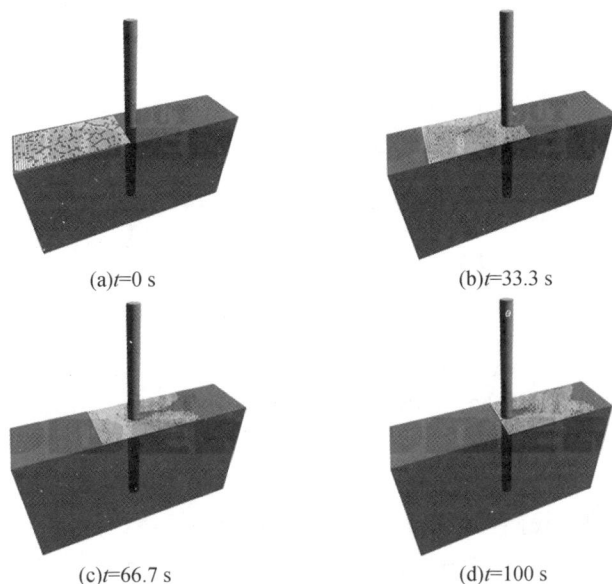

图 9-42　破碎冰在水流的作用下与立管于不同时刻下的碰撞模型

碰撞过程中,三个方向的冰荷载响应时程图如图 9-43 所示,从图中可以看出:X 方向上的冰荷载只存在于正方向,最大值为 997 N,而 Y、Z 方向上的冰荷载在正负两个方向上均存在且接近对称分布,其均值均在 0 附近;还可以得到 Y、Z 两个方向上的冰荷载的大小接近且均远小于 X 方向上的冰荷载。因此可以初步得出立管在 X 方向上容易出现强度破坏问题,在 Y、Z 方向上容易出现疲劳破坏问题。

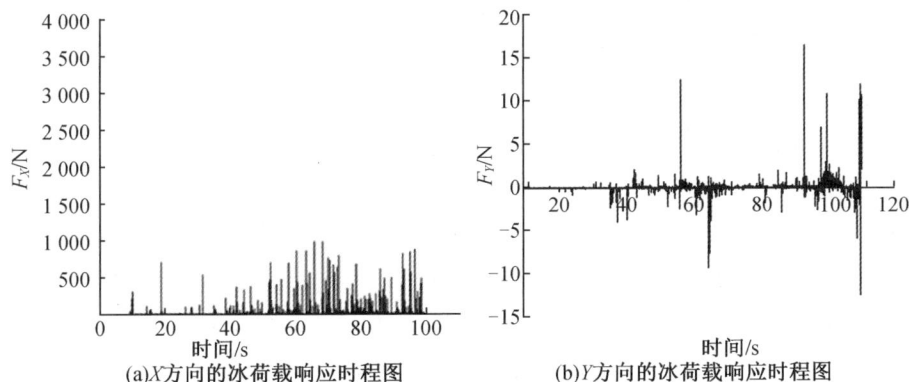

(a)X方向的冰荷载响应时程图　　　　(b)Y方向的冰荷载响应时程图

图 9-43　三个方向的冰荷载响应时程图

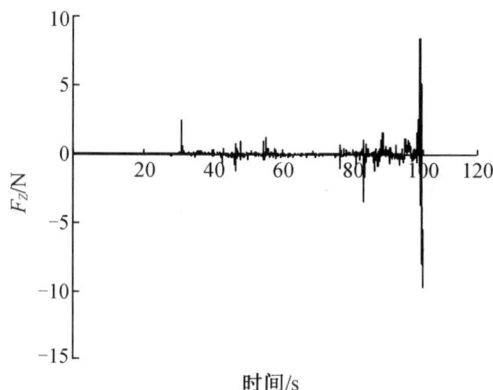

(c)Z方向的冰荷载响应时程图

图 9-43(续)

通过以上分析,我们可以得到碎冰碰撞下的立管所产生的动冰力和响应,并且根据分析结果可以看出离散元模型可以比较好地模拟碎冰与钻井立管相互作用的动力过程,能够得到冰荷载。本部分设计的仿真模拟主要考虑海上浮冰在 X 方向上对于建筑物结构施加的荷载的大小,并且碰撞方向也主要是沿着 X 方向进行,Y、Z 方向上产生的冰荷载很小,因此后续在有限元计算部分中,只取 X 方向上的冰荷载作为输入荷载,且在敏感性分析中也只分析 X 方向上的冰荷载的变化规律。

9.2.3 碎冰-立管碰撞敏感性分析

在冰与建筑物结构相互作用的过程中,结构物的响应与冰自身性质以及建筑物结构的形状、尺寸都有较大关系。前文中已经分析了整冰-立管碰撞过程中影响立管响应的几个主要因素,这里为了分析碎冰-立管碰撞过程中立管响应的主要因素,也对相关参数进行分析。

为了研究在碎冰与立管相互作用的过程中,相关参数对立管的冰荷载响应大小的影响,分析海上立管装备的安全性,本部分利用控制变量法,在保持其他因素不变的情况下,只改变一个变量,研究该变量与冰荷载的变化关系。除了建筑物结构和海冰的自身尺寸以外,为了探究碎冰与立管的碰撞过程是否还与其他因素有关,同时进行冰速和碎冰密集度的敏感性分析,因此本部分主要探究的相关变量有:冰厚、建筑物结构的半径、海冰密集度。通过规律性地修改参数的大小,模拟不同的数值情况下,海冰对于海上建筑物结构的荷载大小,以此分析

其安全性。

1. 冰厚的影响

海冰是一种复杂的媒介,其特点为:无色透明,晶体结构,内部空气和海水的含量多变,表面通常覆盖积雪。海冰根据其组织结构和发展阶段的不同可分为不同种类。海上冰情直接影响海上石油平台、船舶航行、港口海岸工程的正常作业。

极地海上浮冰的厚度为 0.03~1.00 m。本部分选取了冰厚为 0.10~0.30 m 的几组数据。在保证其他因素不变的情况下,探究冰厚与冰荷载的大小的关系。不同冰厚下,立管在 X 方向上的冰荷载时程如图 9-44 所示。

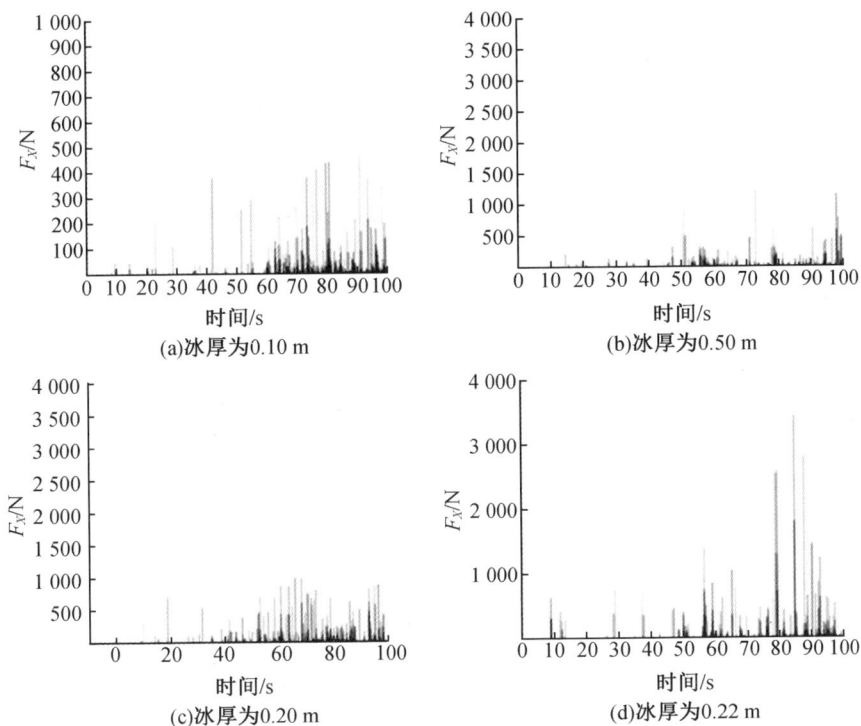

图 9-44　不同冰厚下,立管在 X 方向上的冰荷载时程

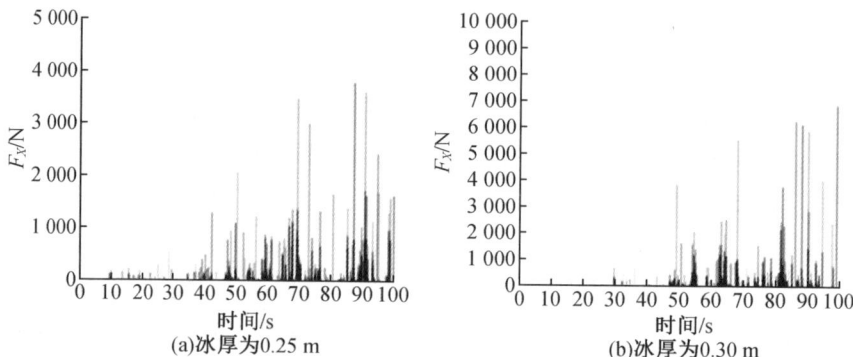

(a)冰厚为0.25 m
(b)冰厚为0.30 m

图9-44(续)

　　计算并提取出碰撞过程中,不同冰厚下,立管在 X 方向上所受的最大冰荷载和平均冰荷载,由此作出曲线如图9-45和图9-46所示,从图中可以看出:碰撞过程中,立管在 X 方向上所受的冰荷载受冰厚的影响很大,随着冰厚的增加,冰荷载大致呈线性增长的趋势。随着冰厚的增加,一方面,离散元模型中模拟冰块的颗粒粒径增加,从而导致颗粒之间的黏结力也增加,碰撞过程中的冰在最终破坏前的极限强度也增加,立管所承受的冰荷载也就越大;另一方面,冰厚的增加会导致冰的整体质量增加,从而使碎冰对立管的冲击动量变大,由此产生的冰荷载也会增加。

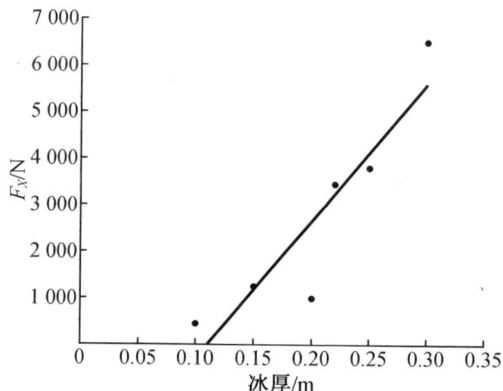

图9-45　不同冰厚下,立管在 X 方向上所受的最大冰荷载

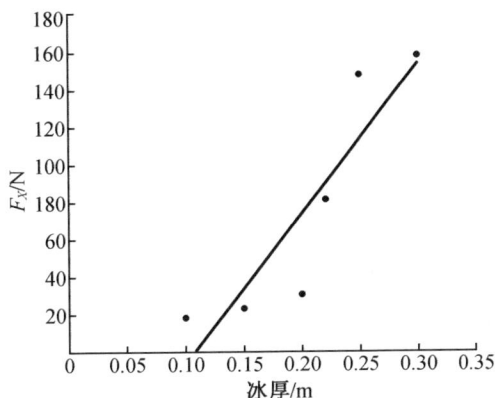

图 9-46　不同冰厚下，立管在 X 方向上所受的平均冰荷载

2. 建筑物结构的半径的影响

在海冰的物理参数一定的情况下，碰撞过程中，海洋建筑物结构的响应除了受到冰的影响外，还与自身的尺寸及外形有关。为了优化建筑物结构的设计，保证海上立管装备的安全性，对于建筑物结构的尺寸与形式的考虑在设计中是十分必要的。

为了研究碎冰与立管碰撞过程中立管半径与冰荷载的关系，保持冰厚为 0.20 m、冰速为 0.1 m/s、碎冰密集度为 80% 不变，将立管半径分别设置成 0.55 m、0.70 m、0.80 m、0.90 m、1.00 m。分析得到冰荷载时程，由此作出曲线，碎冰碰撞时，不同半径的立管在 X 方向上所受的冰荷载的时程如图 9-47 所示。

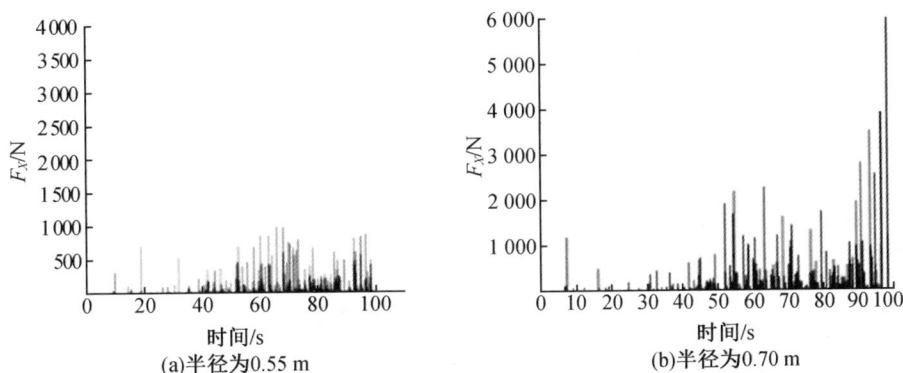

图 9-47　不同半径的立管在 X 方向上所受的冰荷载的时程

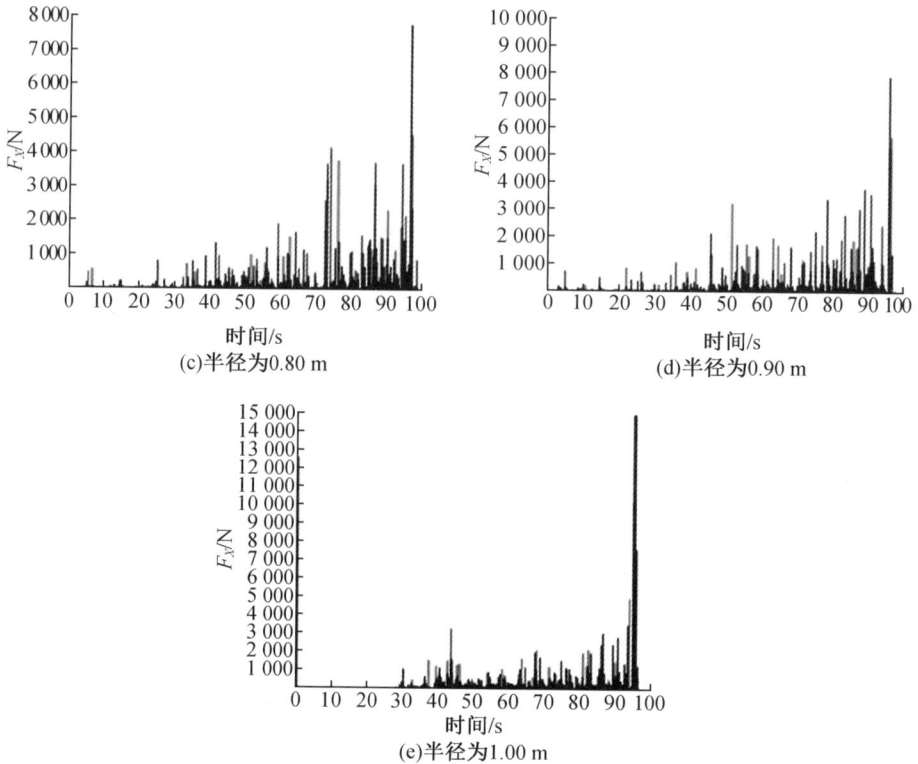

(c)半径为0.80 m

(d)半径为0.90 m

(e)半径为1.00 m

图 9-47(续)

计算并提取出碰撞时,不同半径的立管在 X 方向上所受的最大冰荷载和平均冰荷载,由此作出曲线如图 9-48 和图 9-49 所示,从图中可以看出:碰撞时,立管在 X 方向上所受的冰荷载受建筑物结构半径的影响也很大,冰荷载与立管半径大致成正比。

3. 海冰密集度的影响

海冰密集度是指在给定区域面积内,海冰面积占区域总面积的比例,是极地海冰对建筑物结构的影响的研究中的重要指标之一,同时也是影响海上立管装备安全性的因素之一。海冰密集度是影响碎冰覆盖面积的主要参数,在冰块尺寸不变的情况下,它会直接影响计算域中的碎冰数目。

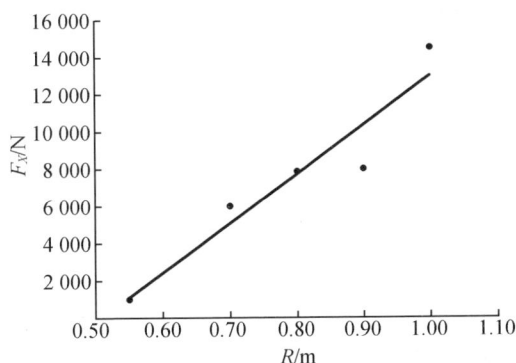

图 9-48　不同半径的立管在 X 方向上所受的最大冰荷载最大值

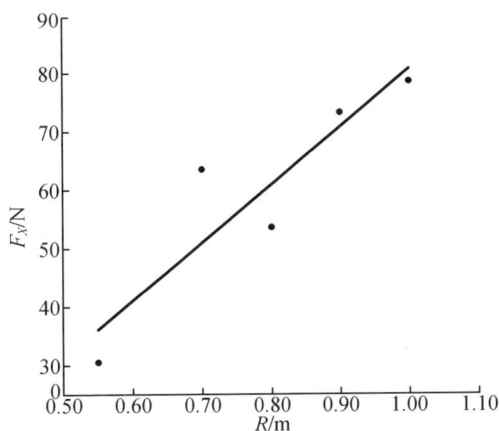

图 9-49　不同半径的立管在 X 方向上所受的平均冰荷载

为了研究碎冰与立管碰撞过程中,海冰密集度与冰荷载的关系,保持冰厚为 0.20 m、冰速为 0.1 m/s、立管半径为 0.55 m 不变,取海冰密集度分别为 50%、60%、70%、80%。研究碰撞过程中立管冰荷载的变化规律,提取计算过程中得到的冰荷载时程,计算并提取每种海冰密集度下的冰荷载的变化值,由此作出曲线。只考虑 X 方向上的冰荷载,碎冰碰撞时,不同海冰密集度下,立管在 X 方向上所受的冰荷载的时程如图 9-50 所示。

计算并提取出不同海冰密集度下,立管在 X 方向上所受的最大冰荷载和平均冰荷载,由此作出曲线如图 9-51 和图 9-52 所示,可以看出:碰撞过程中,随着海冰密集度的增加,最大冰荷载的变化无明显规律,因为其是由碎冰域中最大的单块碎冰发生碰撞时产生的,所以和海冰密集度的关系不大;碰撞过程中,平均

冰荷载大体上呈线性增加,但变化量并不太明显。

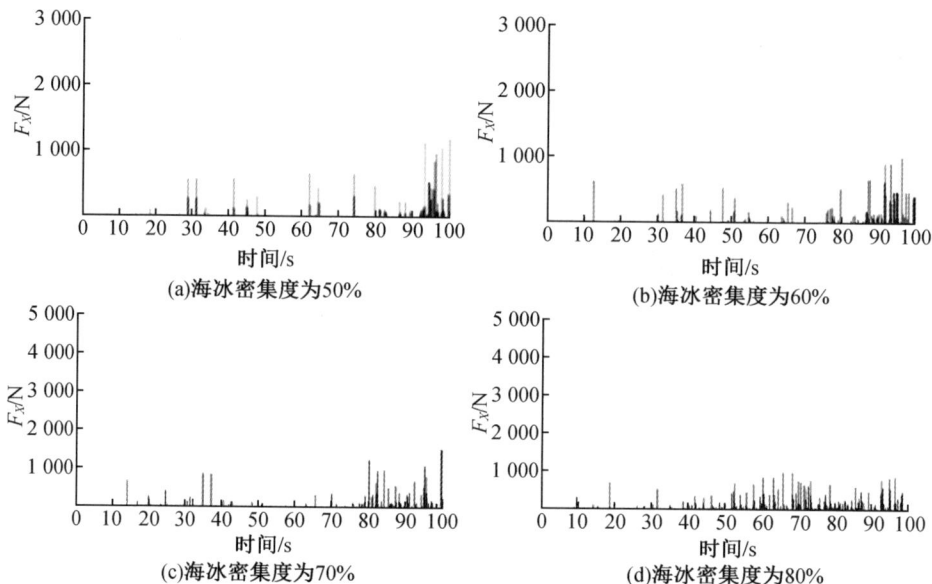

(a)海冰密集度为50%

(b)海冰密集度为60%

(c)海冰密集度为70%

(d)海冰密集度为80%

图 9-50　不同海冰密集度下,立管在 X 方向上所受的冰荷载的时程

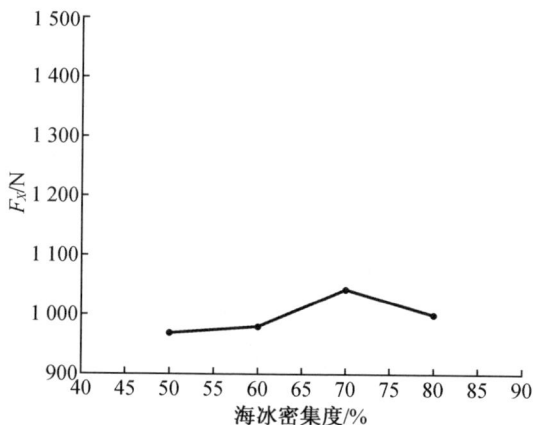

图 9-51　不同海冰密集度下,立管在 X 方向上所受的最大冰荷载

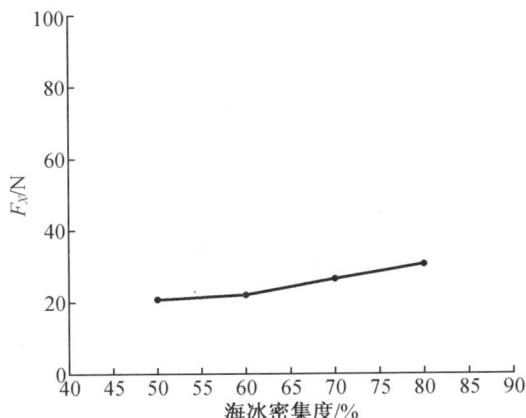

图 9-52　不同海冰密集度下,立管在 X 方向上所受的平均冰荷载

9.2.4　本节小结

本节采用离散元法对碎冰-立管碰撞过程进行了数值模拟,讨论并分析了立管在与碎冰相互作用过程中的响应规律。以上研究表明,本节建立的离散元模型能够比较合理地模拟碎冰与立管的碰撞过程,得到很好的冰荷载时程曲线,且分析得到了碰撞过程中的最大冰荷载及平均冰荷载。

经过敏感性分析可以发现:冰厚、立管半径都是影响碰撞过程中立管所受的冰荷载大小的重要因素;海冰密集度对平均冰荷载有少许影响,但对最大冰荷载没有明显影响规律。通过研究碎冰对立管的冲击过程,对冰厚、立管半径、海冰密集度等参数对冰荷载的影响进行对比分析,结果表明:碰撞过程中,立管所受平均冰荷载和最大冰荷载随冰厚、立管半径的增加而增大,这主要是因为以上海冰或立管参数的增加均会导致海冰对立管冲击动量或频率的增大,并由此导致冰荷载的增大;随着海冰密集度的增加,碰撞过程中立管所受的最大冰荷载无明显变化规律,平均冰荷载稍有增加,但增加量并不明显,这是因为随着海冰密集度的增加,碎冰数目有所增加,这导致平均冰荷载有所增加,但碰撞过程中,与立管发生碰撞的最大单块碎冰数目并不一定会随之增加,因此最大冰荷载无明显变化。尽管本节在碎冰形态、立管性能、流体动力学等方面进行了诸多假设,但是计算结果仍然能够较好地反映碎冰区海冰与立管结构的作用形式以及碰撞过程中的冰荷载的变化规律。

综上所述,影响冰荷载的因素除了建筑物结构以及海冰的尺寸外,海冰密集

度也是影响冰荷载的因素之一,并且不排除还有其他影响因素。这一结论说明影响冰荷载的因素较多,因此在实际应用过程中不可照搬某一个公式,而应因地制宜,针对不同的地区、不同的工况选取适合的冰荷载计算公式。

参考文献

[1] GAO F P, YAN S M, YANG B, et al. Ocean Currents-induced pipeline lateral stability on sandy seabed [J]. Journal of Engineering Mechanics, 2007, 133 (10):1086-1092.

[2] GAO F P, JENG D S, WU Y X. Improved analysis method for wave-induced pipeline stability on sandy seabed[J]. Journal of Transportation Engineering, 2006,132(7):590-596.

[3] ZHOU H J, YAN S W, CUI W. Nonlinear static finite element stress analysis of pipe-in-pipe risers[J]. China Ocean Engineering, 2005,19(1):155-166.

[4] 杜兆辉. 桥梁船撞动力响应数值模拟研究[D]. 重庆:重庆交通大学,2015.

[5] KONNO A. Resistance evaluation of ship navigation in brash ice thannels with physically based modeling [C] // Proceedings of the 20th International Conference on Port and Ocean Engineering under Arctic Conditions. Lulea:[s. n.],2009.

[6] WANG J, DERRADJI-AOUAT A. Numerical assessment for stationary structure (Kulluk) in moving broken ice [C] // Proceedings of the 21st International Conference on Port and Ocean Engineering under Arctic Conditions. Montreal: [s. n.],2011.

[7] 王刚,武文华,岳前进. 锥体接触宽度对冰排弯曲破坏模式影响的有限元分析[J]. 工程力学,2008,25(1):235-240.

[8] KONUK I, GÜRTNER A, YU S K. Study of dynamic ice and cylindrical structure interaction by the cohesive element method[C] // Proceedings of the 20th International Conference on Port and Ocean Engineering under Arctic Conditions. Lulea:Lulea University of Technology,2009.

[9] POLOJÄRVI A, TUHKURI J. 3D discrete numerical modelling of ridge keel

punch through tests［J］. Cold Regions Science and Technology,2009,56(1):
18-29.

［10］ LAU M. A three dimensional discrete element simulation of ice sheet impacting
a 60° conical structure［C］//Proceedings of the 16th Interactional Conference
on Port and Ocean Engineering under Arctic Conditions. Ottawa: Canadian
Hydraulics Centre,2001.

第10章
立管的漂移分析

| 10.1 本章概述 |

　　锚泊定位系统和动力定位系统是目前钻井平台或船舶上应用的最主要的两种定位系统,如图 10-1 和图 10-2 所示。进入 21 世纪以来,各大油气公司开始进入超深水(作业水深大于 1 500 m)区域进行作业,先进的第五代、第六代大型超深水钻井装置开始进入人们的视野,其超强的环境适应能力可以在遍布全球海域 3 000 m 甚至 3 500 m 水深以内的任何地方作业。目前,人们对海洋资源的开发逐渐向深海甚至极地区域推进,随着水深的增加,人们对平台定位方式的要求也在逐渐提高。锚泊定位系统主要用于浅水定位,当其用于深水时,就会存在一系列的弊端,受到诸多限制。比如,随着水深的不断增加,锚泊定位系统的锚链长度和强度需要增加,这导致整个钻井平台系统的质量大大增加,挤压了平台上设备所需的空间,使设备布置困难。所以说,随着钻井作业难度的提升,传统的锚泊定位系统定位方式已经逐渐无法满足实际需求。动力定位近年来受到各大油气公司的青睐。与传统的锚泊定位系统相比,动力定位系统(DP 系统)具有机动性强、定位精度高等优点,此外,其定位成本不会随着水深的增加而增加,并且操作也比较方便。随着海洋资源开发的不断深入,我国也逐步实施深水战略,可以预见:动力定位系统的应用将越发普遍,其重要性也将日益凸显,越来越多的钻井平台及船舶将会装配动力定位系统,因此,对动力定位系统失效移位的研究将成为海洋工程行业研究的重点。

(a)　　　　　　　　　　(b)　　　　　　　　　　(c)

图 10-1　锚泊定位半潜式钻井平台

(a)半潜式钻井平台　　　　　　　(b)钻井船

图 10-2　动力定位半潜式钻井平台和钻井船

　　动力定位失控(LOP)是指海上钻井平台或船舶在遭遇恶劣冰情等极端海洋环境条件时或因其他原因而发生自由移位的情形。造成失控的原因主要有以下几种：

　　(1)主机发生故障或火灾等导致主柴油机停止运转。

　　(2)停电或发生火灾等导致系统主发电机停止运转。

　　(3)推进器自身发生电力故障或其他电力事故导致推进器的部分甚至全部停止运转,无法抵御外部环境的荷载,进而导致不能保持正常定位。

　　(4)差分全球定位系统(DGPS)、位置参考信号、运动参考信号等用来定位的装置或设备的部分或全部出现故障而导致无法正常定位。

　　(5)在遭遇极端海洋环境时,如极地钻井遭遇特大冰情或特大海洋风暴时,平台推进器的全部推力仍不足以抵抗外部环境荷载。

　　对于(1)~(4),通过人为制定一些详细的平台设备操作方法以及相关应急程序可以较为有效地避免出现,但是对于极端海洋天气造成的动力定位失控,没有办法进行人为控制。不论是哪种原因导致的动力定位失控,我们都需要采取

210

一定的措施进行立管快速解脱操作。在出现平台漂移事故时,如果无法正确且及时地进行快速解脱操作,可能会导致出现一系列的问题:钻井立管随平台漂移而被破坏;由钻井立管的非正常脱离造成的井喷及井毁事故;由井喷或井毁造成油气泄漏引起的环境污染等二次破坏或井毁;钻井立管在随平台移动的过程中与其他管线或水下障碍物发生碰撞,导致立管或其他管线的损坏。因此,对于钻井平台动力定位失控移位的分析的重要性不言而喻。

10.1.1 动力定位系统简介

如前所述,锚泊定位系统主要用于浅水区,在水深 1 500 m 以下具有良好的适用性。但是随着钻井作业不断向深水区推进,锚泊定位系统出现了质量激增、造价费用提高等问题。目前,对于深水区的钻井作业,钻井平台或船舶常采用动力定位系统来定位。

1.动力定位系统的组成及原理

动力定位系统,指的是动力定位船舶实现动力定位所必需的一整套系统,包括测量系统、推力系统、动力系统及控制系统。

动力定位系统使海洋钻采平台在不借助锚泊定位系统的情况下,通过测量系统(即自身装备的传感器)反馈平台的运动状态与位置变化,以及外部波浪、风力、海流等海洋环境扰动力的方向与大小的信号。动力定位系统运用现代控制理论,在数学模型中采用多种控制方法,通过计算机的计算处理,在推力系统上产生合适的推力和力矩,以此来抵消海洋的扰动力和力矩,从而减少钻采平台的纵荡、横荡和减小艏向角,保持海洋平台固定在海面某一位置。

2.动力定位的分级及要求

中国船级社将动力定位系统分为 DP-1、DP-2 和 DP-3 三级。每级的限定范围如下:

(1)DP-1

此级别为三级中的最低级别,钻井作业中一旦有一个单体发生故障,就有可能会引起平台移位。

(2)DP-2

此级别相对较高,活跃组件发生故障并不会引起平台移位。对于静态组件,通常认为在作业中并不会发生故障,因为静态组件已经过验证并已对其施加足够的防护以保证其不会被破坏。

此级别中,单体故障主要包括活跃组件和静态组件的故障。其中,活跃组件主要指发电机、推进器、配电板、遥控阀等;静态组件主要指电缆、管路、手动阀等。

（3）DP-3

此级别中,单体故障包括:除了 DP-2 所列出的静态组件以外,还包括其他被认为有故障的静态组件;所有水密舱室和防火分隔离区中的所有组件,并且这些组件需要防水和防火。

10.1.2　动力定位系统失效模式简介

对于动力定位系统来说,主要有漂移和驱离两种失效模式。这两种失效都会造成严重的后果,如作业受阻、生命财产安全、二次污染等。

1. 漂移

漂移是指在极端的海洋环境条件下,系统的全部或部分断电,使得船舶或平台的推力器的全部或部分无法正常工作,推力器产生的全部推力也不足以抵抗外部环境荷载,使得平台或船舶在外部环境荷载的作用下偏离原来初始位置的偏移现象,如图 10-3 所示。

海洋平台或船舶的漂移距离取决于平台或船舶所遭受的外部海洋环境荷载的大小和持续时间。

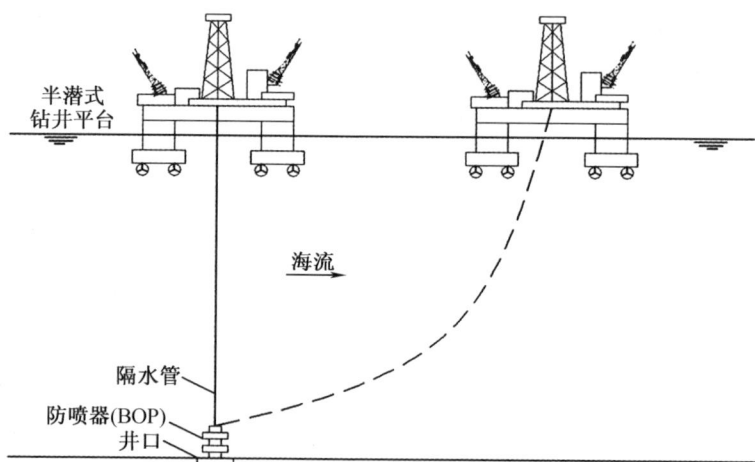

图 10-3　动力定位系统失效模式(漂移)示意图

2. 驱离

驱离是指动力驱使平台或船舶离开事先设定的位置。原因是动力定位系统被给予错误的位置参考输入并且试图通过利用它的推进器来纠正。驱离的产生主要来自人为因素,如操作人员对位置参考系统、推进器、风传感器、动力定位计算机(硬件和软件)等系统的操作失误,导致输入错误的位置信息。

从以上介绍可以看出,驱离主要是人为的一些失误造成,如位置设定错误、操作失误等,可以通过加强培训、制定相关操作手册以及制定相关标准来大大减少驱离情况的发生;而漂移主要是由于恶劣的海洋环境条件导致系统出现故障,从而无法抵抗外力作用下平台的移动,无法提前预知,但是无论发生漂移还是驱离,都应及时进行立管的解脱操作,对于什么时候需要进行解脱操作才可以避免相关危害的发生就需要进行着重研究,因此本节后续将以确定快速解脱时间为重点进行研究,进行相关理论与有限元的研究。

10.2 漂移理论分析

10.2.1 漂移范围警戒圈的划分

钻井平台或船舶作业时,以作业井所在位置为中心参考点,设定黄色警戒圈、绿色警戒圈等不同的漂移范围警戒圈,从而指示钻井平台或船舶的作业状态,钻井平台或船舶漂移范围警戒圈如图 10-4 所示。

1. 绿色区域内(正常作业漂移范围)

此区域为正常钻井作业可以接受的偏移范围,为允许偏离的理想位置区域。在钻井作业过程中,只要偏移量不超过此区域,即可认为是正常偏移,正常的钻井作业可以进行,不需要进行额外操作。绿圈边界为作业预警线,表示可以执行正常操作的钻井平台或船舶的最大偏移量,但是如果钻井平台或船舶发生进一步的偏移则需要采取相应措施,钻井平台或船舶处于操作预警状态。

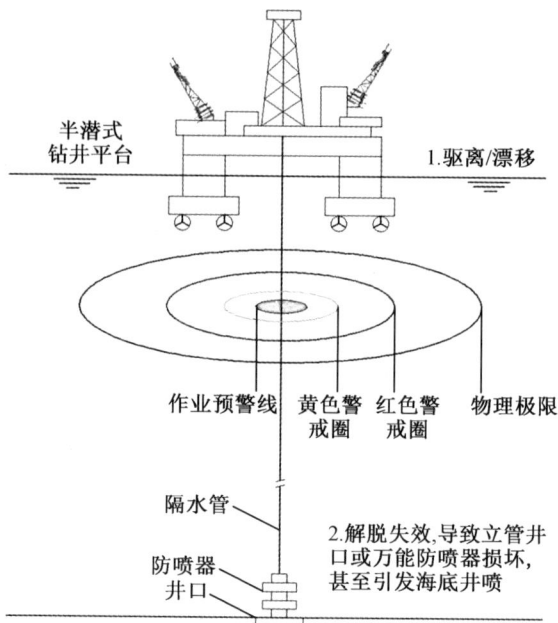

图 10-4　钻井平台或船舶漂移范围警戒圈

2. 黄色警戒圈

此区域表明动力定位已失去部分保持定位的能力,作业受限。钻井平台或船舶一旦进入此偏移区域,需要判断漂移趋势是否在可控范围内,如果不在可控范围内则需要进行作业状态切换,由正常钻井状态切换为准备紧急解脱状态,准备发出应急解脱操作指令,在漂移范围达到红色警戒圈前,需要完成应急解脱操作的准备工作,由现场专业人员执行解脱准备程序,准备程序执行操作顺序如下:①正在正常钻井作业时,先停泵,并将钻具向上提到一定位置,随后调整补偿器位置,关闭钻杆闸板;②钻头经过防喷器时,为了防止钻具下滑,先要关闭防喷器,在钻头能够离开防喷器的前提下上提钻具,使钻头离开防喷器;③套管经过防喷器时,若剪切闸板有能力剪切则关闭防喷器,以保证套管不下滑,随后等待下一步命令,反之,如果剪切闸板没有能力剪切,就按照钻头经过防喷器的方法进行操作。

3. 红色警戒圈

钻井平台或船舶进入此区域时,需要发出应急解脱的指令和做出相应的动作。红色警戒圈是钻井平台或船舶被允许的最大偏移量,一旦进入此区域则需要立刻进行解脱操作,按下应急解脱按钮,否则将有可能无法在规定时间内、造成不可逆损坏之前完成解脱,进而有可能造成进口及防喷器组损坏等。

4.物理极限

物理极限是指在发生漂移的过程中,立管系统关键控制组件达到其承载极限并发生破坏。解脱操作应在到达物理极限之前完成,否则会导致整个立管系统无法正常作业,同时有可能造成人身财产安全受损、环境污染等二次伤害。

漂移范围警戒圈平面示意图如图 10-5 所示。

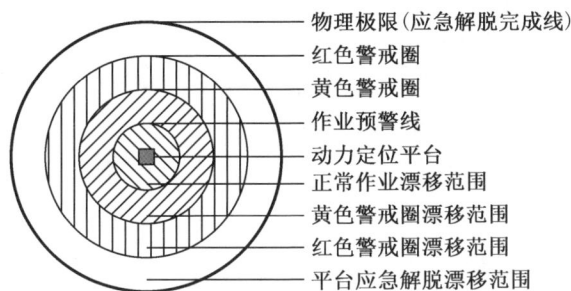

图 10-5　漂移范围警戒圈平面示意图

10.2.2　漂移范围警戒圈的理论模型

根据钻井立管所能承受的漂移极限距离来计算各个警戒圈与初始漂移位置(井位中心点)之间的距离,建立的理论计算模型如图 10-6 所示。

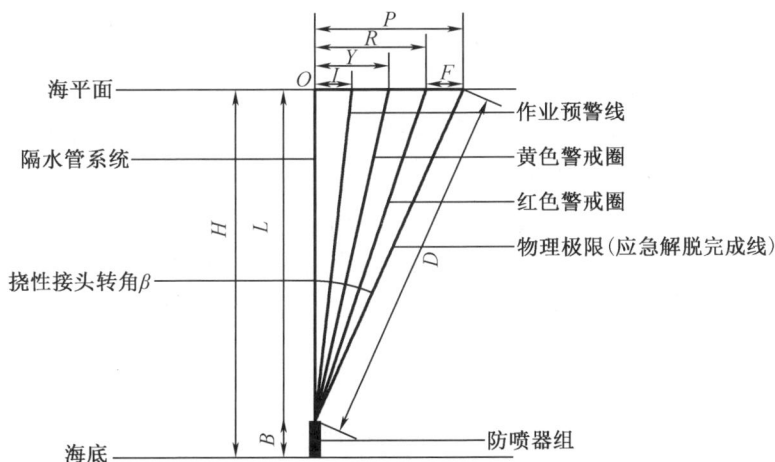

图 10-6　理论计算模型

图 10-6 中各参数所代表的含义如下：

O：井位中心点。

H：作业处水深，m。

L：隔水管系统长度，m。

B：防喷器组高度，m。

I：作业预警线与井位中心点之间的距离，m。

Y：黄色警戒圈与井位中心点之间的距离，m。

R：红色警戒圈与井位中心点之间的距离，m。

P：平台物理极限（应急解脱完成线）与井位中心点之间的距离，m。

F：平台在解脱过程中所漂移的距离，m。

D：钻井立管的最长允许长度，m。有 $D=L+d$，其中 d 为钻井立管允许伸缩长度，m。

β：底部挠性接头转角，(°)。

根据底部挠性接头极限转角可以求得 P_1，根据隔水管系统极限长度可以求得 P_2，为了拥有一定的安全冗余度，最终应急解脱完成线的距离 P 取 P_1、P_2 中的较小值，根据图示几何关系可得计算公式如下：

$$P_1 = L\tan \beta$$
$$P_2 = \sqrt{D^2 - L^2}$$
$$P = \min(P_1, P_2) \tag{10-1}$$

从图 10-6 中可以看出，红色警戒圈与井位中心点之间的距离 R 和平台应急解脱完成线与井位中心点之间的距离 P 有如下关系，即红色警戒圈与井位中心点之间的距离加上解脱过程中所漂移的距离就等于漂移解脱完成所需的漂移距离，反之，后两者相减即可得到红色警戒圈与井位中心点之间的距离，即 $R=P-F$，其中 F 可以由式(10-2)计算。

$$F = T_{EDS}V \tag{10-2}$$

式中，T_{EDS} 为平台应急解脱所需时间，s；V 为平台发生漂移时的速度，m/s。

API 规范中规定挠性接头转角达 $2°$ 即认为达到黄色警戒圈最大允许距离，另外根据实际作业经验，一般也可取红色警戒圈距离的 60% 作为黄色警戒圈的距离，同样，出于安全考虑，应考虑一定的安全冗余度，此处取两者的较小值，相关计算公式如下：

$$Y_1 = L\tan 2$$
$$Y_2 = 0.6R$$
$$Y = \min(Y_1, Y_2) \tag{10-3}$$

根据实际作业经验，绿色作业预警圈的距离可以取为黄色预警圈距离的

60%,计算公式如下:

$$I = 0.6Y \qquad\qquad (10-4)$$

10.3 漂移有限元整体分析

在正常钻井作业期间,为了确保立管系统在其安全操作限制内运行且确保有效地使用钻井隔水管,必须将钻井船从其中心位置(井口最上方)的偏移限制在钻井水深的一小部分,通常为 1%~2%,对于特定应用可能有更高的要求。然而,在实际海洋钻井工作中,在突发的极端海洋环境条件下,可能会发生钻井平台定位控制系统失效或电力故障的情况,从而形成漫漂。如果船舶离开位置已到张紧器用完行程的程度,伸缩接头伸展到其最大极限或挠性接头弯曲超过其最大极限,可能会产生极端应力,对船舶、立管和井控系统造成严重损坏。对此需要及时采取措施,对钻井隔水管进行快速解脱操作。应为每个钻机应配备书面紧急断开程序,该程序考虑到防喷器组内各种管件、防喷器和控制设备的特性,以及位置保持或系泊设备的特性,需要多个程序来应对不同的情况。但是具体在什么时候启动紧急断开程序,需要通过计算分析得到。

立管解脱方案分为从井口端解脱和从平台端解脱。采取从平台端进行立管的解脱,就需暂时将立管存放在海底。将立管存放在海底需要面对两个问题:一是立管端头的密封问题;二是立管的存放问题。为防止海水渗入导致立管损坏,需将立管端头密封存放,经调查得知:传统的立管密封方法为采用铅封密封立管端头,但是铅封密封存在一定的弊端,即在重新使用立管时需要将密封段切除,这有可能导致立管长度不足等问题,使立管无法正常使用。为了解决这个问题,需要设计出一种不损害立管整体性的密封方案。对于立管脱离后的存放问题,一方面平台移动距离有限,正常钻井作业时仅在井口周围进行小幅移动;另一方面,为了方便再次安装使用立管,把立管盘绕起来并存放在井口周围的海底处不失为一种好方法,但是这种方法还缺乏实际操作经验,是否可行还有待验证。

通过调研得知,对于从平台端解脱存在的两个问题目前还没有很好的解决方案,对于从平台端解脱的方案还在探究摸索之中,因此本章采取从井口端解脱的方案。从井口端解脱的方案大多采用从底部隔水管总成和防喷器组之间的连接器处解脱,平台端有解脱操作按钮,通过按钮即可进行解脱操作。从底部解脱立管以后,立管可以由船只带离海域,防止其因极端天气受到损害。

如前所述,动力定位系统有驱离和漂移两种失效模式,驱离可以通过规范作

业、制定相应标准等方法降低发生概率,而漂移是主要由极端海洋天气引起的非人为可控的失效模式,因此对于漂移的分析就显得尤为重要。下面就针对漂移失效模式应用 OrcaFlex 海洋分析软件建模进行整体分析,并将有限元分析结果与理论分析结果进行比较,验证有限元与理论分析结果的正确性,初步形成漂移分析的方法。

10.3.1　OrcaFlex 软件介绍

OrcaFlex 软件是由英国 Orcina 公司开发的一款海洋动力学分析软件,用于对各种海上系统进行静态和动态分析,包括对所有类型的海洋立管(刚性和柔性)整体,系泊、安装和拖曳等系统的分析。该软件可在波浪和海流荷载以及其他海洋外部环境荷载的作用下,对悬链线系统(如柔性立管和脐带缆)进行快速、准确的分析。该软件可以以批处理模式运行,进行常规分析工作,并且还具有用于后期处理结果的特殊功能,包括完全集成的疲劳分析功能。此外,OrcaFlex 也拥有异常强大的图形显示功能,具有良好且易于上手的用户界面以及强大的计算处理功能。正是由于具有强大又全面的功能,近年来,OrcaFlex 也越来越得到海洋工程公司以及相关学科专业研究人员的青睐,其主要应用的学科有海洋工程学、地震防御、海洋工学、海洋学研究和水产业等海洋工程相关的专业。

OrcaFlex 软件的主要应用场景如图 10-7 所示。

该软件的主要特点及优势如下:

(1)可以在引入实际海洋环境荷载的基础上对海上建筑物结构进行分析计算,更加具有实践指导意义。

(2)分析计算功能比较强大,具有高效的分析模块,可以进行多任务、批处理计算。

(3)用户界面良好,具有便利、直观的优点。用户可以简单快速地进行建模及结果输出显示,易于上手,主要体现在以下几个方面。

①模型可以选择线框和三维实体两种显示模式。

②浮体与线杆结构的耦合建模简单。

③可以很好地模拟各种海底条件及环境参数,如平整、非平整海底,还可以显示二维和三维图像。

④与 Excel、Matlab、Python 等软件联系紧密,可以通过第三方软件进行批处理操作,大大提高操作效率,节省操作时间。

(a)立管

(b)转塔系泊

(c)安装分析

(d)浮标系统

(e)软管系统分析

(f)风力发电

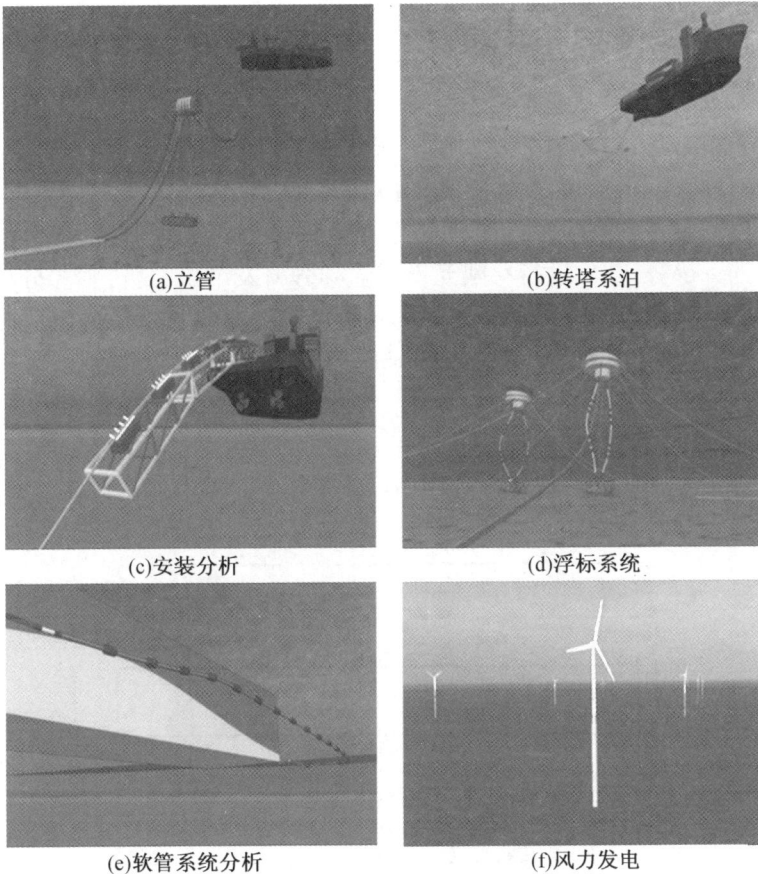

图 10-7 OrcaFlex 软件的主要应用场景

10.3.2 漂移分析流程

从井口端解脱的方案的断开通常发生在底部隔水管总成和防喷器组之间的连接器中。断开以后会导致张紧力的突然不平衡,使立管向上加速,引发"立管反冲"。如果不能有效地控制反冲可能导致立管以超过荷载路径中的部件的结构极限的力冲击系统子结构,如上挠性接头、转向器、转台等。这种较大的冲击荷载可能会对立管、船舶和人的生命造成很大危害,因此,大多数现代钻井船都配有立管反冲控制系统。

根据前面介绍可知,漂移的发生具有不可预见性,尤其是在遇到海洋极端条件时。对于极地冰区钻井立管来讲,巨大的冰荷载就是造成漂移的主要原因之一。漂移发生时,如果不能及时进行解脱操作,将会造成巨大的经济损失甚至是

219

威胁作业人员的生命安全。对于从井口端解脱,主要通过漂移分析来确定漂移距离和解脱时间。漂移分析的目标如下:

(1)确定何时启动立管断开程序。

(2)确定启动立管断开程序时的立管响应准则。

在进行漂移分析的过程中,首先要根据钻井立管的配置确定计算准则,即要确定计算过程中立管系统关键组件的作业允许限值,此部分也是整个计算流程中最重要的一部分;其次进行有限元模拟漂移分析及结果分析,主要分析立管系统每个关键组件作业允许限值超出时的关键时间点及其所对应的解脱时的偏移量,并进行结果输出,输出红色警戒圈对应的时间及其对应的最大许可偏移量;最后用红色警戒圈对应的时间减去紧急解脱所需要的时间和准备时间,即可得到黄色警戒圈对应的时间和最大许可偏移量,从而确定启动立管断开程序时的立管响应准则。漂移分析流程图如图 10-8 所示。

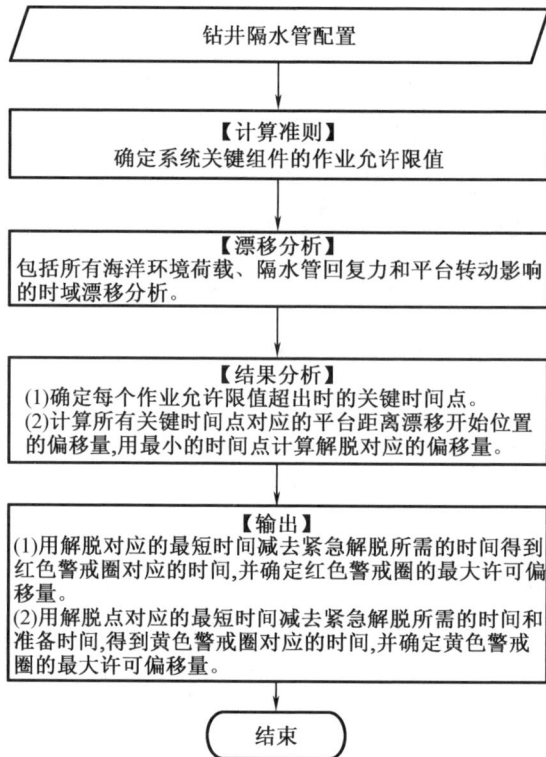

图 10-8　漂移分析流程图

10.3.3 控制参数的确定

根据漂移分析流程图(图 10-8)可知,确定钻井立管关键组件的作业允许限值是进行漂移分析的第一步,同时也是比较重要的一步,只有确定了计算准则,才能为后续的计算分析提供参考,用于指导分析。漂移过程中,钻井立管关键组件可能发生的破坏模式主要有:钻井隔水管在随平台或船舶移动过程中与平台或船舶的月池发生碰撞,从而导致立管自身损坏;钻井立管在移动过程中被逐渐拉长,超出其自身极限长度,导致张力器或伸缩节冲程超出最大值;在钻井立管不断偏移原来位置的过程中,挠性接头转角超过最大值;井口导管荷载过大,超过最大允许值。根据以上钻井立管关键组件可能的破坏模式可以总结得出:在平台漂移过程中,钻井立管的主要限制因素主要有挠性接头转角(转角过大破坏)、伸缩节冲程(立管被拉长超过自身极限长度)、井口弯矩以及导管应力。在分析计算过程中,钻井立管系统中的以上主要限制因素中的任何一项超过最大值,则视为钻井立管已发生破坏,无法进行正常钻井作业,可认为漂移分析结束。在此之前应完成解脱,并视最先达到限值的那项参数为漂移分析的关键限制因素。根据 API 规范规定的各关键部位的作业允许范围,漂移分析时可能的限制因素允许值见表 10-1。

表 10-1 漂移分析时可能的限制因素允许值

部件名称	限制因素	允许值
隔水管	下挠性接头转角/(°)	6
	伸缩节冲程/m	9.144
井口	井口弯矩/(MN·m)	7.8
导管	导管屈服应力/MPa	386

10.3.4 有限元建模

本模型以半潜式钻井平台为例进行建模,模拟海水深度为 1 000 m。平台有限元模型以及立管系统有限元模型分别如图 10-9 和图 10-10 所示,上部平台采用常用的半潜式钻井平台,张紧的钻井立管从半潜式钻井平台下降到海床上的

防喷器;钻柱模型在立管内部向下运行到防喷器并继续进入海床下方的套管中,模型从上到下的总长度约为 2 000 m。挠性接头在模型中用 6D 浮标单元表示,该单元允许立管发生微幅度的转动;立管、钻柱、压井及放喷管线、套管采用 line 单元来构建;半潜式平台的下部主体部分如立柱、平台本体等在 vessel type 中定义,钻塔在 vessel 中定义,这是为了将船体的一般表示与容器类型(主要形状)一起存储,然后在每次使用时在容器页面上单独定制上部结构(钻塔);上部结构的甲板、防喷器采用弹塑性模块 Shapes 来构建。

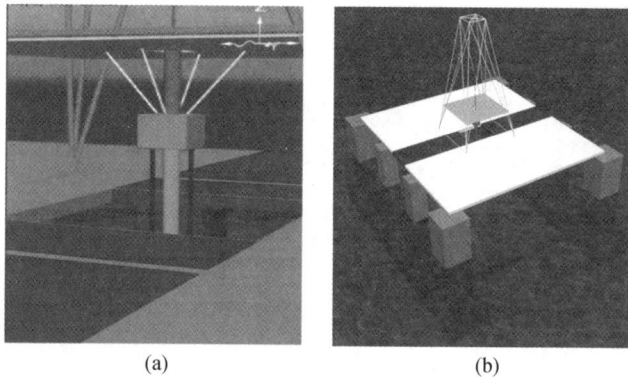

(a)   (b)

图 10-9 半潜式钻井平台有限元模型

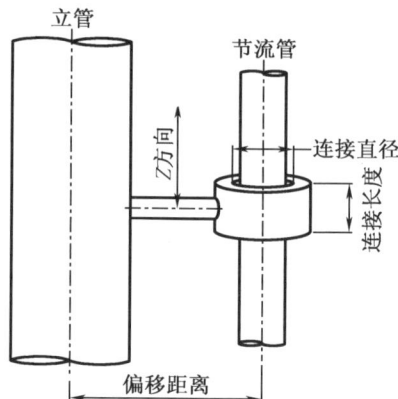

图 10-10 立管系统有限元模型

222

10.3.5　有限元分析结果

由于一方面缺乏环境荷载(风、波浪、海流)数据,另一方面此研究主要是为了探究在上部钻井平台发生漂移到何种地步时应该进行立管紧急脱离的操作,因此,在本章研究中,通过指定平台移动速度和最大距离来控制平台漂移。动力分析总时长为 220 s,其中在前 8 s,平台移动速度为变量,由 0 m/s 变为 0.5 m/s,此后,平台保持 0.5 m/s 的恒定速度漂移。平台漂移结果示意图如图 10-11 所示。

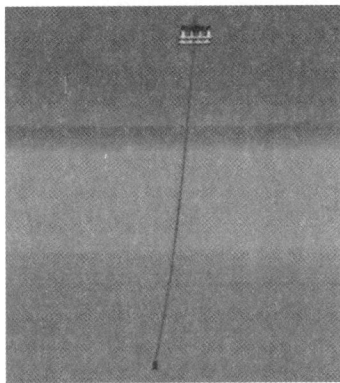

图 10-11　平台漂移结果示意图

为了更深入地研究平台漂移下的深水钻井隔水管系统的响应规律,更好地比较各关键参数随平台漂移的变化过程,找出最先达到临界值的关键参数,并提取分析中的各类预警圈,进行各项参数的同一比较,将各项参数进行归一化处理,并在同一坐标系中建立时程曲线,如图 10-12 所示。

由图 10-12 可以看出,随着平台漂移时间的增加,钻井立管系统各关键组件的响应呈现出较大的差异性。在平台漂移过程中,深水钻井立管系统下挠性接头转角实际值与临界值之比最先突破 1,说明下挠性接头转角的实际值已达到最大临界值,也标志着此组件已被破坏,漂移过程已经结束,达到临界值所对应的平台漂移时间为 206 s,由漂移曲线确定对应的漂移距离为 105.0 m,应在此之前完成隔水管底部脱离。经调研相关文献及查询相关规范,钻井立管系统需要 45 s 左右的时间方可完成紧急脱离过程,在进行解脱操作前需要约 90 s 的准备时间。已知解脱操作完成时间为 206 s,解脱所需时间为 45 s,解脱准备时间为 90 s,即

可得出相对应的红色警戒圈及黄色警戒圈与初始漂移中心点之间的距离和对应的时间。与此同时,结合平台漂移运动规律,即可以建立深水钻井平台漂移下的钻井立管脱离作业预警界限各参数值,如图 10-13 所示。

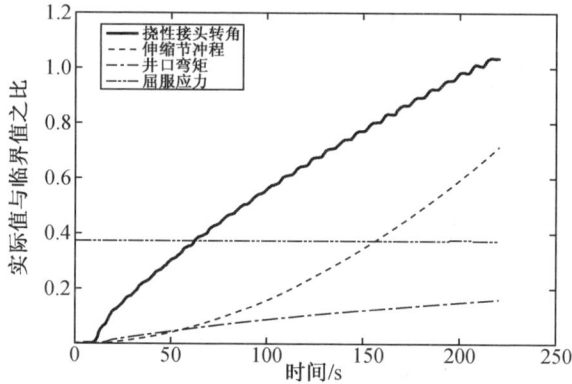

图 10-12　隔水管系统关键参数响应规律

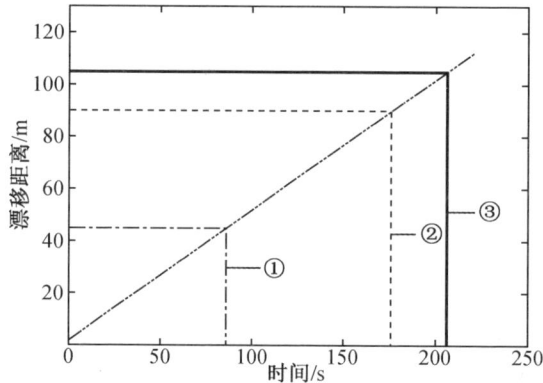

①—黄色警戒圈;②—红色警戒圈;③—POD(应急解脱完成)。

图 10-13　深水钻井平台漂移紧急脱离预警界限

(1)红色警戒圈的确定

目标平台紧急解脱完成时间为 206 s,紧急解脱过程所需的时间为 45 s,两者相减即可得到红色警戒圈距离漂移发生时的时间为 161 s,进而根据漂移曲线中对应的纵坐标,确定红色警戒圈与初始井口中心点之间的距离为 82.5 m,即为红色警戒圈对应的钻井船允许的漂移距离。

(2)黄色警戒圈的确定

已经确定红色警戒圈到达的时间为 161 s,减去解脱准备所需的时间 90 s,即

可得到黄色警戒圈所对应的时间为 71 s,同样可以根据漂移曲线中对应的纵坐标,确定黄色警戒圈与初始井口中心点之间的距离为 37.4 m,即为黄色警戒圈对应的钻井船允许的漂移距离。

综上所述,确定漂移过程中各警戒圈所对应的漂移距离和时间如下:

(1)黄色警戒圈(作业状态切换,准备发出应急解脱指令)

距离漂移初始发生位置 37.4 m,距离漂移发生 71 s 时到达黄色警戒圈,如图 10-13 中①所示。

(2)红色警戒圈(发出应急解脱的指令和做出相应的动作)

距离漂移初始发生位置 82.5 m,距离漂移发生 161 s 时到达红色警戒圈,如图 10-13 中②所示。

(3)POD(应急解脱完成)

距离漂移初始发生位置 105.0 m,距离漂移发生 206 s 时需要完成解脱操作,如图 10-13 中③所示。

10.3.6　有限元分析结果与理论分析结果对比

根据 10.2.2 中所列公式,可以计算有限元分析案例对应的理论分析结果,将理论分析结果与有限元分析结果进行对比,见表 10-2。

表 10-2　有限元分析结果与理论分析结果对比

结果	警戒圈范围			
	作业预警线/m	黄色警戒圈/m	红色警戒圈/m	应急解脱完成线/m
有限元	22.44	37.40	82.50	105.00
理论	20.95	34.92	82.60	105.10
误差/%	6.64	8.66	0.12	0.10

从表 10-2 中可以看出,有限元分析结果与理论分析结果呈现出高度的一致性,最大误差在 9.00% 以内,红色警戒圈和应急解脱完成线的有限元分析结果与理论分析结果的误差仅在 0.10% 左右。有限元分析结果与理论分析结果对比的良好结果也充分说明了本章所提出的理论模型的正确性以及有限元分析方法的准确性。

| 10.4 本章小结 |

本章首先进行了动力定位系统失效的文献调研,其次建立了平台漂移理论模型,最后通过运用海洋分析专用软件 OrcaFlex 对漂移进行有限元建模分析,对立管从井口端解脱的方案进行了研究,主要得出以下几点成果和结论:

(1)总结了立管快速解脱的分析流程。

(2)在平台漂移的主要限制因素中,下挠性接头转角为关键限制因素。

(3)各警戒圈与漂移初始位置之间的距离以及距离漂移开始的时间分别如下:

①黄色警戒圈(作业状态切换,准备发出应急解脱指令)

距离漂移初始发生位置 37.4 m,距离漂移发生 71 s 时到达黄色警戒圈。

②红色警戒圈(发出应急解脱的指令和做出相应的动作)

距离漂移初始发生位置 82.5 m,距离漂移发生 161 s 时到达红色警戒圈。

③POD(应急解脱完成)

距离漂移初始发生位置 105.0 m,距离漂移发生 206 s 时需要完成解脱操作。

(4)有限元分析结果与理论分析结果呈现出高度的契合,最大误差在 9.00%以内。红色警戒圈和应急解脱完成线的有限元分析结果与理论分析结果的误差仅在 0.10%左右,说明了有限元分析方法与理论模型的正确性,一方面可以为以后的相关分析提供参考,另一方面对现场的管理者和操作者在应对因动力定位系统失效而漂移方面有一定的指导和帮助。

| 参考文献 |

[1] 沈雁松,赵立中.海洋动力定位钻井平台失控漂移的安全应急处置对策[J].钻采工艺,2013,36(1):118-120.

[2] 金学义,温纪宏,李浪清,等.深水钻井动力定位平台应急解脱范围分析[J].中国海上油气,2017,29(3):116-121.

［3］　孙攀,王磊,王亮.深水半潜平台锚泊辅助动力定位系统功率消耗研究［J］.
海洋工程,2010,28(3):24-30.

［4］　赵志高,杨建民,王磊,等.动力定位系统发展状况及研究方法［J］.海洋工
程,2002,20(1):91-97.

［5］　International Maritime Organization Maritime Safety Committee. Amendments to
the guidelines for vessel with dynamic positioning(DP) systems:MSC/Circ.
645［S］.London:International Maritime Organization,1994.

［6］　Det Norske Veritas. Rules for Classification of Ships Newbuildings Dynamic
Positioning System［S］. Norway:DNV Press,2010.

［7］　张新放,关克平.船舶动力定位系统及其控制技术［J］.水运管理,2017,39
(1):31-33.

［8］　窦培林,袁洪涛,宋金扬,等.深水半潜式钻井平台 DP3 动力定位系统设计
和应用［J］.海洋工程,2010,28(4):117-121.

［9］　ERVIK A K. Analysis and monitoring of drilling risers on DP vessels［D］.
Trondheim:Norwegian University of Science and Technology,2011.

［10］　HAUFF K S. Analysis of loss of position incidents for dynamically operated vessels
［D］. Trondheim:Norwegian University of Science and Technology,2014.

［11］　CHANG Y J,CHEN G M. Theoretical investigation and numerical simulation of
dynamic analysis for ultra-deepwater drilling risers ［J］. Journal of Ship
Mechanics,2010,14(6):596-605.

［12］　BREKKE J N. Key elements in ultra-deep water drilling riser management［C］//
Proceedings of the Drilling Conference,2001.

第11章
立管抗冰设计探究

| 11.1 本章概述 |

随着全球油气需求量的逐年递增,海洋石油开发迈向环境更加恶劣的北极海域。北极地区温度低且伴有大风,海浪高且海面上浮冰多。Exxon Mobil 公司总结了在极地地区钻井面临的主要挑战。

1. 超低温、浮冰带来的挑战

北极地区终年获得的太阳辐射能量很少,1月份平均气温为$-40\sim-20\ ℃$,而气温最高的8月,平均气温也只有$-80\ ℃$。北冰洋海域的表层广泛覆盖着海冰,冬季海冰最大覆盖面积占北冰洋总面积的3/4,即使在暖季,海冰最小覆盖面积也接近北冰洋总面积的1/2。另外,北冰洋还分布着冰山、冰岛。北极地区常年存在的超低温和多浮冰环境给极地钻井作业带来了严峻挑战,如海洋浮式装置的运营和维护困难、钻井设备和工具机械性能降低、钻井管柱易发生脆性破坏、钻井液性能发生变化、隔水管易被浮冰破坏、作业人员无法在露天环境下正常作业等。可以说,海冰是极地作业的最大影响因素,因此必须加强在此方面的研究。

2. 路途遥远带来的挑战

北极地区是世界上最偏远的地区之一,人迹罕至,物资供应极其困难,难以为石油钻探提供稳定可靠的后勤保障。

3. 脆弱的生态环境带来的挑战

北极地区生态环境脆弱,钻井过程中一旦发生井喷,钻救援井十分困难。如出现漏油则极易给当地生态环境带来极大破坏。特别是在冬季,该地区缺少光照,气候严寒,其对漏油的吸收和降解能力更弱。因此必须采取更加严格的措施来防止相关事故的发生。

4. 风浪带来的挑战

北极海域的风浪会引起钻井船移位,导致隔水管发生变形和涡激振动,这对隔水管抗疲劳强度设计提出了更高要求。当环境荷载超出隔水管作业极限荷载时,需要断开隔水管系统和水下防喷器的连接。悬挂隔水管的动态压缩也可能造成局部失稳,增大隔水管的弯曲应力和碰撞月池的可能性。此外,当极端风浪作用导致钻井船的移位超过一定限度时,需要执行快速解脱操作。

5. 暴风雨带来的挑战

由于强烈的海洋暴风雨对钻井平台具有极大的破坏作用,因此,极地钻井对于对海洋暴风雨的预测及钻井平台快速撤离危险海域的能力提出了更高要求。

6. 冻土带来的挑战

在极地冻土层上钻井的过程中,低温环境会改变钻井液的流变性,需要研究在低温下具有较好抑制性的钻井液体系,尽量降低钻井液的凝固点。另外,钻头破岩过程中产生的热量会使井底升温,导致冻土层软化,造成井壁坍塌,这也给钻井安全带来严峻挑战。

11.2 海冰的力学性质

1. 海冰的抗压强度

当海上浮冰与海上建筑物结构发生碰撞时,其作用形式主要为挤压破坏,此时海冰的抗压强度是衡量冰荷载的一个重要参数。

对于海上浮冰来说,其物理性质对于自身力学性质有着不同程度的影响,其中海冰的冰温与盐度的影响最为明显。在实验研究中发现,当冰温升高时,其抗压强度呈现递减的趋势,当冰温骤升时,其抗压强度将会减小50%以上。海冰中的盐水体积(海水的体积与冰的总体积的比值)是衡量海冰盐度对自身力学性质影响的重要参数,通常来说,海冰的抗压强度随着海冰盐度的增大而减小。

弹塑性材料是一种应变率敏感性材料。冰作为一种典型的弹塑性材料,其抗压强度必然与应变率(加载速率)有着密切关系。不同的应变率使冰的破坏方式也有所改变,抗压强度也不同。当应变率较小时,冰发生韧性破坏,其特点是变形较大;而应变率很大时,冰将出现变形较小的脆性破坏;它们的过渡区被称为韧脆转变区。产生这种现象的主要原因是:应变率较小时,冰晶体能够沿着边

界缓慢滑移,从而导致冰界出现大量裂缝,裂缝随着荷载的不断增大而逐渐延伸,直至破坏,所以变形比较大;而在较大的应变率下,冰晶体无法沿边界充分地错位滑移,裂缝扩展程度较低,变形效果也不明显。

抗压强度和冰荷载应变率有关,这是因为冰荷载应变率不同会改变海冰的破坏形式。在延性区,冰呈延性破坏,抗压强度随冰荷载应变率的增大而增大;在过渡区,抗压强度随冰荷载应变率的变化类似于开口向下的二次函数,呈现先增大后减小的趋势,并且在过渡区出现冰强度峰值;在脆性区,冰呈脆性破坏,抗压强度先随冰荷载应变率的增大而减小,到达一定限度后保持不变。

此外,抗压强度还随温度和盐度的增加而减小。其中,温度会影响过渡区的范围,而盐度不会影响过渡区的范围。

海冰的抗压强度 σ_C 与温度 T 的关系可以用式(11-1)表示。

$$\sigma_C = -2.7|T|^{-0.30} + 1.81 \tag{11-1}$$

2. 海冰的拉伸强度

目前,对于海冰的拉伸强度,学术界还没有统一的观点。部分实验证明:海冰的拉伸强度会随盐水体积的增大而减小,随冰温的降低而增大。对于应变率敏感性而言,很多学者发现当应变率处在某个范围内时,应变率对拉伸强度有影响,不过影响不大;离开这个范围,拉伸强度与应变率无关。

3. 海冰的剪切强度

海冰的剪切强度与应变率、冰温和盐水体积密切相关。大量实验研究表明:海冰的剪切强度随应变率和盐水体积的增大而减小,随冰温的降低而增大。

此外,由于海冰的晶体是各向异性的,其剪切强度受加载方向的影响较大,在不同方向上加载,往往呈现不同的剪切强度。实验证明:海冰与冰晶主轴方向一致(与冻结方向平行)时的剪切强度要大于冰晶生长方向一致(与冰面冻结方向垂直)时的剪切强度。

4. 海冰的弯曲强度

当海冰与具有倾斜表面的海上结构物相互作用时,冰层将发生弯曲破坏。此时,海冰的弯曲强度是冰荷载大小的主要控制参数。测定海冰的弯曲强度时常用现场原地梁法和三点弯曲法。其中,三点弯曲法比较简单,可靠性高,便于针对不同的影响因素进行实验,因此使用率较高。

海冰的弯曲强度受到以下几个因素的影响。

第一,应变率对于海冰的弯曲强度的影响与其对抗压强度的影响类似,当应变率较小时,海冰在延性破坏区,随着应力的增大,可以明显观察到裂纹扩展过

程,海冰的弯曲强度逐渐增大;当应变率较大时,海冰处在脆性破坏区,裂纹一出现,冰层立刻破坏,几乎不会出现裂纹扩展过程。因此,随着应变率的增大,海冰的弯曲强度反而减小;延性区与脆性区之间的区域为过渡区,这个区域内的海冰的弯曲强度最大。

第二,冰温与盐水体积的影响为:海冰的弯曲强度随冰温的降低而增大,随盐水体积的增大而减小。

第三,加载方向的影响为:冰梁上加载的弯曲强度小于向下加载的弯曲强度。这主要是因为向下加载时,冰梁受到的海水的浮力抵消了一部分的加载力,因此测得的弯曲强度较大,同时,冰梁的弯曲强度可由上表面的拉伸破坏测得;反之,向上加载时,冰梁的弯曲强度可由下表面的拉伸破坏测得,而海冰上表面的拉伸强度大于下表面的拉伸强度,因此向上加载时测得的弯曲强度小于向下加载时测得的弯曲强度。

海冰的弯曲强度随冰温的升高而减小,随海冰密度的减小而减小。弯曲强度 R_f 与温度 T 的关系可以用式(11-2)表示。

$$R_f = 0.35 - 0.09T \tag{11-2}$$

11.3 荷载的主要形式

为了提高海洋立管装备的安全性和经济性,在设计阶段必须充分考虑建筑物结构上各种形式的冰荷载。当海冰与建筑物结构接触时,主要作用在建筑物结构上的总冰荷载的大小为海流和海风对冰排的驱动而产生的平均冰压力的总和。海冰的挤压力 F_H 是指由于冰排本身体积的变化,或是由于海风、海流的驱动而对外形笔直的建筑物结构或外形具有倾斜结构的建筑物结构的水平静压力,其主要破坏形式如图11-1所示。

1.海风、海流驱动下的压碎力 F_{Hc}

F_{Hc} 是指大面积的冰排在海风或海流的驱动下沿着与建筑物结构的接触面连续进行局部挤压并压碎的过程中产生的水平作用力,如图11-1(a)所示。

2.海风、海流驱动下的压屈力 F_{Hb}

F_{Hb} 是指大面积的冰排在海风或海流的驱动下与海上建筑物结构接触,当平面的压应力超过冰排的极限弹性强度时,冰排发生弹性失稳(压屈破坏)时所产

生的水平作用力,如图 11-1(b)所示。

(3)膨胀压碎力 F_{Ha}

当气温发生变化时,海冰的体积由于气温的变化而发生相应的改变,从而导致海冰对海上建筑物结构产生挤压作用,此时海冰产生的水平作用力即为膨胀压碎力。

(4)海风、海流驱动下的弯曲力 F_{Hf}

F_{Hf} 当冰排与具有一定坡度的建筑物结构发生碰撞时[图 11-1(c)],在海风、海流的驱动下,冰排在建筑物结构的前沿发生弯曲破坏所产生的荷载。

此外,F_{Hp} 是指当冰排与具有一定坡度的建筑物结构相接触时[图 11-1(d)],在海风、海流的作用下,冰排在建筑物结构前沿产生弯曲破坏所形成的荷载。

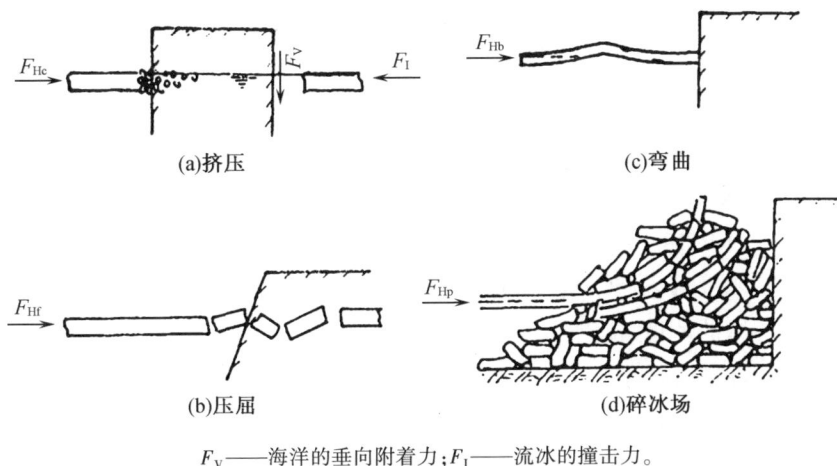

(a)挤压　　　　　　　　　　(c)弯曲

(b)压屈　　　　　　　　　　(d)碎冰场

F_V——海洋的垂向附着力;F_I——流冰的撞击力。

图 11-1　冰排的几种主要破坏形式

11.4　建筑物结构的外形设计

在设计极地地区海上建筑物结构时,抗冰性能是必须考虑的主要因素之一。如何提升建筑物结构的抗冰能力并降低成本,一直是设计者追求的目标。众所周知,在建筑物结构的尺度和形式一定的情况下,海冰的各种物理参数对建筑物结构所受的冰荷载具有一定的影响。反之,在海冰的物理参数一定的情况下,利

用海冰的弯曲强度远低于它的挤压强度这一性质,以改变建筑物结构的外形来改变海冰对建筑物结构的作用机理,从而达到降低建筑物结构所受的冰荷载的目的。为了优化建筑物结构的设计,确保建筑物结构在冰荷载作用下的安全性,应主要对建筑物结构的形式和尺度进行考虑。此外,在设计中不仅要考虑建筑物结构所受的总冰荷载,还要考虑建筑物结构所受的局部冰荷载,因为局部冰荷载对建筑物结构的外壁厚度起着控制作用并直接影响建筑物结构的成本。若采用具有斜面的锥形结构,在设计时还必须解决供应船及穿梭油船的靠泊问题。

11.4.1　建筑物结构的外形对冰荷载的影响

当海冰的物理参数一定时,以不同的建筑物结构的形状计算所得的冰荷载是不同的。对于直立的海工建筑物结构,计算冰荷载的公式为

$$F_C = I \cdot m \cdot f_C \cdot \sigma_C \cdot b / (V/V_0)^{1/3} \qquad (11-3)$$

式中　I——嵌入系数;

$\quad$ m——形状系数,圆柱 $m=0.9$;

$\quad$ f_C——接触系数;

$\quad$ R_C——单轴抗压强度,MPa;

$\quad$ b——冰接触区域结构物的宽度或直径,m;

$\quad$ h——冰的厚度,m;

$\quad$ V——冰速,m/s;

$\quad$ V_0——参考速度,$V_0=1$ m/s。

当 $V/V_0=1.0$ 时,式(11-3)即为 API 所推荐的计算公式。通常认为,作用在直立海工建筑物结构上的冰荷载是由于冰与建筑物结构的挤压而产生的作用力。若将建筑物结构的外形设计成具有斜面的锥体,则可使海冰与建筑物结构作用时不产生挤压破坏,从而改变海冰与建筑物结构的作用机理,使原来的挤压破坏转变为弯曲和剪切破坏,降低作用在建筑物结构上的冰荷载。

11.4.2　几种建筑物结构的外形设计探讨

由以上讨论可见,抗冰建筑物结构的设计成功与否,主要取决于建筑物结构外形设计的合理性。采用锥体作为建筑物结构的外形,对于减小冰荷载无疑是有效的,但作为一座海上建筑物结构,除了考虑冰荷载以外,还要考虑诸如风、波

浪、海流、地震等的荷载以及制造成本、施工工艺等。因此,选用何种形式的建筑物结构是设计者在设计中需要综合考虑各种因素后所做出的合理决策。若只考虑冰荷载,有以下几种建筑物结构形式可供选择。

1. 沉箱型结构

对于不同的地质情况,沉箱(图11-3)可直接坐在海底或支撑在桩基上。沉箱型结构具有可防止冰的上爬、技术上较成熟可靠、有较大的甲板作业面积、易于供应船靠泊等优点。但是由于它是一种直立式结构,冰与其作用通常会产生挤压破坏,从而产生较大的冰荷载,特别是当沉箱为混凝土结构时,其外壁的局部强度较难保证。因此,要保证沉箱的局部强度,就要对沉箱外壁做适当的处理。

2. 单腿柱结构

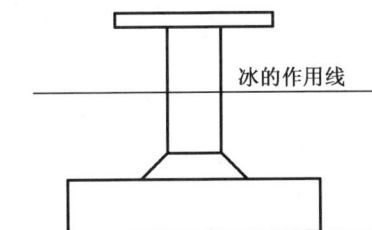

图11-3为典型的单腿柱结构。一些导管架平台以及具有抗冰能力的坐底式平台的腿柱都具有类似的冰的作用情况。单腿柱结构的主要优点是:由于在冰的作用线附近采用了单一的、直径较小的圆柱,因此该区域的局部强度较易保证,且无冰的上爬现象。其缺点是:由于冰与其作用主要产生挤压破坏,因此单位宽度上的冰荷载较大,且易产生冰振。

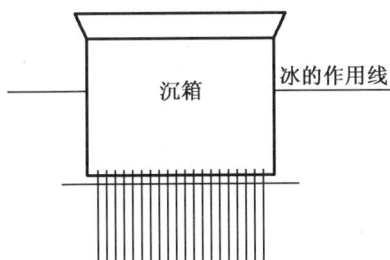

图 11-2　沉箱型结构　　　　　图 11-3　单腿柱结构

3. 锥形沉箱结构

由于海冰的弯曲强度远低于它的挤压强度,因此采用锥形结构可明显地降低冰荷载。由于普通沉箱型结构的外壁的局部强度较难保证,因此改用图11-4(b)所示的锥形沉箱结构。但是这种结构在设计中必须注意以下几个问题。

(1)由于锥形沉箱结构的直径一般较大,因此如果冰与其作用后产生破坏的碎冰不能清除,则将产生较大的上爬力,这比单一考虑由于冰的弯曲破坏而产生的冰荷载要大。

(2)如果连续的寒潮使破碎的冰再次冻结在结构的周围,则冰荷载要比原先

只考虑冰的弯曲破坏产生的冰荷载大。

(3)必须考虑由于冰的上爬而使平台甲板高度升高的问题。

(4)由于采用了锥形结构,船舶与平台的靠泊有一定的困难,因此必须采取一定的措施。

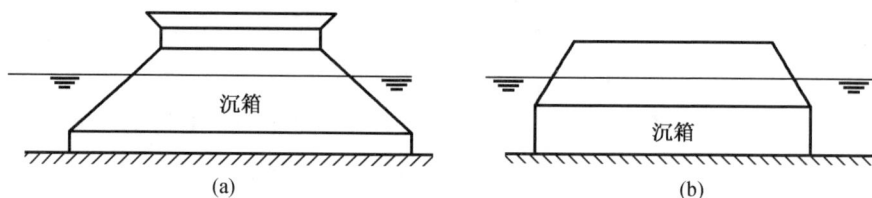

(a)　　　　　　　　　　　(b)

图 11-4　锥形沉箱结构

4.锥形单腿柱结构

锥形单腿柱结构通常有三种形式,如图 11-5 所示。图 11-5(a)和(b)的结构形式可以避免因冰的上爬而对甲板上部结构产生影响的问题。锥面与细颈的结合改善了破碎冰的堵塞情况,从而减小了冰的上爬力,而且也可明显减小海冰的附着力。但是,这种结构形式明显提高了施工难度及建造成本,而且冰可能在立柱的颈部卡住,以及可能产生冰振问题。如采用图 11-3(c)形式则可避免这些问题。当冰与下部锥体(倒锥体)作用时,冰与建筑物结构接触处受到一个向下的压力,使冰产生向下的弯曲失效,并被连续运动的冰层清除到锥体背面的冰道或冰层下面,此时建筑物结构上的主要作用力为冰的破碎力(弯曲力),而无由堵塞引起的清除力。然而,由于冰表面与空气接触,强度较高,因此所产生的弯曲力要比其作用于正锥体上的力大。当冰作用于正锥体时,冰的根部会产生弯曲失效。虽然此时的弯曲力较冰作用于倒锥体时产生的弯曲力小,但运动着的冰层破碎并形成堵塞,会产生上爬力。

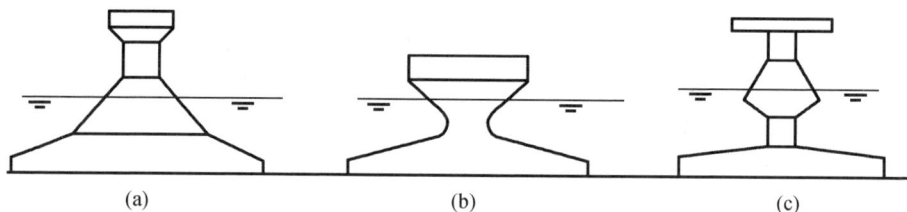

(a)　　　　　　　　　　(b)　　　　　　　　　　(c)

图 11-5　锥形单腿柱结构

11.5　立管防冰设计

前面从建筑物结构外形的角度分析,说明了可以通过建筑物结构的外形设计来改变海冰与建筑物结构的碰撞破坏形式,从而减小立管系统的响应,如将立管碰撞部位设计成倒锥体就可以有效缓解海冰的碰撞效应。但是,当通过建筑物结构外形设计来减小立管系统的响应的困难较大或仅仅通过外形设计不足以抵抗冰荷载时,就需要对立管采取一定的防护措施。下面在调研大量文献的基础上,提出一些立管防护措施,并着重对铠装层防冰设计进行介绍。

11.5.1　几种立管防冰设计方案介绍

Jensen 等曾于 2000 年在汉堡的 HSVA 制冰池中进行模型试验,以评估水下内转塔式装卸系统(STL 系统)在冰中的适用性。停泊在装载系统上的破冰船(90 000 DWT)遇到从冰面到 17 m 深的不同冰脊的冰情。试验过程中分别引入了以下几个不同的解决方案以避免立管和冰块之间的相互作用:在立管周围一定高度处设置一个楔形防护网以使小冰块进入并使大冰块往旁边偏转,从而避免大冰块与立管发生直接碰撞[图 11-6(a)];用一个延长环(高达 5.75 m)使立管与船底之间保持一定距离[图 11-6(b)];在月池前面加两个全回螺旋桨,对立管周围的冰进行破碎,从而防止大冰块与立管发生碰撞[图 11-6(c)];将有 8 条线的星形系泊系统固定在浮标底部(图 11-7),当油轮必须通过漂移的冰脊时,它将充当过滤器,使大冰块难以进入立管区域。

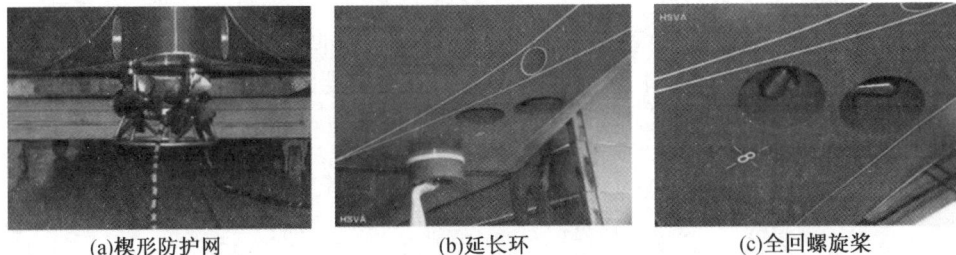

(a)楔形防护网　　　　　　(b)延长环　　　　　　(c)全回螺旋桨

图 11-6　几种立管防护方案

研究表明,尽管可以采取这几种方式预防立管和冰块的碰撞,但是在实际操作中,仍然会发生冰块与立管的碰撞,图 11-7 显示了油轮经过一个 17 m 深的冰脊后的立管区域,约 8 m 宽、4 m 厚的冰块留在安装在延伸环下方的基座中。因此这几种方案仍存在一定的弊端,并不能完全避免大冰块与立管的碰撞。Bonnemaire 等经过大量实验研究发现,在立管外部一定高度处加装一层铠装层可以有效地对立管进行防护。下面对铠装层防冰设计进行详细介绍。

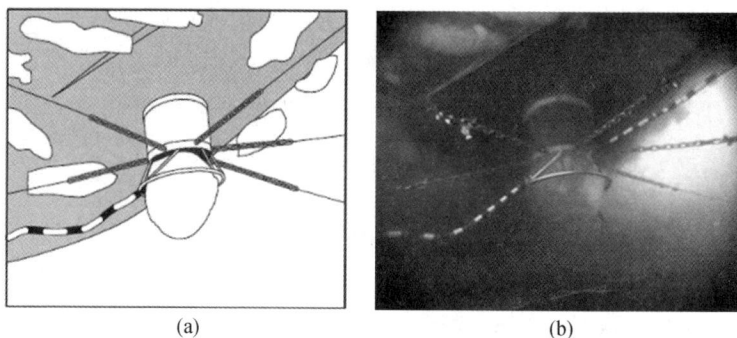

(a)   (b)

图 11-7 1999 年在 HSVA 制冰池中进行冰脊试验后的立管区域的水下视图

11.5.2 铠装层防冰设计原理

1.海冰破坏原理

在海冰与建筑物结构的碰撞中,建筑物结构的响应其实就是海冰与建筑物结构之间相互作用的结果。在碰撞过程中,建筑物结构所受到的海冰的作用力的大小一方面取决于浮冰自身的力学性质和外在环境因素(风、波浪、海流)的影响,另一方面也受到建筑物结构的外形设计的影响。碰撞过程中,建筑物结构的响应取决于海冰对建筑物结构的作用力的大小,其中,海冰破坏时的极限压力又是最重要的决定因素。海冰具有相对复杂的力学性能,其的弯曲强度远低于它的挤压强度,且有研究表明,海冰与具有一定倾斜坡度的海上建筑物结构发生碰撞时冰层将发生弯曲破坏,基于这两个海冰性质可以进行初步的建筑物结构外形设计探讨。

建筑物结构的外形设计是否合理对其抗冰性能有很大影响,是判断抗冰建筑物结构设计是否成功的重要依据之一。根据前文所述的两个海冰性质可知,理论上来说,将建筑物结构的外形设计成锥体,可以大大减小碰撞过程中浮冰对

立管的作用力,因此可以在后续立管防冰设计中考虑引入锥体外形。

2. 自锁原理

铠装层可以由空心的锥体单元组成,这一点也与前述关于建筑物结构外形的探讨所得出的结论相同,即锥体就可以有效缓解海冰的碰撞效应。当立管与冰块发生碰撞时,碰撞产生的能量将通过铠装层的变形被吸收,从而减小对立管造成的损害。为了保护立管的完整性,应保证铠装层的最小弯曲半径大于立管的最小动态弯曲半径,这样在碰撞过程中,当铠装层弯曲到一定程度时就会发生自锁,从而避免进一步的弯曲,以确保立管不会发生弯曲破坏。为了保证立管与冰块的碰撞发生在铠装层上,且出于经济方面的考虑,只需对从立管顶端开始向下一定深度的立管安装铠装层进行防护。为了确定需要安装铠装层的立管的具体高度,需要确定所研究海域的浮冰的最大厚度。

铠装层受到横向力作用时的不同的变形机理如图 11-8 所示,当铠装层受到冰撞击时,铠装层单元开始横向偏转。这种变形分两步完成:第一步,空心的锥体单元仅发生横向移动[图 11-8(b)],此阶段中吸收的能量很少;第二步,随着碰撞力的增加,锥体单元被抬起、发生旋转并产生自锁[图 11-8(c)]。

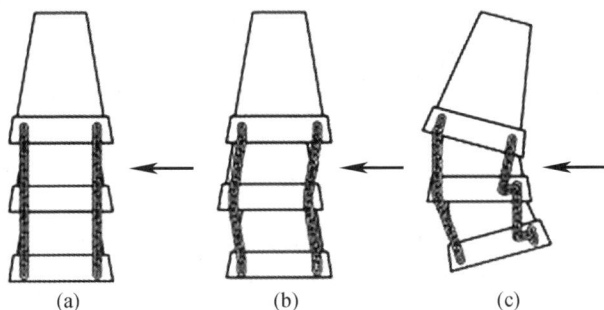

(a)　　　　　　　(b)　　　　　　　(c)

图 11-8　铠装层受到横向力作用时不同的变形机理

铠装层由空心的锥体单元互相连接组成,这使其在沿轴向方向上具有一定的柔度,从而使它的长度能够适应船体的上下振荡。同理,它同样具有横向柔度,因为船体在水平面内也会有移动。在立管与冰块发生碰撞时,横向柔度具有至关重要的作用。在发生碰撞时,立管最有可能发生弯曲破坏,而外部铠装层被设计为最小弯曲半径大于立管的最小动态弯曲半径,从而可以避免立管发生弯曲破坏。用弹性材料填充相邻的两个空心单元之间的空间,使铠装层具有最小的弯曲刚度。Bonnemaire 等人对于此种设计进行了可行性测试,这些测试证明了铠装层的良好适用性,可以保护立管免受单个浮冰的撞击,产生的力和位移在

允许的范围内。

11.5.3 铠装层的设计参数

深水区铠装层设计示意图如图 11-9 所示,针对尺寸为 1 in(即 2.54 cm) 的柔性立管初步设计的铠装层的具体尺寸参数如图 11-10 所示,图中仅显示 3 节铠装层单元,实际应用中所需节数需要根据应用海域的浮冰深度来确定,高度应大于最大浮冰深度。此外,若立管尺寸有所变化,铠装层尺寸应相应改变。

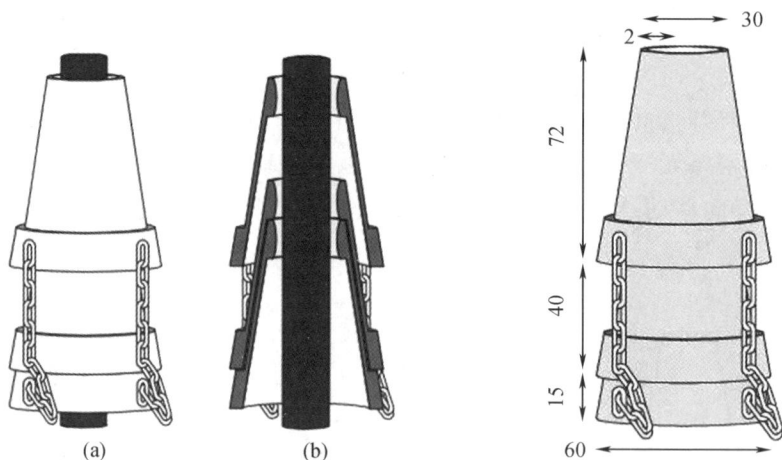

图 11-9　深水区铠装层设计示意图　　图 11-10　铠装层的具体尺寸参数(单位:mm)

立管铠装层防护的整体设计示意图如图 11-11 所示。铠装层的设计高度应大于应用海域的最大浮冰深度,同时应大于设计波高,以在海冰及海浪的作用下保护立管的安全。通过增加铠装层的节数即可增加整个铠装层的防护高度。图 11-11 仅仅是一个示意图,具体的设计高度和设计尺寸应根据实际所用立管尺寸及应用海域的海洋环境条件来确定。

11.5.4 铠装层防冰设计的优点

1.可操作性强

铠装层防冰设计的一个重要优点是它能够在大多数冰情条件下运行。只要船只和系泊设备能够承受进入的海冰,立管也能够在铠装层的保护下进行工作。当冰块与立管发生碰撞时,能量将被"悬链"铠装层的变形吸收。因此加装铠装

层后无须进行海冰管理。

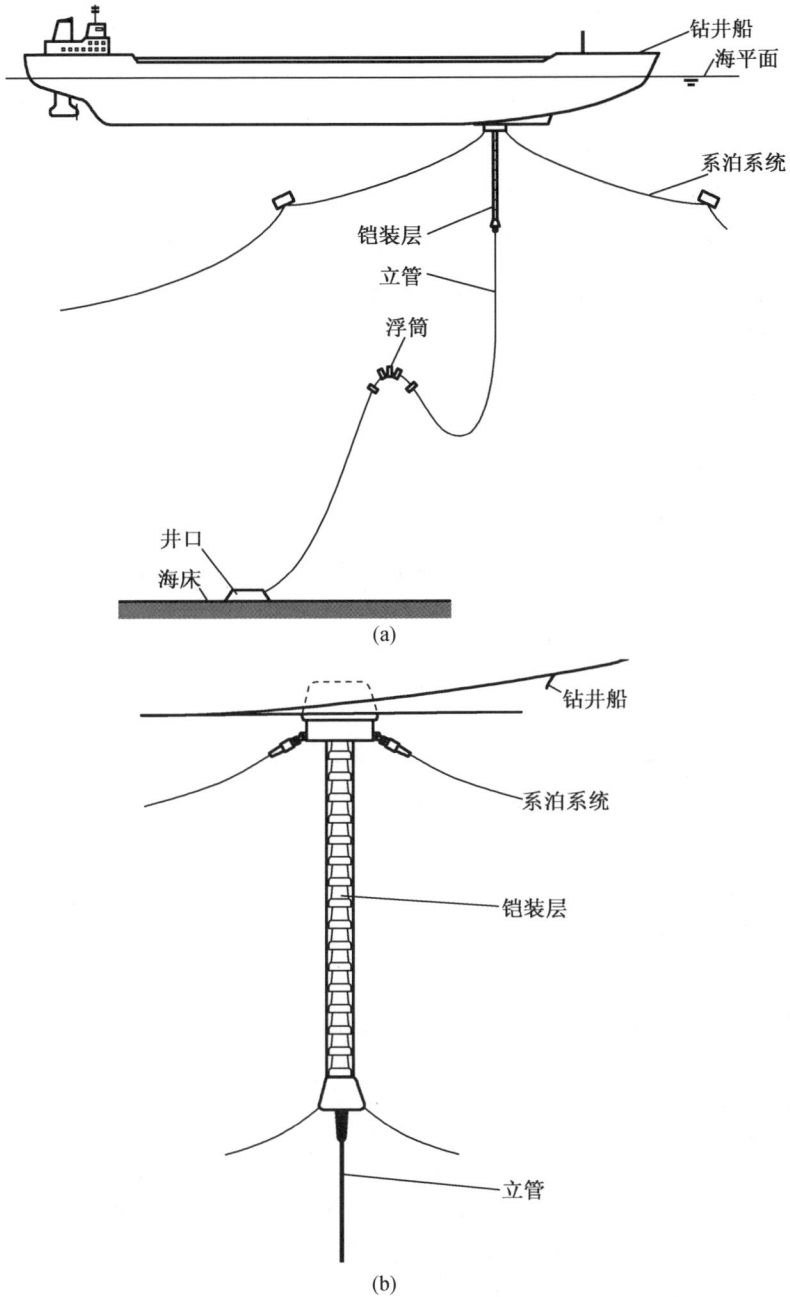

(a)

(b)

图 11-11　立管铠装层防护的整体设计示意图

铠装层的弹性使立管能够应对相当极端的海洋环境。测试表明,在伯朝拉海,铠装层能够承受水深25年一遇的风暴。预计铠装层立管在经历1年一遇最严重的冰灾事件和5年一遇的最严重的风暴时能够安全运行。并且,铠装层可能不会影响钻井系统整体的可操作性,因此具有较高的可操作性,这使钻井系统的经济效益得以提升。

2.适用性高

除浅水区域外,铠装层立管也可以安装在其他不同的水深处。对于更深的水域,铠装层不需要覆盖整个立管,仅覆盖立管可能受到冰撞击的部位即可。

3.可靠性和安全性高

铠装层防冰设计在不过度设计的情况下实现了高可靠性。在外部铠装层的保护下,立管不会受到来自冰的高应力。可以通过浮标中的弯曲加强件或在立管和转台旋转接头之间引入球形接头来控制立管顶端处的弯曲。在设计中,必须确定铠装层的尺寸以确定其可承受的冰荷载,主要关注破碎的冰的冰荷载。

在发生事故时,浮标中的安全分离联轴器将避免发生泄漏。因此,铠装层防冰设计虽然简单,却极其环保。

| 11.6   本章小结 |

本章主要进行了立管系统抗冰设计方案的文献调研以及初步探讨,主要从建筑物结构外形设计和立管自身防冰设计两个方面进行,主要得出以下几点结论。

(1)在建筑物结构外形设计方面,根据海冰的弯曲强度远低于它的挤压强度,以及海冰与具有一定倾斜坡度的建筑物结构发生碰撞时冰层将发生弯曲破坏,分析得到可以通过建筑物结构的外形设计来改变海冰与建筑物结构的碰撞破坏形式,从而减小立管系统的响应,如将立管碰撞部位设计成倒锥体就可以有效缓解海冰的碰撞效应,为后续在立管防护方面采用锥形铠装层单元打下基础。

(2)在立管防冰设计方面,通过大量文献调研,分析讨论了楔形防护网、延长环、全回螺旋桨这三种防冰设计方案,但这几种方案均存在一定的弊端,并不能完全避免大冰块与立管的碰撞。但是在立管外部一定高度处加装一层铠装层可以有效地对立管进行防护,设计的关键在于保证铠装层的最小弯曲半径大于立

管的最小动态弯曲半径,利用铠装层的自锁原理,可以避免立管在碰撞时发生弯曲破坏。根据对建筑物结构形式的探讨所得出的结论,可以将铠装层设计成空心的锥体单元。此外,铠装层防护具有可操作性强、适用性高、可靠性和安全性高的优点。

参考文献

[1]　AGGARWAL R, D'SOUZA R. Deepwater arctirtechnicalchallenges and solutions [C]//OTC' Arctic Technology Conference. Houston:[s. n.],2011.

[2]　KENNEDY J L. Despite offshore delays,arctic projects advance and new areas are opened[J]. World Oil,2011,232(8):84-86.

[3]　位梦华.北极的海域、气候和四季[J].大自然探索,2002(4):46-47.

[4]　孙宝江,曹式敬,李昊,等.深水钻井技术装备现状及发展趋势[J].石油钻探技术,2011,39(2):8-15.

[5]　张剑波,张韶光.冰载荷作用下自升式平台的动力响应分析研究[J].中国海洋平台,2005,20(4):20-24.

[6]　王安良,许宁,季顺迎.渤海沿岸海冰单轴压缩强度的基本特性分析[J].海洋工程,2014,32(4):82-88.

[7]　季顺迎,王安良,苏洁,等.环渤海海冰弯曲强度的试验测试及特性分析[J].水科学进展,2011,22(2):266-272.

[8]　季春群.海工结构物上的冰载荷分析及研究[J].海洋工程,1992,10(4):15-24.

[9]　JENSEN A,LØSET S. Model tests of an arctic tanker concept for loading oil: Part Ⅱ: Barge in a moored loading position[C]//Proceedings of the 15th International Symposium on Ice(IAHR):Vol. 1. Gdansk:[s. n.]353-370.

[10]　BONNEMAIRE B,LØSET S. Model tests of a riser armour for subsea offshore loading of hydrocarbons:Part Ⅰ:Response to ice impacts[C]//Proceedings of the 17th International Conference on Port and Ocean Engineering under Arctic Conditions:Vol. 2. Trondheim:[s. n.],2003.

[11]　BONNEMAIRE B,LØSET S. Riser armour for subsea offshore loading of hydrocarbons

in shallow ice-infested waters[C]//Proceedings of the 17th International Conference on Port and Ocean Engineering under Arctic Conditions:Vol. 2. Trondheim:[s. n.],2003.

[12] BONNEMAIRE B. Response of an armoured riser for Arctic offshore loading [C]//Proceedings of the International Society of Offshore and Polar Engineers Conference(ISOPE). Toulon:[s. n.],2004.

[13] BONNEMAIRE B. Response of an armoured riser to wave and ice actions and to impacts from ice blocks[J]. International Journal of Offshore and Polar Engineering,2005,15(4):282-291.

第12章
极地管道

| 12.1 本章概述 |

极地管道指穿越永久冻土区的管道。在此类地区,土壤和岩石的温度终年都保持在 0 ℃以下。当冬天地面因严寒而形成的冻土层能延续至来年夏天时即形成永久冻土,出现永久冻土的决定性因素为地表的传热平衡。永久冻土通常可分为两类:连续永久冻土,指几乎全部是永久冻土的地区;不连续永久冻土,指永久冻土的温度略低于温度季节性变化的最小值且高于−5 ℃或非永久冻土的面积大于 10%的地区。

目前永久冻土区约占地球陆地面积的 1/4。阿拉斯加州存在大面积永久冻土地区。因为永久冻土的温度从北至南逐渐升高,所以下伏永久冻土区的面积及永久冻土的厚度也逐渐减小。极地还涵盖海上区域,主要包括巴伦支海、俄罗斯北极地区、波弗特海、加拿大北极岛屿以及里海。极地管道在不同区域面临的挑战各异,大多与气候和环境条件相关。

近几十年来,阿拉斯加州连续永久冻土区及大部分不连续永久冻土区的温度测量数据表明温度在升高。极地管道需考虑传热、岩土因素及结构工程因素。埋地管道沿程土壤中的水发生冻结和融化可导致冻胀。冻胀指地面在其下土壤内的冰的作用下隆起,通常会在极地管道的垂直支撑构件中产生应力。融沉由土壤中的冰发生融化所致。在极地管道的设计、施工和运行过程中,应考虑冻胀及融沉所产生的结果和荷载对管道的影响。

气候数据可从各种官方网站获取,此类数据是极地管道设计、制订施工及运行计划的基础。地面年平均温度通常要比空气年平均温度高 2~5 ℃。特定地点的地面温度受海拔、地貌、植被以及地表有机质层厚度的影响。地形数据以前都是通过地形图获取,但现在可通过航拍和卫星遥感等手段获得。

| 12.2　极地管道需考虑的问题 |

极地管道结构、保温及开沟要求的设计受极地环境荷载条件的影响。在极地区域或极地环境中,管道设计要素是管道环境荷载以及针对冰蚀所致的极端荷载条件的极限状态设计。冰蚀是地质术语,通常指因固定冰、积冰或冰山搁浅而在海床上产生的狭长沟道。极地管道和其他传统管道的区别如下:

(1)运行温度。

(2)融沉和冻胀导致的岩土荷载。

(3)施工产生的表面扰动对永久冻土区的影响。

(4)施工和维护作业的季节性限制。

(5)永久冻土中的土建技术。

气候条件导致了这些差异。由于冰雪覆盖,设计极地管道时需对一些困难予以考虑,例如,浅水中的冰刨作用或冰山、旋涡式冲刷、冻胀、永久冻土融沉、隆起屈曲。

12.2.1　冰蚀

海床冰蚀或冰刨是大部分北方大陆的一种近岸地貌。冰刨过程为移动冰山与海床接触的过程,如图 12-2 所示。这种环境力作用的结果是冰底和冰山下部与海床相互刮擦并使土壤结构发生物理变形。

冰刨过程如图 12-3 所示,风和海流推动海冰堆积并形成冰压脊。此冰压脊底部在水面下延伸并且随着冰层一起移动。在水深小于冰底吃水深度处,冰底就会与海底土壤刮擦并形成沟道。冰底不仅可移除沟道内的土壤,而且会导致沟道下的土壤发生塑性变形。

图 12-2　冰山刨削海床

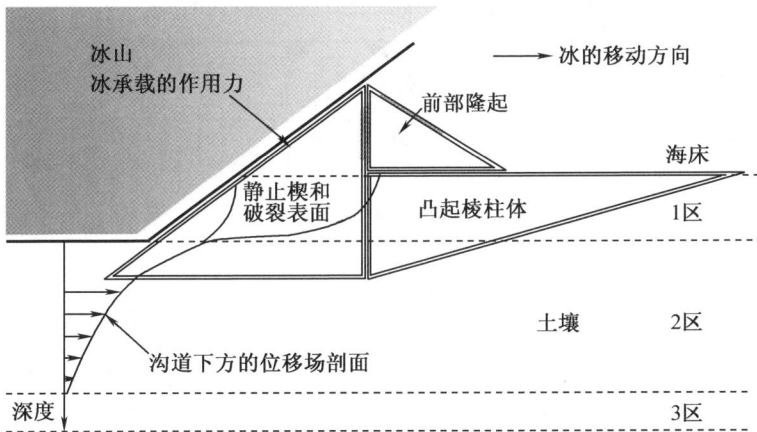

图 12-3　冰刨过程中冰－土壤相互作用示意图

　　在这种环境中,海床上的极地海底管道可能无法承受冰的接触荷载,通常应予以埋置保护,埋置深度应大于预计最大冰蚀深度。为了将管道弯曲限制在可以接受的范围之内,还必须将管道埋置在冰底下方的位移土壤影响区以下足够深的位置。此外,选择合适的路径亦可避免或尽量减少管道穿越受冰蚀影响的区域的情况。

12.2.2　旋涡式冲刷

　　在冰层破裂过程中的溢流阶段,冰层中的孔洞和裂缝可发生旋涡式排水。旋涡式排水时,水流对海床的冲击被称为旋涡式冲刷。代表性圆形旋涡式排水和旋涡式冲刷如图 12-4 所示。极地近岸处,特别是在冬季区带,常常形成底部

247

固定的冰层,此时也会出现旋涡式冲刷。如果岸上河水在近岸区的底部固定冰层上发生溢流,河水将向海上蔓延并从冰层内的裂缝或孔洞排出。海底的高速海流可冲刷海床沉积物,管道可能因此而暴露并受到海流荷载的作用。这种现象也称为旋涡式冲刷,会使管道出现不可接受的跨段。

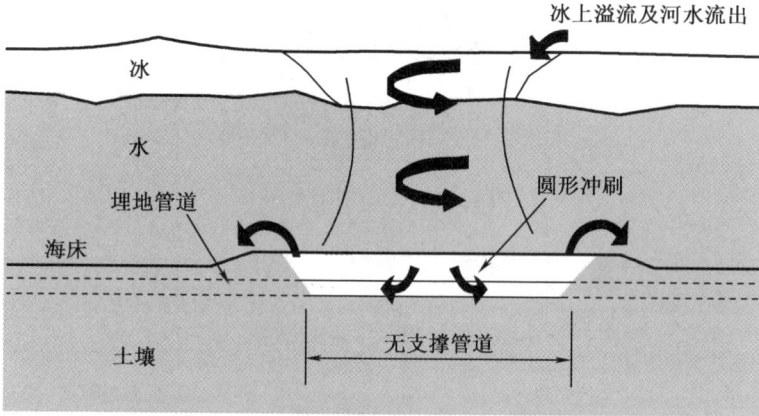

图 12-4   代表性圆形旋涡式排水和旋涡式冲刷

12.2.3   冻胀

冻胀是由于水分沿温度梯度发生迁移而导致的冻土体积膨胀。水在土壤颗粒间以薄液膜的形式从较热处移动至较冷处。迁移水冻结可产生较大的累积冰膨胀,影响膨胀的变量包括冻结深度、含水量、土壤等级(或粒径)、温度梯度以及土壤压力。

随着冷埋地管道周围出现冻结盘,在冻结面后会形成冰透镜体,体积膨胀可将管道逐渐推向上方。冻结管段周围的冻土将阻碍这种移动,如图 12-5 所示。未冻结的易结冰土壤与其他重要条件(如有水)都存在时就会发生冻胀。限制冻胀的方法包括移除/替换受影响区域的易结冰土壤或进行保温/加热,防止管道下方的易结冰土壤发生冻结。可安装加热器,使管道运行温度高于冰点并限制冻结盘的形成。

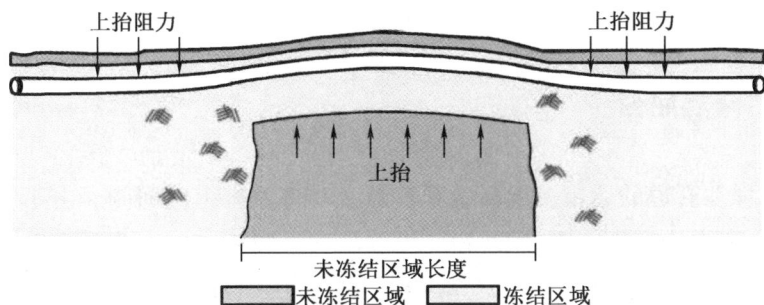

图 12-5　冻胀示意图

12.2.4　融沉

融沉是极地管道设计中面临的一个主要问题。融沉发生在管道下存在永久冻土的浅水处和管道穿越海岸处。在管道投入运行后,通常会加热周围土壤,并在永久冻土中产生融化盘,这可能导致永久冻土融化、固结和管道沉降。管道沉降取决于融化深度、含冰量及土壤等级。如果沉降区靠近融化稳定区,管道就会形成跨段。由于管道下方的土壤发生沉降,沉降跨段沿程的管道、内部流体及覆土质量对管道产生向下作用力。阻力由管道刚度提供,沉降跨段外的阻力则由管道下方土壤在管道向下移动的过程中产生。图 12-6 为融沉示意图。不均匀沉降可在管道中形成较大的弯曲应变,在设计中必须予以考虑。

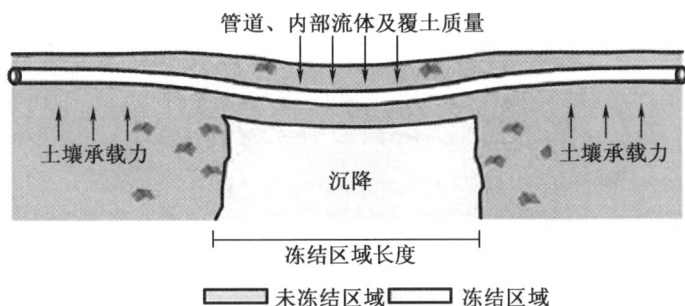

图 12-6　融沉示意图

对于连续寒冷区和不连续永久冻土区的极地管道,其在一年中的某些时候可能会以高于冰点的温度运行。如果管道的运行温度高于冰点,在冻结多冰土壤中就可能发生融沉。为了在管道沿程减小此类影响,油气产品在进入这些区

域前可先进行冷却。

12.2.5 隆起屈曲

极地埋地管道的运行温度高于安装温度时将发生纵向膨胀。由于周围土壤的约束,管道无法自由膨胀,因此会产生轴向力。当轴向力大于管道缺陷的临界屈曲荷载时,此轴向力将使管道在缺陷位置以垂直曲率向上隆起,如图 12-7 所示。这些位置可能就是安装过程中沟道底部形成缺陷的位置。隆起屈曲由管道刚度、覆土及管道自重共同导致,特别是当向上作用力大于向下作用力时更易产生隆起屈曲。隆起屈曲对缺陷非常敏感,可使管道产生高弯曲应力并失去覆土,因而导致管道在泥线处暴露,增加了冰底冲击的风险。

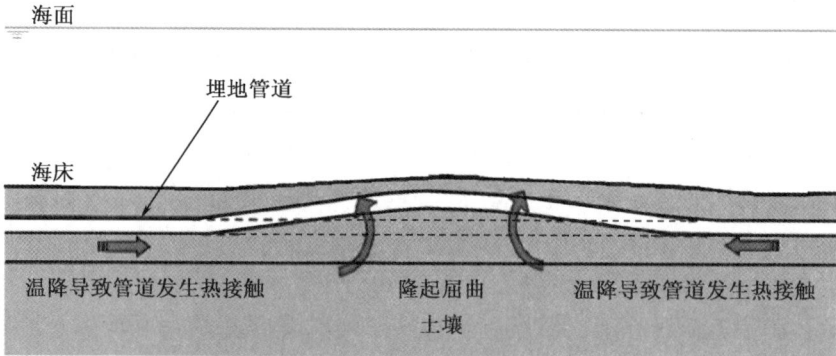

图 12-7 隆起屈曲示意图

应注意的是:将隆起屈曲作为潜在荷载条件进行分析也适用于其他地理区域的管道设计,但极地环境中安装温度和运行温度的巨大差异是独一无二的。为了降低隆起屈曲风险,可采用一些方法,如在缺陷处进行选择性回填或上覆额外质量,以及在安装过程中对管道构形进行限制等。

| 12.3　极地管道设计方法 |

12.3.1　极地管道设计概述

20 世纪七八十年代,人们在北极海域发现了油田,这引发了对海底管道施工的研究,旨在开发可穿过冰层并将管道铺放至海床的方法。除标准运行压力容器外,与极地相关的独特荷载条件表明:传统的基于应力的设计在经济上不可行,常规管道设计方法不适用于可能会因冻胀、融沉及冰刨而发生较大地面移动的极地管道,同时在设计中还必须预计并接受一定程度的塑性变形。可能发生的地面移动是位移可控荷载过程,可使用基于应变的极限状态设计方法。这种设计方法在满足安全性、可靠性及环境要求的同时可平衡整体资金、运行成本和维护成本。有些极地管道采用上抬的办法来避免在易产生高融化应变的土壤中热运行。在埋地管道设计时选择合适的运行温度可减小冻胀和融沉导致的管道位移和应变。能够控制冻胀和融沉影响的极地管道设计包括控制管道运行温度、改变管道埋置深度、使用壁更厚的管道、选择能承载高水平应变的管道材料、对管道进行保温、将不易冻结且融化时保持稳定的土壤用于超挖和回填。

12.3.2　管道结构

一些极地管道类型如图 12-8 所示,包括单壁保温管[图 12-8(a)]、套管[图 12-8(b)]、管束[图 12-8(c)]、柔性管[图 12-8(d)]。

实际中使用最多的单壁刚性管为涂覆内外防腐涂层的钢管。对于含腐蚀性内容物的油气产品的运输管道,内涂层是必要的;但对于专用输油管就并非必要,因为可假定已对油气产品进行了预处理,可以将油气产品输送至输出油罐。

使用套管和管束出油管已经成为高温高压出油管的主要设计理念。套管和多管管束系统通过结构锚固件将一根或多根产品内管与外套管进行机械连接,而结构锚固件则将热膨胀荷载从内管传递至套管。当内管发生膨胀时,套管通过结构锚固件承载膨胀荷载。结构锚固件和内部定位器的间距及构形取决于内

管发生屈曲的可能性、制造的难易程度以及安装方法。

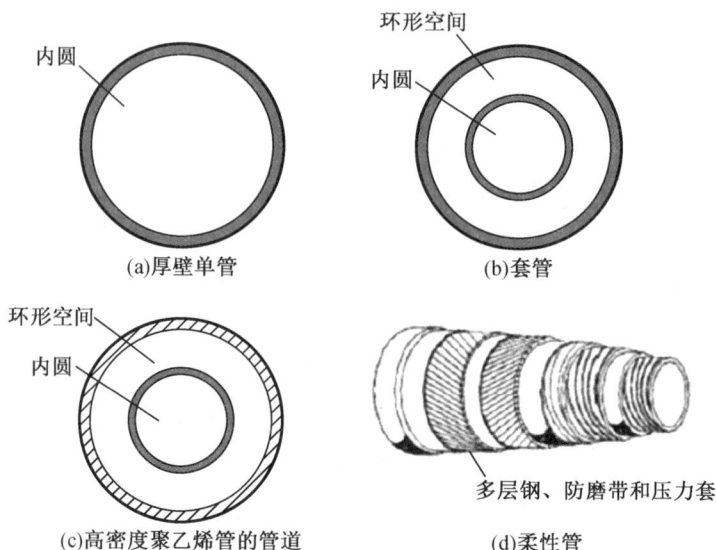

图 12-8　极地管道的类型

出油管端部可使用柔性管以吸收膨胀荷载/位移,整根出油管也可以都使用柔性管以吸收膨胀并减小轴向应力。柔性管的材料成本要比刚性管高出一个数量级,特别是在长度较短时,因为很大一部分成本都涉及制造装配及端部终端。但与刚性出油管相比,柔性管的安装成本通常会低得多。刚性出油管的安装成本可超过其材料成本。

12.3.3　管道荷载

对于极地和北部冰雪环境下的海底管道,其设计必须评估环境和岩土荷载效应,了解可能影响管道机械完整性的较大潜在变形和地面移动情况。除了传统管道的主要荷载如内部压力或外部压力外,极地管道还需承载次要荷载(岩土荷载)。但极地管道的次要荷载是位移可控荷载,由冻胀、融沉及冰山刨削导致的弯曲变形产生。可使用基于应变的设计来限制极地管道的次要荷载。针对将主要荷载和次要荷载结合起来的要求,可使用基于应变的极限状态设计方法。较大的轴向应变及过度屈服是可以接受的,因为管道可安全承载应力受限的主要荷载及应变受限的次要荷载。使用基于应变的设计规范和基于极限状态的设

计可以节约成本。

12.3.4　应变能力及设计标准

极地管道设计过程中需要研究的极限状态主要有两种：一种是管壁断裂极限状态，管壁断裂可导致碳氢化合物泄漏，在管道断裂阈值范围内为最大极限状态，在阈值范围外压力容器、安全性或环境都将受到威胁；另一种是意外情况极限状态，意外情况使管道无法再满足一个或多个设计要求，此时达到适用极限状态并且正常运行受到限制，经营者将蒙受经济损失。

极限状态设计旨在验证管道设计是否足以承受相关事件的极限状态和失效模式。可参考 Submarine Pipeline System（DNV ST-F101）和 Design, Construction, Operation, and Maintenance of Offshore Hydrocarbon Pipelines（Limit State Design）（API RP 1111），这些标准大多基于风险理念和极限状态方法。

极地管道设计需考虑以下极限状态：针对局部屈曲的压缩应变极限状态以及针对应变能力和断裂的拉伸应变极限状态。

压缩应变极限状态局部屈曲或起皱不会导致管道压力泄漏。当荷载为次要荷载（如位移可控冻胀和融沉）时，出现的局部屈曲可视为是适用极限状态的。局部屈曲或起皱发生时的应变要明显小于产生足以影响管道运行（如管道内检查工具即清管器的通道）的屈曲所需的应变。从局部屈曲发生至屈曲断裂的最大极限状态之间还存在着较大的变形过程。压缩状态下的应变能力要强于发生局部屈曲时的应变能力，极限状态由经验模型及有限元结构分析予以确定。计算标准可依据 DNV ST-F101 和 API RP 1111 中的相关内容。

当管壁处于拉伸状态时，设计应基于环形焊缝缺陷处的撕裂或塑性压溃最大极限状态。塑性应变管道的纵向拉伸断裂通常从环形焊缝异常处发生。为了防止焊缝发生断裂，需制定可确保焊缝强度大于邻近管道强度的焊接程序。更大的焊缝强度结合适当的高焊缝韧度及管道拉伸特性可使焊缝异常失效应变大于管道设计中所用的容许拉伸应变的 1%~2%。如果焊缝不存在异常，强度更大的焊缝将迫使管道发生变形，而管道的应变能力更强。可基于断裂力学建模及全尺寸弯曲宽板试验结果确定管道拉伸状态下的应变能力。

对于上述应变极限状态，DNV ST-F101 和 API RP 1111 提供了详细计算标准，可用于极地管道设计。SAFEBUCK 也提出以下计算标准，可限制作用于管道的应变。

$$\varepsilon \leqslant 0.3(0.97-YT)$$

式中,ε 为所施加的等效塑性应变;YT 为管道钢材的最大规定屈服与拉伸强度之比。

12.3.5　断裂力学及材料选择

对于在极地环境中运行的管道,其材料特性需适用于永久冻土区,包括:

(1)用于降低运行温度的断裂韧度。

(2)管道特性,包括屈服强度极限、应力-应变特性、均匀伸长、屈服-拉伸比、老化效应以及环形焊缝强度大于管道强度。

管道材料及焊接程序规范对于成功实施极地管道项目至关重要。就基于极限状态设计的极地应用而言,必须充分了解管道在弯曲状态下的特性。工程关键性评估通常需要确定管道的容许应变水平及其在焊接过程中可以接受的容许缺陷尺寸。通过将规定最小屈服强度值较低(通常可提供较好的延性)、具有特殊化学特性以及材料等级略高于焊接电极材料等因素结合起来,可以增加容许缺陷尺寸。需进行实验测试以验证管道的极限状态设计承载力。可采用专门的抗弯实验程序对压溃和断裂极限状态进行检验。管道无损检测能力及程序是设计过程的一个组成部分。

12.3.6　极地管道设计程序

针对冻胀和融沉的极地管道设计过程是一个需要多次重复进行的过程,步骤如下:

(1)水力分析,确定管道尺寸、材料等级、壁厚以及运行温度和压力曲线之间的关系。

(2)地热分析,通过使用运行温度曲线预测发生冻胀和融沉的可能性,并基于地形分析统计数据对各种路径条件予以考虑。

(3)结构建模,对随着时间推移的冻胀和融沉效应导致的管道应变和位移分布进行预测。

(4)通过有限元建模分析和全尺寸试验结果确定管道承受应变和位移的能力。

(5)对随着时间推移的应变与应变能力进行比较并确认管道的完整性。

（6）试验并检查冻胀和融沉位移以及冻结盘的形成情况以评估环境的影响。

（7）对极地管道的设计和维护因素进行评估，如温度极限、管道的材料等级、管道尺寸以及壁厚等。

（8）如若需要，重复步骤（1）至（7）。

极地管道设计中要考虑的因素还应包括冰的影响、冰山或冰底刨削、涉及冰蚀的不确定性评估以及冰-土-管相互作用等。

12.3.7　检测和维护

融沉发生在管道处于较热状态的上游出油站，而冻胀则发生在管道运行温度低于 0 ℃的未冻结段。

制定运行温度指导时应对管道的完整性予以考虑，包括冻胀和融沉所致的管道应变必须小于管道的应变能力；材料规范必须能确保管道在最低设计温度下的延性。

设计方法应整合运行、检测和维护作业。极地管道基于应变的极限状态设计需对运行阶段、设计阶段及施工阶段予以考虑。

管道完整性检测计划中对冻胀和融沉的可能性检测和维护管道的方法如下：

（1）临时改变管道的运行温度，对覆土进行加热并减小上抬阻力。

（2）对土壤进行局部加热或冷却以控制冻结尺寸或融化盘。

（3）开挖并重新埋置管道。

通过采用了惯性制导技术的管内检查工具对管道的移动进行检测。管道施工完成后，应进行基线测量。对管道中心线坐标相对于基线的变化情况进行测量，测量值可作为分析的输入数据并用以确定潜在过度应变的位置。

其他检测工作的重点是评估可导致管道变形和应变的地面温度和地面移动。

管道在运行几年后会逐渐出现冻胀和融沉导致的岩土荷载。运行过程中的管道变形检测需对发生冻胀和融沉的局部区域进行检查。可使用智能清管器这样的内部测量检查工具定期检测管道，所用仪器需具备惯性制导和测径能力。应对检测进行计划以为维护管道提供足够的时间，限制位移导致的应变累积。

| 12.4 地热分析 |

12.4.1 地热设计

人们关于管道的冻胀机制已经进行了多年的详尽研究。管道在输送温度低于冰点的油气产品时通常会发生冻胀。虽然输气管更容易冷却,但输油管也可能输送温度低于冰点的油气产品。当冷管道使埋置管道的易冻结土壤中的水结冰时就会发生冻胀。

随着土壤冻结并膨胀,管道周围形成冻结盘。冻结盘增大时,其外表面膨胀并导致管道向上隆起。埋地管道穿越稳定土壤和易冻结土壤之间时会产生较大的应力和变形。因为易冻结土壤段中的管道隆起而邻近稳定土壤段中的管道保持固定,所以稳定土壤和易冻结土壤之间的过渡段会形成垂直隆起差异位移剖面。

地热设计中需考虑土壤力学和传热原理的耦合效应,即起驱动作用的物理过程可影响管道运行可靠性及性能。此类过程包括形成冻结盘、管道下发生冻胀、形成融化盘、支撑管道的土壤发生融沉。

冻胀分析应将管道路径土壤数据与气候数据、管道热预测以及管道变形分析相结合。可通过水力/地热耦合模型预测管道和地面的热条件,并利用岩土信息预测冻胀,通过水力模型预测特定输送量管道的沿程温度、入口温度和压力、土壤初始温度以及产品流体特性。产品流体的温度和压力取决于管壁的热通量,而热通量则取决于管道与地下热状态之间的相互作用。TTOP 和 PIPLIN 都是用于地热管道分析的专业软件。

图 12-9 为穿越永久冻土的地面温度曲线,说明永久冻土顶端的年平均温度与观察得到的地面年平均温度的最小值非常接近。

地面温度/℃

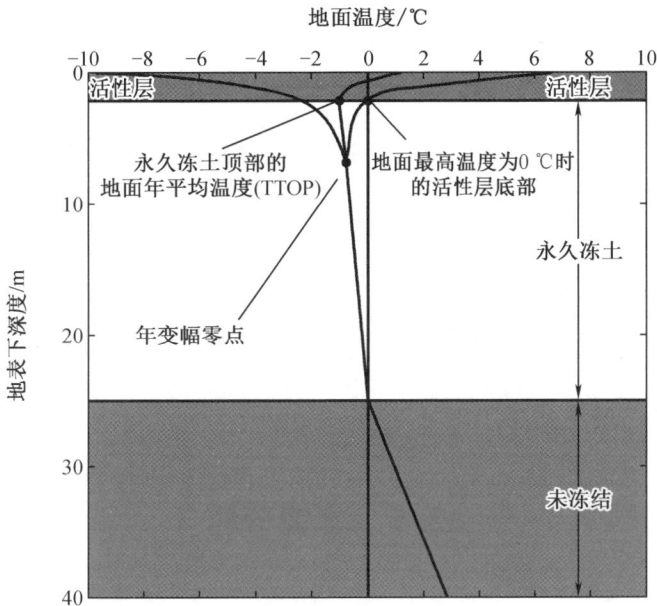

图 12-9　穿越永久冻土的地面温度曲线

12.4.2　结构分析

由主要荷载和次要荷载导致的极地管道应力和应变可通过有限元分析软件如 PIPLIN 或通用有限元软件 ABAQUS 进行仿真。软件功能应包括对各向异性材料特性、弹塑性管道的较大变形、弹塑性土壤变形、可表达管土相互作用特征的荷载功能、瞬态温度和荷载的仿真。

1. 冻胀

对冻胀进行时变结构分析时需考虑的荷载是:永久荷载(如管道和覆土的质量);运行荷载(如温度、压力和流体质量);环境荷载(如冻胀导致的土壤位移)。

需对管道设计参数和土壤特性进行敏感性分析,相关参数如下:

(1)土壤易冻结性。

(2)管道年平均温度。

(3)季节性温度变化。

(4)最大上抬阻力和残余上抬阻力。

(5)蠕变阻力。

(6)纵向阻力。

(7)壁厚。

(8)跨段长度。

2.融沉

对融沉进行分析时需考虑的永久荷载和运行荷载与冻胀类似。富冰土壤中融沉最大。需对设计参数进行敏感性分析,相关参数如下:

(1)土壤和冰的含量。

(2)压缩站出油温度。

(3)覆土荷载。

(4)跨段长度。

12.5 冰蚀分析

12.5.1 冰蚀分析概述

冰蚀是一种复杂的现象,涉及水动力、冰、土壤介质及管道之间的相互作用。以前人们曾经认为将管道埋放在最大刨削深度以下位置即可避免冰和管道直接接触,使管道得到足够的保护。实验研究表明:即使管道与冰没有任何接触,刨削沟道下方土壤的变形也会对埋地管道造成严重影响。过去几十年里,基于当时可用工具的许多不同方法在解决冰蚀问题时得到了应用,包括解析和经验公式、简化结构分析以及先进数值方法。

位于冰蚀区的管道会因冰蚀过程中发生的较大土壤位移而受到损伤。就冰蚀荷载而言,埋地管道通常被视为柔性结构物,并通过土壤移动得到承载。因为冰蚀过程中在海床土壤里产生的应力受限于土壤强度,所以并不重要,海底管道应该能够承受这种水平的应力而不发生过度应变。因而了解土壤失效及相应的土壤位移机制是非常重要的。可采用冰刨模型对冰层的作用力和变形进行预测,确定冰层周围或附近的土壤位移,然后据此确定处于冰刨路径上的管道的变形和应力。

为解决冰刨问题而开发数值模型时,最重要的决策之一是选择离散化方法。有限元法已经成为解决固体力学和几何力学问题的最流行的先进数值方法。设

计极地管道时,将数值方法优化为能够表达大变形管土相互作用的方法,可以减小工程模型的不确定性并降低目标埋置深度要求,因而能降低成本,改进并确定风险评估。

固体力学中最常使用的是坐标系可随材料移动的拉格朗日公式,而流体力学中则普遍使用欧拉公式。任意拉格朗日-欧拉公式不存在拉格朗日公式的网格畸变问题,因而特别适用于极大变形问题。近年来,有限元软件 ABAQUS 引入的耦合欧拉-拉格朗日法被用于研究冰刨过程的一些重要方面,如刨削沟道下方的变形及冰土相互作用力等。这种方法具有对完全耦合管道/土壤/冰相互作用进行建模的能力,并且结果可靠。

12.5.2　任意拉格朗日-欧拉法

任意拉格朗日-欧拉有限元冰蚀模型由 Konuk 等开发,可用于研究管道沟道对冰蚀过程及传递至管道的作用力的影响。任意拉格朗日-欧拉法是少数几个将大变形和大质量移动与大密度变化结合起来解决问题的严格数值方法之一,有三个主要步骤。

(1)进行标准大变形显式拉格朗日有限元分析。

(2)基于平滑标准重绘有限元网格。

(3)使用基于守恒定律的平流算法计算新网格每个节点的离散应变、质量和动量。

LS-DYNA 软件使用了图 12-10 所示的任意拉格朗日-欧拉有限元冰蚀模型。模型典型输出的可视化如图 12-11 所示,深色单元为周围海床土壤而沟道土壤则以浅色表示,空单元被移除,图中只显示部分或完全填充土壤的单元。对此分析表明:刨削沟道下方变形和冰土相互作用力对冰脊角度非常敏感,而传递至管道的荷载则取决于沟道中填充土壤的特性。较软土壤填充时管道承受的荷载要小于较硬土壤填充时其承受的荷载。

12.5.3　耦合欧拉-拉格朗日法

Jukes 等开发的耦合欧拉-拉格朗日有限元分析模型可用于对冰刨事件的仿真,模型基本上由以下部分构成,如图 12-12 所示。

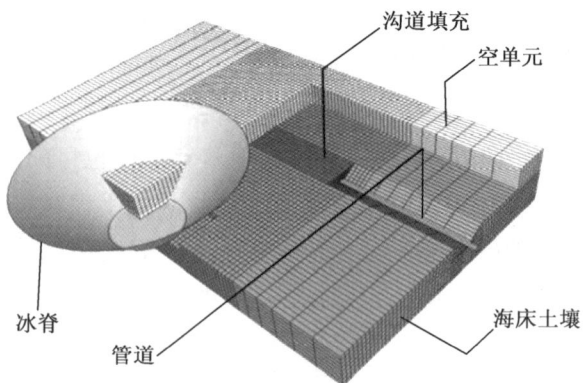

图 12-10　任意拉格朗日-欧拉有限元冰蚀模型

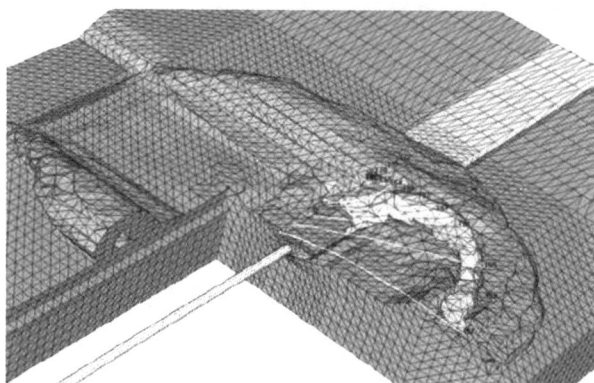

图 12-11　任意拉格朗日-欧拉有限元模型典型输出的可视化

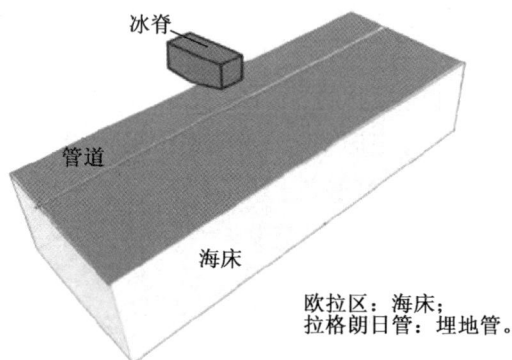

图 12-12　耦合欧拉-拉格朗日有限元分析模型中的冰-海床-管道模型组成部分

1.欧拉域

欧拉域包含所有的材料和拉格朗日部分。ABAQUS 使用体积分数工具在欧

拉域内对不同材料的初始位置进行定义。冰山平移替换材料后占据在后续时间步中确定的空单元。

2. 拉格朗日部分

拉格朗日部分的管道延伸至海床和沟道材料以外,但不超出欧拉域。管道建模为使用 4 节点并具有沙漏控制降阶积分的三维可变形均匀双曲线通用壳体(线性四边形单元类型 S4R)。

3. 冰脊

冰脊建模为三维刚性固体外形。可通过初始贯入深度及规定速度确定冰脊的运动。冰脊和土壤之间被定义为增加摩擦式普通接触。

在动态阶段,通过在特定刨削深度施加冰底刮擦运动对冰刨过程从开始至结束进行仿真。图 12-13 为冰刨仿真示意图。仿真结果证实了刨削沟道下方土壤和管道的位移确实在不同程度上受到以下参数的影响:冰底刨削深度、作用角度、底部宽度、管道直径、管道埋置深度以及海床土壤类型等。

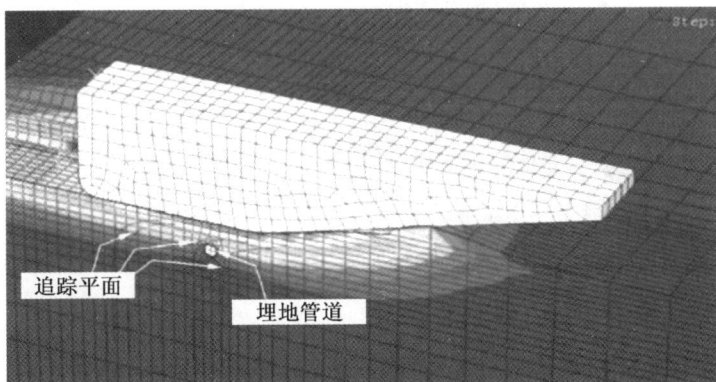

图 12-13　冰刨仿真示意图

12.6　安装技术

必须对极地管道的安装方法进行评估,并根据诸多因素确定最佳安装方法,这些因素如下:

(1)管道尺寸和长度。

(2)无冰及覆冰季节的持续时间。

(3)穿越地区的水深测量数据和冰层情况。

(4)接岸类型。

(5)水下土壤类型。

12.6.1　开沟

开沟是影响极地管道工程设计的主要技术和经济因素。例如,在波弗特海深水处,覆层厚度需 2 m 或更大才能避免管道与冰直接接触。在水域开放季节有几种开沟方法可以使用,有些只适用于在管道安装前进行预开沟,而有些则更适合在管道安装后使用。开沟方法包括传统开挖、水力疏浚、犁法开沟、射水开沟、机械开沟。

12.6.2　安装方法

管道安装方法主要包括铺管船、拖管法。

对于存在陆地固定冰和/或搁浅冰的地区,极地管道可全部在冰上装配,然后在冰上开沟并降放管道或将其拖曳至最终位置。冰层必须加厚以承载管道安装过程中的施工设备。可通过钻孔在冰层下拖曳管道,钻孔分布于路径沿途。在将管道铺放于海床前,可预先使用遥控潜水器在钻孔之间传送并连接导引缆。

| 参考文献 |

[1] LYNAS C M T W. The geology of ice scour [D]. Wales: University of Wales, 1992.

[2] DAVIES G, MARLEY M, MORK K. Limit state design methodology for offshore pipelines against ice gouging: industry guidelines from the ICEPIPE JIP [C]// Offshore Technology Conference. [S. l. : s. n.], 2011.

[3] DE GEER D, NESSIM M. Arctic pipeline design considerations [C]// Proceedings of the ASME 27th International Conference on Offshore Mechanics

and Arctic Engineering(OMAE2008). Estoril:[s. n.],2008.

[4]　PAULIN M J, NIXON D, LANAN G A. Environmental loadings and geotechnical considerations for the northstar offshore pipelines [C]// Proceedings of 2002 4th International Pipeline Conference, Calgary, Alberta, Canada. Calgary:[s. n.],2009.

[5]　WANG X, KIBEY S, TANG H, et al. Strain － based design: advances in prediction methods of tensile strain capacity[C]//International offshore and polar engineering conference. Texas:[s. n.],2010.

[6]　TIMMS C, DEGEER D, MC LAMB M. Effects of a thermal coating process on X100 UOE line pipe [C]//Proceedings of ASME 2005 24th International Conference on Offshore Mechanics and Arctic Engineering (OMAE 2005). Halkidiki:[s. n.],2008.

[7]　SMITH M W, RISEBOROUGH D W. Permafrost monitoring and detection of climate change [J]. Permafrost and Periglacial Processes, 1996, 7 (4): 301-309.

[8]　SMITH M W, RISEBOROUGH D W. Climate and the limits of permafrost: a zonal analysis[J]. Permafrost and Periglacial Processes,2002,13(1):1-15.

[9]　REECE A R, GRINSTED T W. Soil mechanics of submarine ploughs[C]// Proceedings of 18th Annual Offshore Technology Conference. Houston:[s. n.], 1986.

[10]　PALMER A C, KONUK I, COMFORT G C, et al. Ice gouging and the safety of marine pipelines [C]//Proceedings of 22nd Annual Offshore Technology Conference. Houston:[s. n.],1990.

[11]　KONUK I, YU S K, GRACIE R. A 3-dimensional continuum ALE model for ice scour: study of trench effects [C]//Proceedings of 24th International Conference on Offshore Mechanics and Arctic Engineering: Vol. 2. Halkidiki: [s. n.],2005.

第13章
极地航运的机遇与挑战

随着全球气候变暖,北冰洋海冰融化趋势加剧。北极地区相关管理体系逐渐完善、新卫星的发射,使得该区航行条件日益改善,北极航线已经开辟。在北极地区,挪威和丹麦政府负责欧洲部分,加拿大和美国政府负责北美洲部分。总体而言,北极地区与航运相关的事故很少,但仍有不少问题尚待解决。本章针对北极航运的安全及可持续发展面临的机遇与挑战进行分析与总结。

| 13.1 北极航道概况 |

北极航道是指穿过北冰洋,连接大西洋和太平洋的海上航道,通常可分为东北航道、西北航道及中央航道。

东北航道也叫北方海航道,大部分航段位于俄罗斯北部沿海的北冰洋海域,从北欧出发,向东穿过北冰洋巴伦支海、喀拉海、拉普捷夫海、东西伯利亚海和楚科奇海五大海域直到白令海峡。西北航道的大部分航段位于加拿大北极群岛水域,以白令海峡为起点,向东沿美国阿拉斯加州北部离岸海域,穿过加拿大北极群岛,直到戴维斯海峡。中央航道因穿越北极中心区域、附近常年多冰,环境严酷而鲜有提及,通常用于科学考察。

相对而言,东北航道具有更为完善和齐全的通航基础设施,如俄罗斯提供的世界上最大规模的破冰船队、历史悠久的沿途港口。俄罗斯北方海航道(即东北航道的主体)的航运安全管理体系已经较为成熟,提供的航道冰情和地理环境信息也较为详尽。该航道目前的通航时间为 3 个月左右,9 月是航道两侧冰山和浮冰最少的黄金航运期。俄罗斯北极物流中心较早的数据显示:2016 年经由北极东北航道航行的船舶共 297 艘,年增长率达 35%。东北航道主要由北方海航道管理局(NSRA)负责组织管理,该机构的主要目标是确保该航道水域航行安全和海洋环境免受污染。过去,该地区有较多船只失事,随着现代船舶设计技术的进

步和冰上加固设计规范的实施,船舶事故发生率越来越低。

为保障北极航运安全和可持续发展,应对由北极气候变暖和冰盖减少带来的机遇与挑战,本章将对下述内容进行简要讨论。

(1)船舶设计。船舶应能抵抗多年冰和小型冰山的冲击,这些冰和冰山不易被船舶观察到或被雷达探测到。

(2)风险分析。确保船舶主要性能在与浮冰碰撞以及主机、推进系统或舵机故障时有足够冗余。

(3)全面绘制相关海图。海图应包括所有主要航线和应急航线,以确保识别浅滩,避免沿途船只搁浅,还应包括海岸线侵蚀情况等。

(4)极地低压。由于极地低压,北极无冰海洋中会更频繁地出现突发剧烈风暴。

(5)石油污染。在结冰水域收集漏油的可能性很小,处理漏油的基础设施也有限。

(6)安全港。确定沿线避难或紧急停泊的安全避难所。

(7)确定紧急援助的适用性和维修的可能性。

(8)在北极航道沿线的广大区域提供搜索和救援的能力。

(9)使用环保燃料。关注烟尘颗粒扩散,不得使用高含硫燃料。

(10)改进船舶与破冰支援船之间的通信。

(11)改进有关位置的地理数据以及与气象中心和搜救中心的通信。

(12)通过北极航道所需的时间和抵达港港口服务安排等方面的不确定性。

13.2 北极航运面临的机遇

北冰洋冰盖的缩小为欧洲和东亚之间的航运打开一扇崭新的大门。虽然北极大部分地区每年仍有 6 个月或更长的时间被冰层覆盖,但北极地区的钻采、航运、科考和旅游等活动正在增加,新的商机已经出现。

与经由马六甲海峡和苏伊士运河的传统航道相比,北极航道大大缩短了欧洲商业港口与亚洲市场之间的距离。东亚港口(以横滨为例)和鹿特丹之间的航程从约 20 900 km 减少到约 13 700 km,散货船和集装箱有望通过北极航道运输。

将俄罗斯北冰洋沿岸生产的油气向东亚市场运输时,北极航道比传统运输

路线近得多。

邮轮业正以"北极特色"为主题,宣传推广极地邮轮。

该区域航运的安全运营,涉及人员、船只、货物和环境等。因此,讨论北极航运面临的挑战,总结降低风险的相关措施刻不容缓。

13.3　北极航运面临的挑战

13.3.1　船舶设计

在北极地区航行的船舶必须根据月份并按照适当冰级进行设计,表 13-1 和表 13-2 整理了不同船级社规范中的冰级符号及冰级含义(不同船级社采用的冰级名称和对应的要求可能会有差异)。对于北方海航道的不同区域和不同的船舶冰级,北方海航道管理局有不同的要求,例如在喀拉海,一艘冰级为 Arc5 的船舶,允许其于 7—11 月在轻、中、重度冰况下,以及于 1—6 月和 12 月在轻度冰况下,在自主导航的条件下航行。此外,在破冰船协助(IA)下,允许其于 7—11 月在轻、中、重度冰况下航行;在轻度冰况条件下,允许其在 1—6 月和 12 月航行。国际海事组织将船舶分为 3 类,即 A 类、B 类和 C 类,对每一类船舶都有不同的等级要求和不同的作业能力要求。

13.3.2　冰级要求

冰级要求是功能性的,目前人们对冰况的定义相对模糊。部分强度不足的船舶容易被用于重度冰况海域运输,进而产生安全隐患,甚至发生事故。一个安全的指导方针是使用比规范要求更高的冰级。

表 13-1　船级社规范中的冰级符号

船级社/规范	冰级				
芬兰-瑞典冰级规范(FSICR)	IA Super	IA	IB	IC	Category Ⅱ
俄罗斯船级社(RS 2007)	Arc5	Arc4	Ice3	Ice2	Ice1

表 13-1（续）

船级社/规范	冰级				
俄罗斯船级社（RS 1995）	UL	L1	L2	L3	L4
俄罗斯船级社（RS 1999）	LU5	LU4	LU3	LU2	LU1
美国船级社（ABS）	IAAA1	IA Ao	IB	IC	D0
法国船级社（BV）	IA SUPER	IA	IB	IC	ID
《加拿大极地航行防污染规则》（CASPPR 1972）	A	B	C	D	E
中国船级社（CCS）	B1	B1	B2	B3	B
挪威船级社（DNV）	ICE-1A ICE-10	ICE-1A ICE-5	ICE-1B	ICE-1C	ICE-C
德国劳氏船级社（GL）	E4	E3	E2	E1	E
韩国船级社（KR）	ISS	IS1	IS2	IS3	IS4
英国劳氏船级社（LR）	1AS	1A	1B	1C	1D
日本船级社（NK）	IA Super	IA	IB	IC	ID
意大利船级社（RI）	IAS	IA	IB	IC	ID

表 13-2 船级社规范中的冰级含义

船级社规范	冰级符号	概述	冰厚/m
FSICR/DNV 第5部分 第1章 第3节	IA Super/ ICE-1A	无须破冰船辅助,通常能够在困难（重度）冰况（difficult ice conditions）下航行	1.00
	IA/ICE-1A	在破冰船的辅助下,能够在困难（重度）冰况下航行	0.80
	IB/ICE-1B	在破冰船的辅助下,能够在中度冰况（moderate ice condition）下航行	0.60
	IC/ICE-1C	在破冰船的辅助下,能够在轻度冰况（light ice condition）下航行	0.40

表 13-2(续)

船级社规范	冰级符号	概述	冰厚/m	
DNV 第 5 部分 第 1 章 第 4 节	POLAR-30	冬季冰有冰脊、多年浮冰和冰川冰包含物	3.00	
	POLAR-20		2.00	
	POLAR-10		1.00	
	ICE-15	带有冰脊的冬季冰	1.50	
	ICE-10		1.00	
	ICE-5		0.50	
IACS 第 5 部分 第 1 章 第 8 节	PC-1	全年可在极地水域作业航行	3.00	
	PC-2	全年可在中度多年冰冰况下航行	3.00	
	PC-3	全年可在可能含旧冰包含物的两年冰中航行	2.50	
	PC-4	全年可在可能含旧冰包含物的厚一年冰中航行	1.20	
	PC-5	全年可在可能有旧冰包含物的中等厚度当年冰冰况下航行	0.70~1.20	
	PC-6	夏/秋季节在可能有旧冰包含物的厚当年冰冰况下航行	1.70~1.20	
	PC-7	夏/秋季节在可能有旧冰包含物的薄当年冰冰况下航行	0.70	
RS 第 1 部分 第 2.2.3.1 小节	Arc9	多年冰	3.50	4.00
	Arc8	多年冰	2.10	3.00
	Arc7	两年冰	1.40	1.70
	Arc6	厚当年冰	1.10	1.30
	Arc5	中等厚度当年冰	0.80	1.00
	Arc4	薄当年冰	0.60	0.80
	ICE3	非北极船舶,在有浮冰开阔海域以 5 kn 的速度独立航行	0.70	
	ICE2		0.55	
	ICE1		0.40	

13.3.3 风险分析

在进入极地的长途航行之前,应进行定性风险分析,以确保在与浮冰碰撞和主机故障的情况下,所有船舶主要性能有足够的冗余。要先定义相关标准和危险识别。特别值得关注的是,多年浮冰可能与船舶的关键操纵功能(如方向舵或推进系统)相互作用,导致船舶失去保持位置的能力。一旦遇到问题,沿海航道管理部门应能提供相应的救援措施,在不得不通过有多年冰的海域的时候,需要破冰船的支持。还应注意,船只受损严重将可能导致附近海域污染,需要在有冰漂的地区开展极其困难的溢油防治活动。

13.3.4 海底海图

北极地区航运活动的增加涉及以前船只没有经过的水域,这些水域对航运而言存在严重风险,有搁浅和泄漏的危险。搁浅是由于缺乏可靠且未注明日期的海图,或存在未被注意到的水下岩石和移动沙洲而造成的特殊危害。

根据挪威海事管理局事故统计数据库的数据,1981—2014 年,斯匹次卑尔根群岛地区共发生 14 起客船事故。在这些事故中,有 12 起是由搁浅引起的。当冰川收缩时,开放水域是没有海图的,因此,搭载乘客靠近冰川的游轮会使乘客面临特殊风险。靠近冰川的巡航活动也会使船舶与冰川发生相互作用。如果船舶没有进行结构加强,其可能会因冰川碰撞而破损。

13.3.5 极地低压

极地低压是指冬季在北极水域形成的小型、低压系统,一般直径为 200 ~ 600 km,类似于热带气旋,但范围和强度较小。极地低压带来的暴风雪和海浪等可能对船舶稳性构成严重威胁。

13.3.6 溢油应急

北极地区主要运输路线沿线的溢油应急能力较低。为更多的船舶配备应急设备,以便其在数小时内到达北极的所有运输路线,是一项非常艰巨的任务。此

外,运输设备的船舶必须做好准备,以应对海冰和冰山对船舶冰级提出要求的情况,而且北极地区在夏季时经常有雾,因此任何溢油情况(无论是油轮溢油还是船舶燃料溢油)都可能难以识别。当然,人们最担心的是:大量的石油泄漏会随着冰层运动在北极地区长距离移动,从而在偏远的海滩造成石油污染。国际石油公司在研究北极石油泄漏和清理方面发挥了重要作用。目前,可以考虑使用分散剂来减小石油的扩散。与其他措施相比,燃烧石油对环境的损害可能更小。

13.3.7　安全港

在北极的运输路线上,安全避风港较少。为了使北极运输航线更受欢迎,船东必须掌握可靠的天气预报,以及有足够水深的安全港,以确保船首安全。

13.3.8　紧急援助和维修

在船舶需要修理时,所提供的紧急援助与避风港的位置有关。船舶遭遇坚冰围困时,破冰船应能够及时提供救助。在其他水域,海岸警卫队有一些资源可用于协助拖航,并可为轻微损坏的修复提供有限支持。船舶需要有可靠的通信网络,以确保最近的船舶接收到任何求救信号。为了减少船舶对紧急支援的需要,还需要更迅速、准确、翔实的数据,以便进行可靠的天气预报。因此,利用更多的卫星覆盖北极地区很有必要。

13.3.9　海上搜救

《国际极地水域航行船舶规则》(简称"《极地规则》")对救生设备(救生艇和救生筏)的生存能力有特殊要求,即人员是否有能力撤离船舶,并在救生设备中至少存活 5 天。北极国家在搜救方面的责任分区已经基本明确。

13.3.10　使用低硫燃料

使用重油作为燃料,会加剧冰雪融化,因此需改用低硫燃料。鉴于北极当地和全球其他地区的污染现状,人们对重硫油问题进行了讨论。北极海上运输应考虑转向使用污染较小的燃料,同时,所选择的燃料不应带来新的污染。

13.3.11 与破冰船通信

在破冰船带领的护航队中,必须保持破冰船与其他船舶之间的距离,以便能够在不发生碰撞的情况下使破冰船停止。在暴风雪或其他视野不佳的情况下,破冰船与其他船舶之间的通信至关重要。

13.3.12 地理数据和外部通信

在航行中,需要确保船舶与外部世界的通信,以确保船舶在遇险时能够发出求援信息,获得救援,保证安全。为减少船舶遇险的情况,需要可靠的天气预报(包括更新的冰层漂移卫星图)。

13.3.13 航运计划

北极航运的日程安排中存在以下问题容易造成延误:大型集装箱港口日益繁忙;一艘船舶的延误可能会给港口的物流带来问题。船舶如能保持平均速度,则可以确保如约到港率,然而,其还有遭遇预料之外的厚冰和破冰船未及时救援的可能。这些问题如不能得到妥善解决,北极的集装箱运输量将不会大幅增加。为解决这些问题,建议在计算到港日期时为船舶的航速预留较大冗余度,以提高船舶如约到港率。

前文提出了一些降低北极航运风险的措施建议。此外,还应发挥调查研究的作用,确定由物理环境造成的极端影响,并提高船舶抵御此类事件的能力。对于极端事件的预报,气象学家发挥了重要作用。应进一步分析大型浮冰和冰山的漂移速度、船舶和建筑物结构承受极端事件的阻力,必须考虑实际冲击条件以及其他实际冲击几何结构。

13.4 本章小结

北极航运的机遇已然来临,但是在北极水域航行时仍然存在很大的不确定性,会遭遇意想不到的挑战。因此航运期间,应有较高的安全标准;应在进入北

冰洋之前进行风险分析,并注意可能出现的意外情况;应通过选择设备和路线进行超裕度设计,确保航运安全。特别值得关注的是人员和乘客的安全,应对救援手段中的生存能力进行研究。本章主要就技术的几个方面,对北极航运面临的若干机遇和挑战做了初步讨论。事实上,无论是北极航运,还是极地区域的油气钻采、科考、旅游等活动,国家和研究人员都需要加快对相关法律法规、技术标准、自然生态、地缘政治等方面的深入研究与探索,积极主动地参与并融入极地区域的资源开发与环境生态保护等相关活动。

参考文献

［1］ MARCHENKO N. Russian Arctic Seas：navigational conditions and accidents ［M］. Heidelberg：Springer,2016.

［2］ VREUGDENHIL T,RIJKEN R,BRINK R,et al. Shipping in polar waters：the polar code［R］.［S. l.：s. n.］,2015.

［3］ POLIC D. Ice-propeller impact analysis using an inverse propulsion machinery simulation approach［D］. Trondheim：Norwegian University of Science and Technology,2019.

［4］ SOLLID M P, GUDMESTAD O T, SOLBERG K E. Hazards originating from increased voyages in new areas of the Arctic［C］//Proceedings of the 24th IAHR International Symposium on Ice. Vladivostok：［s. n.］,2018.

［5］ Norwegian Maritime Administration. Accidents 1981—2015［M］. Haugesund：［s. n.］,2017.

［6］ ∅STHAGEN A. Establishing maritime boundaries in Arctic waters［EB/OL］.（2017 - 12 - 19）［2023 - 03 - 01］. https：// www. thearcticinstitute. org / establishing-maritime-boundaries-arctic-waters /.

［7］ GUDMESTAD O T,ALME J. Implementation of experience from the Arctic seal hunter expeditions during the late 19th and the 20th century［J］. Ocean Engineering,2016,111：1-7.

［8］ AMDAHL J. Impact from ice floes and icebergs on ships and offshore structures in polar regions［J］. IOP Conference Series：Materials Science and Engineering,2019,700(1)：012039.

第14章

极地航运的风险评估

14.1　本章概述

航运风险评估(MTRA)可预测相关区域可能会发生的事故,以及通过失效概率(PoF)和失效后果(CoF)对事故结果进行评估。图 14-1 描述了航运风险评估的主要程序。

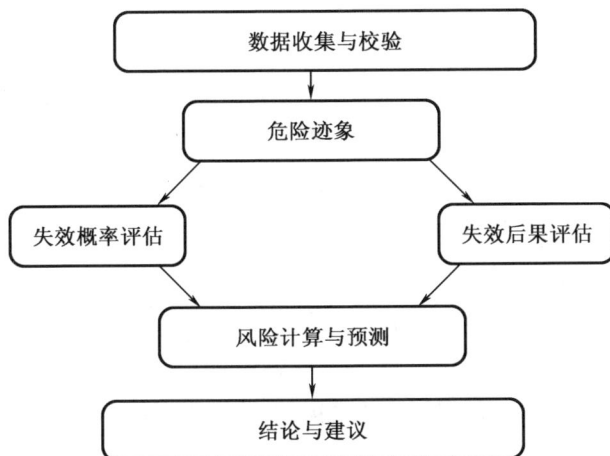

图 14-1　航运风险评估的主要程序

| 14.2 数据收集 |

用于风险评估的相关数据可来源于港口时间表、当地航运部门提供的船舶到港/离港记录、航运部门雷达的数字记录信息及目视观测结果。

1. 船舶信息

为了进行航运风险评估,首先必须确定船舶信息。通常需要收集下述船舶信息:典型尺寸、典型形状、典型的船舶分布或船舶的常规航线等。根据这些信息即可推断事故概率及后果,或使用这些信息来预测未来风险。还需一并收集以下关键信息,以用于评估。

(1)海岸线几何图。

(2)航运路线。

(3)航运量和航运类型。

(4)导航特性。

2. 航线、靠港特性及适航性研究

必须通过适当的海底研究或调查,获取或收集下述信息和数据。

(1)概念及前端工程设计(FEED)基础。

(2)水道测量、测深、海浪、风、水流和潮汐相关资料。

(3)海上环境敏感区。

(4)导航路线。

3. 始发地、目的地和航运量研究

如要对共同构成区域航运网络的所有娱乐、商业海上作业、渔业和其他运输活动进行数据收集,工程顾问人员必须咨询相关政府部门及机构以进行适当的研究或调查。

4. 渔业资源研究

必须从相关政府部门及机构处收集数据,并对收集的数据进行适当的研究和调查。

相关数据如下:

(1)鱼类和鱼类栖息地,包括可能受项目影响的任何相关海域。

(2)区域化捕捞作业的地理位置和所采用的捕捞方法。

(3)捕捞活动的季节性变化。

(4)渔船从水产码头到主要渔场的惯用航线。

5. 海上勘探、开发及生产活动研究

必须从相关政府部门及机构处收集数据,并对收集的数据进行适当的研究和调查。

这些数据应包括地理位置、涉及船舶和飞机的军事演习区域的使用频率,以及海上勘探频率和开采频率、近海供应船和地震研究船的航线。

|14.3 危险识别|

14.3.1 危险识别概述

当地航运研究应专注于以下内容:

(1)码头和靠港区域内船舶的类型和大小。

(2)当地的捕捞作业。

(3)当地的娱乐和其他海洋活动。

(4)码头和靠港区域的惯用航运支持服务。

14.3.2 一般航运危险

一般航运危险如下:搁浅、碰撞、爆炸、火灾、结构失效及其他。

1. 搁浅

搁浅是一种很常见的航运危险,通常发生于靠近主航道的浅水区。图 14-2 为典型的船舶搁浅,其中包括动力搁浅和漂流搁浅。

以下因素对船舶搁浅具有决定性的影响。

(1)水深分布。

(2)航运量密度。

(3)船舶速度。

(4)船舶尺寸。

(5)搁浅事故历史。

(6)风和海浪数据。

(a1)映搁浅 (a2)软搁浅

(a)动力搁浅

(b1)映搁浅 (b2)软搁浅

(b)漂流搁浅

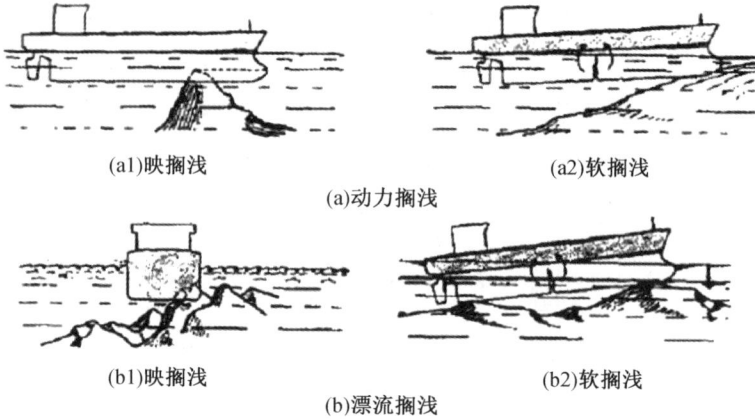

图 14-2　典型的船舶搁浅

2.碰撞

如图 14-3 所示,船舶通常存在四种碰撞类型,即船舶间的碰撞、与刚性壁的碰撞、与浮动物体的碰撞及与平台的碰撞。

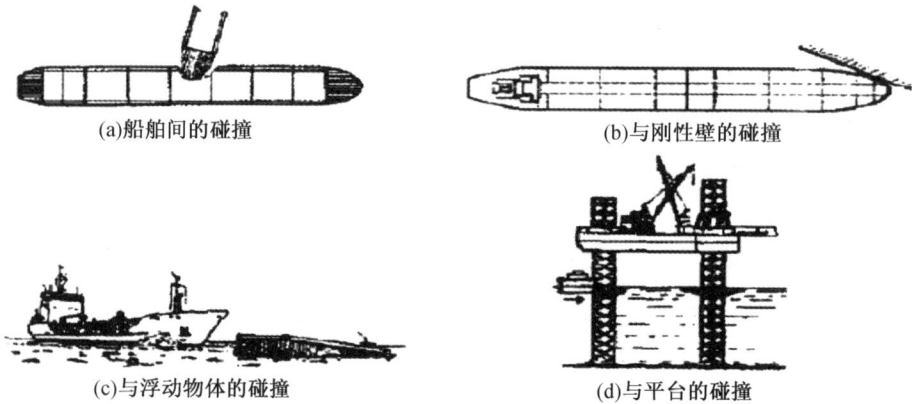

(a)船舶间的碰撞 (b)与刚性壁的碰撞

(c)与浮动物体的碰撞 (d)与平台的碰撞

图 14-3　典型的船舶碰撞

必须对环境因素进行统计分析,以确定碰撞事故是否与较差的能见度、大风、恶劣天气、强大的海流及强浪相关。决定碰撞事故的其他因素如下:

(1)船舶信息(如船舶类型、尺寸、速度、临近距离和相遇角等)。

（2）水道分布。

（3）其他地理信息。

3. 爆炸

爆炸包括爆炸事故或渔业炸弹爆炸。爆炸事故可能导致沉船,当乘客或船员未及时获救时情况将更为严重,或导致化学货物或原油泄漏到附近的环境中,带来污染。

渔业炸弹产生的冲击波压力随着与爆炸中心的距离的增加而递减。例如,一个约 2.27 kg 的炸弹,在距爆炸源 18 m 时可产生约 0.5 MPa 的冲击波压力,但是相隔距离减小到 2 m 时,冲击波压力则提高至 6 MPa 以上。渔业炸弹爆炸可能会影响附近的船舶或管道。

4. 火灾

火灾对船舶是一种严重的威胁。火灾可能会导致人员伤亡,当船舶载有爆炸性货物时甚至会导致爆炸。严重的火灾事故可能会导致航运堵塞,产生的烟雾会导致能见度降低。

5. 结构失效

当船舶结构失效时,船舶及其乘客将处于高度危险中。如果船舶的一个失效舱载有有毒液体,则有毒液体可能会泄漏至海水中并污染周围的环境,从而对当地居民造成严重的影响。

6. 其他危险

除了前文列出的危险外,其他危险也不容忽视,具体如下:

（1）机械损坏。

（2）风暴灾害。

（3）环境损害。

（4）泄漏。

（5）严重倾斜。

（6）倾覆。

（7）其他未知的事故类型。

14.3.3　航运事故的统计数据

芬兰湾的航运事故统计数据显示,搁浅和碰撞为主要事故。不同月份的事故数量也各不相同,这是因为船舶数量根据每个月的生产量进行调整。天气状

况可能是导致这些事故的原因之一。

14.4 失效概率评估

14.4.1 失效概率评估概述

进行航运事故分析时,首先应确定事故概率。在本节中,油船搁浅和碰撞被视为主要的航运事故。可使用下述方法来计算油船搁浅和碰撞的概率:统计方法、贝叶斯方法、数值模型方法。

14.4.2 概率计算方法

1.统计方法

统计方法基于现有的数据库如世界海上事故数据库(WOAD)和海上安全信息系统(MSIS)数据库等,建立油船搁浅和碰撞故障树或事件树模型。根据统计数据计算模型的基本事件概率,然后便可确定搁浅或碰撞概率。搁浅或碰撞概率取决于水域和航运通量,尤其是当搁浅或碰撞在油船进港或离港时发生时。

2.贝叶斯方法

船舶搁浅和碰撞贝叶斯模型由 Kite-Powell 提出,用于决定给定航线的事故概率。假设搁浅或碰撞由一系列风险因素导致,A 为导致油船搁浅或碰撞的一个事件,$X=(X_1,X_2,X_3,\cdots,X_p)$ 为解释因素。如果给出 X_i 的概率 x,则可通过下述公式确定 A 的概率。

$$p(A|x)=l(x|A)p/(l(x|A)p+l(x|S)(1-p)) \tag{14-1}$$

式中,$p(A|x)$ 为发生 x 时 A 发生的概率;$l(x|A)$ 为发生 A 时 x 发生的概率;$l(x|S)$ 为发生 S 时 x 发生的概率;p 为 A 发生非条件概率。

贝叶斯方法可用于确定不同因素对船舶搁浅和碰撞的影响,继而可预测相应的经济损失、货物损失和环境破坏。

3.数值模型方法

针对特定导航区域的数值模型可用于确定该区域内船舶搁浅和碰撞的概

率。可使用 Pedersen 模型来计算船舶碰撞概率,能够估算出可能的事故数量 N_a,即船舶沿设计航线航行时的事故数量。然后将可能的事故数量 N_a 与事故概率相乘,得出实际事故数量。P_c 为事故原因函数,可基于统计数据进行计算。

为了计算 N_a,可采用下述交汇区域。假设该水域的航运通量已知,且船舶已按照类型、最大位移或长度、负载或压载情况及是否配备球鼻艏等进行分类。

N_a 等于图 14-5 中显示的重叠区 Ω 内可能发生的船舶间碰撞数,假设船舶沿设计航线航行。N_a 表示在时间 Δt 内第二条航线上 j 类船舶及第一条航线上 i 类船舶的事故数量,可通过式(14-2)表述。

$$N_a = \sum_i \sum_j \left[\iint \Omega(Z_i, Z_j) \frac{Q_i Q_j}{V_i V_j} f_i^2(Z_j) V_{ij} D_{ij} dA \Delta t \right] \tag{14-2}$$

式中,Q 为航运通量(等同于在单位时间内穿过航线 a 的 j 类船舶数量,$a=1,2$);V 为相应船舶的速度;f 为航线 a 上 j 类船舶的横向分布函数,$a=1,2$;D_{ij} 为几何碰撞直径。

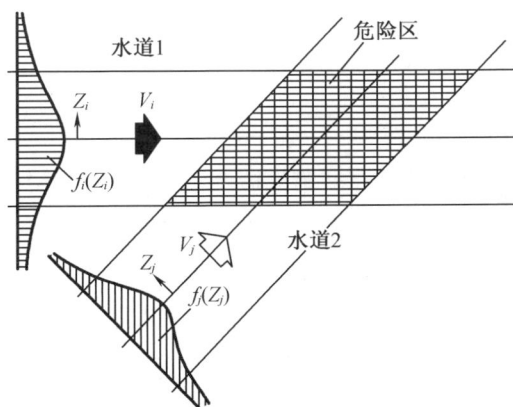

图 14-5　交汇区域内船舶间碰撞危险区

根据式(14-2),可能发生的碰撞数为

$$N_{\text{ship-ship}} = P_c \cdot N_a \tag{14-3}$$

P_c 可根据观测结果进行计算,其值应在 $0.5 \times 10^{-4} \sim 2.0 \times 10^{-4}$ 范围内。各个区域内的事故数量可被转换为特定区域内的事故概率。

14.4.3　船舶碰撞概率

根据统计数据,下列几项可能是导致船舶碰撞的最常见原因。

(1)船员能力不足。

(2)疏于观察。

(3)未使用或未正确使用雷达。

(4)未正确使用甚高频(VHF)。

(5)对形势判断错误。

(6)值班船员不能应对当前形势。

(7)占用其他船舶的航线。

(8)违反当地或国际避碰规则。

(9)避碰速度缓慢。

(10)引航操作错误。

(11)转舵装置或主发动机电力突然切断。

(12)航线环境或自然环境异常。

(13)航运状况混乱。

14.4.4　船舶搁浅概率

船舶搁浅通常包括如下两类。

(1)动力搁浅:可能由船员导航错误或疏忽所致,包括船舶与海滩的碰撞。

(2)漂流搁浅:可能因由操作错误或推进设备故障导致船舶失去自主导航能力,并在可用拖曳或维修设备进行救援前便与海滩碰撞而导致。

必须根据以下基于 DNV 规范中的船舶搁浅得出的公式计算船舶搁浅概率:

$$P_{船舶搁浅} = P_{动力搁浅} + P_{漂流搁浅} \tag{14-4}$$

在式(14-4)中,"+"表示"或"。如果用 $P(c)$ 表示船舶搁浅概率,用 $P(a)$ 表示动力搁浅概率;$P(b)$ 表示漂流搁浅概率,则

$$P(c) = P(a) + P(b) - P(a \cdot b) \tag{14-5}$$

| 14.5　失效后果评估 |

船舶,尤其是油船,一旦发生搁浅或碰撞,溢油将是最严重的后果之一,泄漏的油可能会破坏周围环境。尤其是超大型油船(VLCC)的泄漏将对环境和当地

居民的生活造成严重威胁。因此有必要计算油船的溢油概率。

　　油船的航运事故为随机事件,油舱的破损位置亦是如此,对此,本节将介绍相关概率计算方法。国际海事组织就新设计的油船制定了一系列规范,具体可参见《国际防止船舶造成污染公约》(MARPOL)。该公约提供了在发生搁浅和碰撞后计算溢油概率的一系列方法。为了计算由搁浅和碰撞导致的溢油量,可采用流体静力学和准流体动力学方法,首先应确定下述三个参数:零溢油概率 P_0、平均溢油参数 O_M、极限溢油参数 O_E。

　　概率密度函数可见 MARPOL 附录 A,其以不同船级社的统计数据为基础,由国际海事组织配图,并假设各种概率密度函数互相独立。

14.5.1　溢油成本效益分析

　　溢油成本效益分析是执行风险评估的关键步骤,因为由搁浅和碰撞导致的溢油可能会破坏环境、增加污染处理成本并造成货主的损失。根据美国海岸警卫队的计算结果,可将油船的每年溢油量(O_A)表述为

$$O_A = 0.575 \times 0.004\,2 \times (O_M \times C) \tag{14-6}$$

式中,$O_M \times C$ 为油船的溢油,m^3。

　　如果将油船的资本成本转换为年度费用,则可计算出油船的总成本为

$$CT_A = CC \times CRR + OC \tag{14-7}$$

式中,CC 为油船的资本成本;CRR 为成本回收率;OC 为运营成本。

　　因此,油船的净效益可通过式(14-8)来表述:

$$ND = (CT_{A2} - CT_{A1}) / (O_{A1} - O_{A2}) \tag{14-7}$$

14.5.2　人员可靠性分析

　　人员和组织是导致油船发生搁浅和碰撞的主要原因。统计数据表明:80%的碰撞事故由人员和组织失误导致,而在搁浅事故中,该比例则高达 90%。因此,在评估搁浅和碰撞事故时,需要执行人员可靠性分析,这一点至关重要。下述方法通常用于人员可靠性分析:质量分析方法、数量分析方法、系统操作管理方法。

　　Pate-Cornell 曾采用基于场景的体系结构分析方法(SAM 方法)对 Piper Alpha 海上平台的爆炸事件进行人员可靠性分析,同样这也许可作为油船搁浅和

碰撞事故中人员可靠性分析的方法。

14.6 风险评估

就油船而言,其主要的危险在于搁浅或碰撞后的溢油事故,因为溢油可能会对环境、当地居民、海洋生物或船员的安全造成危害。以下方法可用于风险评估:IMO 直接计算法、直接积分法、简化计算法。

油船最危险的情况为满载出港,应对其进行油船风险评估。可能导致溢油的船舱包括原油舱、燃料舱、柴油舱、润滑剂舱和污油舱。风险评估可按照以下步骤进行。

(1)确定油船的主要规格尺寸。

(2)根据类型、吨位和航线对油船进行分类。

(3)计算油船的碰撞或搁浅概率。

(4)评估发生搁浅或碰撞后的溢油情况。

(5)完成风险评估。

将风险评估结果与风险范围进行比较后可确定该风险是否为可接受风险。如果风险评估结果超出风险范围,则必须采取一些措施,将风险降低到允许水平。

参考文献

[1] FOWLER T G, SORGARD E. Modeling ship transportation risk [J]. Risk Analysis, 2000, 20(2):225-244.

[2] GOODWIN E M. A statistical study of ship domains[J]. Journal of Navigation, 1973, 26(1):130.

[3] KAO S L, LEE K T, CHANG K Y, et al. A fuzzy logic method for collision avoidance in vessel traffic service [J]. Journal of Navigation, 2007, 60(1): 17-31.

[4] HANNINEN M. Modeling risks of marine traffic in the gulf of Finland[C]// Final Seminar of the MS GOF project. [S. l. :s. n.],2007.

[5] KUJALA P,HÄNNINEN M,AROLA T,et al. Analysis of the marine traffic safety in the Gulf of Finland[J]. Reliability Engineering & System Safety,2009,94(8): 1349–1357.

[6] PEDERSEN P T. Collision and grounding mechanics[M]//The Danish Society of Naval Architects and Marine Engineers. WEMT 95:ship safety and protection of the enyironment. Copenhagen:[s. n.],1995.

[7] SZLAPCZYNSKI R. A unified measure of collision risk derived from the concept of a ship domain[J]. Journal of Navigation,2006,59(3):477–490.

[8] IMO. International convention for the safety of life at sea (SOLAS) [A]. London:International Maritime Organization,2004.

[9] PIETRZYKOWSKI Z, URIASZ J. The ship domain:a criterion of navigational safety assessment in an open sea area[J]. Journal of Navigation,2009,62(1): 93–108.